高炉强化冶炼技术
——昆钢特色生产实践

杨雪峰　著

北　京
冶　金　工　业　出　版　社
2023

内 容 提 要

本书基于昆钢高炉强化冶炼实践，系统介绍昆钢从“钟式中小高炉”技术体系向“无料钟大型高炉”技术模式转变的历程。主要内容包括：昆钢炼铁密码；高原气象条件下高炉送风制度的特殊性；有害元素防治及高炉长寿技术；以“低铁高灰”为主要特色的精料管控实践；炉体上涨及风口上翘治理；昆钢 $2000m^3$ 高炉炉况失常及应对措施、高炉强化冶炼实践；昆高炉开停炉操作的特殊性；具有昆钢特色的高炉强化冶炼技术；高炉体检与高炉医生技术应用实践；高炉合理操作炉型的维护与管理实践；高炉合理煤气流分布的发展与演变；高炉六大操作制度以及辩证法的应用和中医理论的借鉴等。

本书可供高炉炼铁相关生产、管理、设计、科研和教学人员阅读参考。

图书在版编目(CIP)数据

高炉强化冶炼技术：昆钢特色生产实践/杨雪峰著.—北京：冶金工业出版社，2022.6（2023.11 重印）

ISBN 978-7-5024-9150-5

Ⅰ.①高…　Ⅱ.①杨…　Ⅲ.①高炉炼铁　Ⅳ.①TF53

中国版本图书馆 CIP 数据核字(2022)第 077372 号

高炉强化冶炼技术——昆钢特色生产实践

出版发行　冶金工业出版社　　**电　　话**　(010)64027926
地　　址　北京市东城区嵩祝院北巷 39 号　　**邮　　编**　100009
网　　址　www.mip1953.com　　**电子信箱**　service@mip1953.com

责任编辑　卢　敏　张佳丽　美术编辑　彭子赫　版式设计　郑小利
责任校对　郑　娟　责任印制　禹　蕊
北京建宏印刷有限公司印刷
2022 年 6 月第 1 版，2023 年 11 月第 2 次印刷
710mm×1000mm　1/16；16.5 印张；319 千字；245 页
定价 98.00 元

投稿电话　(010)64027932　投稿信箱　tougao@cnmip.com.cn
营销中心电话　(010)64044283
冶金工业出版社天猫旗舰店　yjgycbs.tmall.com
(本书如有印装质量问题，本社营销中心负责退换)

序　　言

昆钢始建于1939年2月，是我国西南地区重要的钢铁企业，八十多年薪火相传。昆钢坚持以钢铁报国、实业强国为己任，风雨兼程不断前行，为云南的工业发展和经济社会建设做出突出贡献。昆钢炼铁经历了八十多年的历史，遇到了很多困难和挑战，通过昆钢炼铁人多年勇往直前和不畏艰险的努力，逐一克服了这些困难，形成了独具特色的高原高炉强化冶炼技术。特别是在“钟式中小高炉”技术体系向“无料钟大型高炉”技术体系的转型过程中，昆钢炼铁花了20年的时间才找到部分“谜题”的答案。这些转型过程中的经验与教训对于高炉炼铁工作者有重要的启发和帮助。

本书的作者杨雪峰，1993年从北京科技大学钢铁冶金专业毕业，到昆钢工作近30年，先后作为高炉炉前工、工长、炼铁厂副厂长、铁前系统部门负责人，具有丰富的炼铁生产实践经验和扎实的基础理论研究功底。通过多年的烧结、球团、焦化、高炉生产实践和管理工作，杨雪峰带领团队打通了昆钢炼铁系统铁、焦、烧、矿间的技术壁垒，逐步构建起昆钢现代高炉炼铁的技术和管理体系。其学以致用、用以促学、学用相长，几十年如一日的奉献给了昆钢的炼铁事业，为我国炼铁生力军树立了学习榜样。

杨雪峰不忘初心，总结几十年炼铁生产的实践经验和汗水，将理论与实践相结合，凝练出这本真正能为高炉炼铁操作一线作业人员所参考、具有很强实用性的著作。

该著作是编者多年的高炉生产经验和研究成果的总结，体现了独具特色的高原高炉强化冶炼生产实践，涉及范围广。着重介绍了昆钢从“钟式中小高炉”技术体系向“无料钟大型高炉”技术模式的转变历程。主要内容包括：昆钢实践经验之炼铁密码、高原气象条件下高炉送风制度的特殊性、独具特色的有害元素防治及高炉长寿技术、以

“低铁高灰”为主要特点的高炉精料技术、具有地域特色的炉体上涨及风口上翘治理、昆钢2000 m³高炉不明原因的炉况失常及应对措施、昆钢2500 m³高炉强化冶炼实践、昆钢高炉开停炉操作的特殊性、具有昆钢特色的高炉强化冶炼技术、高炉体检与高炉医生技术应用实践、高炉合理操作炉型的维护与管理实践、高炉合理煤气流分布的发展与演变、高炉六大操作制度、高炉上的辩证法和中医思想等。

该著作提供了大量的实际生产实践案例，内容丰富、结构严谨、层次清晰，具有主要的学术和应用价值，对从事高炉炼铁相关生产、管理、设计、科研和教学人员具有重要参考价值。该著作的出版，对于我国高炉的精细化管理和维护高炉操作稳定将提供重要的参考作用，特为之作序。

2022年3月

前　言

高炉大型化和现代化是当今炼铁技术发展的重要方向。很多传统钢铁企业也像昆明钢铁控股有限公司（简称昆钢）一样，正在经历着从“钟式中小高炉”生产模式向“无料钟大型高炉”技术体系的转变。这种成长蜕变往往是需要付出代价的。及时总结分析其中的经验与教训，并与业界同仁分享和交流，是昆钢炼铁工作者乐见其成的。

在 1998 年 12 月 $2000m^3$ 高炉投产之前，昆钢炉容最大的 5 号高炉容积只有 $620m^3$。昆钢人能否驾驭和管理好昆钢第一座 $2000m^3$ 现代化大型高炉，成为昆钢炼铁工作者普遍关心的问题。而昆钢 $2000m^3$ 高炉只用了不到 3 个月的时间就顺利达产，创造了当时 $2000m^3$ 以上级大型高炉的最快开炉达产记录。正当广大昆钢炼铁工作者欢欣鼓舞之际，昆钢 $2000m^3$ 高炉却在 2003 年 1 月 8 日发生了第一次炉况大失常。这是一次原因不明的失常，因此在处理应对上虽然把能够想到的措施都实施了，但处理效果并不理想。2003 年一年之内类似的炉况失常总共发生了 3 次，损失巨大，教训深刻。

2002 年以后昆钢 $2000m^3$ 高炉相继出现了炉体上涨和风口上翘的异常情况，给高炉安全稳定生产造成了较大威胁。为此，昆钢开展了大量的研究和攻关，取得了明显的成效。研究人员发现了 K、Na、Pb、Zn 等有害元素进入高炉砖衬的先后顺序，找到了 Zn 在炉衬内结晶、发育和长大的规律。从机理上搞清楚了 Zn 的循环富集与高炉炉墙频繁结厚的内在联系，制定了相应的防治措施。此外，提出了 Pb 在高炉内的新渗透机理，对高炉设计进行了相应改进。

昆钢 $2000m^3$ 高炉第一代炉役于 1998 年 12 月 25 日点火开炉，至 2011 年 4 月 7 日停炉大修，历时 12 年 3 个月零 14 天，单位炉容产铁量达到 $9500t/m^3$，不但创造了昆钢高炉的长寿新纪录，而且也创造了自焙碳砖炉缸炉底在国内大型高炉上应用的长寿新纪录。

如果说 $2000m^3$ 高炉的生产实践考验的是昆钢人在高炉大型化以后能不能站住脚的话，那么 $2500m^3$ 高炉的投产，则是要回答昆钢人在 $2000m^3$ 高炉上总结出来的经验和理论到底管不管用的问题。昆钢 $2500m^3$ 高炉于 2012 年 6 月 26 日投产以后，各项技术经济指标逐年持续提高和改善。尤其是 2017 年以后，高炉的日均产量超过 7000t，月平均利用系数一度达到 $2.9t/(m^3 \cdot d)$，年平均利用系数也在 2019 年达到了 $2.70t/(m^3 \cdot d)$ 的水平。更加令人惊奇的是，这样的利用系数和冶炼强度居然是在全国最低入炉品位和最高焦炭灰分的“低铁高灰”原燃料条件下取得的。到昆钢参观、考察的兄弟企业和专家学者纷纷提议昆钢对 $2500m^3$ 高炉“低铁高灰”条件下的强化冶炼技术进行总结分析，以供业界同行借鉴参考。

在精料管理方面，“低铁高灰”是昆钢高炉原燃料的主要特点。在七分原料、三分操作的基础上，昆钢又进一步细化，并提出了焦炭占四分、矿石占三分、操作管理占三分的“四三三结构模式”。昆钢针对四分焦炭，构建起了焦炭质量综合评价指数 CQI，给予了焦炭反应性和反应后强度指标最高的权重占比；针对三分矿石，强调首先要解决透气性问题，然后才有条件追求降低高炉消耗的矿石质量指标；针对三分操作管理，着重强调要建立铁焦烧矿一体化的管控模式，实现系统价值最大化的目标。

在高原气象条件下送风制度特殊性方面，昆钢关注到高炉风机能力达不到设计水平，昆钢首先通过综合分析研判，确定其所处的高原地区高炉风量表显示数据会低于平原地区 10%左右的规律。然后结合昆钢的具体条件，建立起了高炉炉缸活跃性的综合评价体系，提出要将鼓风动能不足引起的炉缸不活与焦炭质量导致的炉缸工作欠佳区分开来。最后通过高炉停风，以及检修清理炉缸的机会，进入炉内取样分析和实际测量，综合研判高炉的送风制度是否合理。

在高炉装料制度方面，昆钢留意到经典的无料钟炉顶布料方程与高炉布料实测结果存在差异的问题。昆钢结合实际对中心加焦的角度进行了调整，提出高炉在深空料作业过程中应适当疏松边缘气流的操作指引。在操作炉型的管理方面，昆钢重点解构了 Zn 的循环富集和沉降黏结机理，提出在千方百计降低高炉入炉Zn负荷的基础上，还应更重视中部调剂的作用，实现上、中、下部调剂的联动配合，达到防患于未然。通过对2000m^3高炉20年和2500m^3高炉近10年间布料矩阵的跟踪分析研究，昆钢发现一个共同的规律，即2000m^3以上级大型高炉不能追求过低燃料比，应该逐步减少中心加焦比例，适当放开边缘气流，这样才能避免中部炉墙反复黏结，实现炉况的长周期稳定顺行。

要统筹好上述高炉工艺技术的基础管理工作，昆钢认为应该学习马钢“高炉体检”的方法。通过定期体检，一是可以做到早防早治，避免大的“疾病”和事故发生；二是用量化的诊断结果，为炉况研判提供可靠依据，做到精准防控；三是有效整合铁前生产技术力量，建立“以高炉为中心”的全系统联动运行管控模式。

本书注重实践性和创新性，很多内容来自于对昆钢2000m^3高炉和2500m^3高炉10~20年来的持续跟踪分析研究，既突出了具有地域特色的特殊性，又兼顾了对标当今炼铁技术发展方向的普遍性。

本书尽量用轻松通俗的语言，让炼铁学不再那么枯燥，尽量讲述生产实践经验，避免理论堆砌，使读者获得如同身临其境一样的体验和收获。尽量讨论具有昆钢特色而又符合炼铁技术发展方向的内容，让读者能从昆钢炼铁发展史中读懂更多的钢铁冶金知识。在结构安排上，本书采取分专题讨论的方式，对于同一个技术问题从不同的角度进行探讨，给读者传递重要的内容，从不同侧面进行解析，一方面便于加深记忆，另一方面也确保读者在阅读每一个专题时都能获得完整且准确的信息。

本书在编写过程中，得到了昆钢公司领导，炼铁厂、技术中心领导以及其相关部门和人员的大力支持和帮助，在此一并表示感谢。

由于作者水平有限，不足之处敬请批评指正。

杨雪峰
2021年12月
于昆明

[illegible]

[illegible] 2000m³ [illegible] 20年 [illegible] 2500m³ [illegible] 10年 [illegible]

[illegible] 2000m³以上 [illegible]

[illegible]

2021年12月

目　　录

1　昆钢实践经验之炼铁密码

昆明钢铁控股有限公司（简称昆钢）成立于1939年2月，距今有80多年的历史。在这80多年的历史当中，昆钢炼铁作为钢铁联合企业的核心工序，既有邓小平同志两次亲临视察的高光时刻，也有人工上料、人工出铁以及生产水平长期在低谷徘徊的困顿迷茫时刻。无数炼铁先贤在昆钢炼铁史上书写下了属于他们自己的传奇。在此，作者无法一一为他们著书立传，只能对他们留下的一些神奇密码进行解读、标注，以期不负前人的艰辛付出，激励后来者继往开来、再创辉煌。

1.1　独具特色的昆钢高炉工长核料公式

20世纪90年代初，作者刚参加工作时，碰到的第一个谜团是当时的高炉工长操作记录本上有这么一个核料公式（式中组分为质量分数）：

$$\text{每批料加石灰石量} = 2.4\times(\text{烧结矿批重}\times SiO_2+\text{酸性矿批重}\times SiO_2+\text{焦炭批重}\times\text{焦灰}\div 2+\text{每批料喷煤量}\times\text{煤灰}\div 2-2.14\times\text{单批料出铁量}\times\text{铁水 Si 含量})-2(\text{烧结矿批重}\times CaO+\text{酸性矿批重}\times CaO) \tag{1-1}$$

作者每天都要用这个公式做一次核料计算，但这个公式为什么会是这样，却没有人可以解释清楚。自己实在憋不住了去问老工长，可得到答案是他也说不清楚，只要听话照做就可以了。后来我用自己的专业知识破解了这个神奇公式的密码。原来公式前边的第一个系数2.4的含义是该高炉要求炉渣碱度按照1.2倍进行控制，而石灰石的CaO含量大约是50%，除以0.5，实际效果相当于乘以2，这样1.2乘以2就得到2.4了；焦炭和煤粉批重的后边之所以要除以一个2的系数，是因为默认煤焦灰分中的SiO_2含量为50%，乘以0.5的实际效果与除以2是一样的；铁水Si含量前边的系数2.14，是SiO_2分子量与Si原子量的比值；最后一个系数2，同理是因为石灰石的CaO含量大约是50%，除以0.5，实际效果相当于乘以2。

随着时间的推移，越来越多的后来者重复着前辈们做过无数次的工作。他们当中，抑或有人搞懂了这些土公式背后的原理，但是可能也就报以会心的一笑，对他人说这样的公式其实挺好用的，没有改变的必要。抑或有人终其一生也没有完全搞明白这些公式的道理，但是也没有妨碍他成为一名合格的高炉操作者，他可能会在退休之后，把属于昆钢高炉炼铁的这些神奇密码，讲给他的子孙们去听。这也许就是有着80多年历史的昆钢，留给业界同行的一些比较奇特的东西吧。不管怎么样，它们记载了昆钢的炼铁历史，我们不应该轻易地忘记它们。

1.2 高炉风量表的修正系数

20世纪末，作者有幸被抽调参加2000m³的昆钢历史上第一座现代化大型高炉的建设和生产组织工作。该高炉是从卢森堡ARBED公司BELVAL厂的C高炉引进到国内，经重庆钢铁设计研究院重新设计并配套集成后建成的，代表了那个年代国内大型高炉整体装备的典型水平。高炉投产以后作者就发现，风机的能力没有达到设计水平，并且高炉的实际入炉风量与高炉实际消耗掉的煤焦数量不匹配，高炉吨铁风量比设计值小很多。询问风机房，也被告知风机的运行状况和输出参数没有问题。在排除了高炉自身上料系统计量不准确的可能性之后，作者正式打报告给工程建设指挥部，反映高炉实际入炉风量与高炉实际工艺技术参数不匹配的问题。当时工程建设指挥部的领导很重视，专门安排重庆院的工艺专家和仪表专家来进行联合诊断分析，但最后仅得出了一个模棱两可的结论，那就是受场地狭窄的限制，高炉冷风流量表之前的水平直管段长度不够，冷风不能在稳定的工况下通过流量计，所以计量结果会存在一定偏差，但不影响高炉正常的生产。

在接下来的日常工作中，作者一直在琢磨这个问题，可总是不得其法。借外出学习交流的机会，作者也请教过一些业界的专家学者，但都没有获得令人满意的解答。后来查阅了相关数据和资料，根据炉顶煤气流量对高炉实际入炉风量进行了反算，发现计算出来的结果明显偏大，也与高炉每天消耗掉的煤焦数量不吻合。作者又找到当时专门负责计量工作的领导，请他来解答心中的疑问。没想到他的回答非常干脆，说这是一个无解的问题。他说关于气体的计量，本身就允许在一定范围内产生偏差，领导也无法确定哪一个数据是准确的，哪一个数据就一定不准确。后来在本人的分管工作范围内，又碰到了关于煤气计量的类似问题，就向仪表厂家负责售后服务的技术人员咨询气体计量准确性有关的问题。其解释为，仪表在出厂之前会有一次标定，厂家会推荐一组仪表的基础技术参数，如果用户没有异议，那这块仪表的准确性就这样确定下来了；如果用户提出不同意见，可以在一定范围内调整仪表的基础技术参数，直到双方都认可为止。应该说，仪表厂家的技术人员，同样也没有完全解释清楚这个问题，这个世纪之谜一直留在了作者的心中。

2012年，昆钢历史上第一座采用国产化装备的大型高炉新区2500m³高炉建成投产了。在2500m^3高炉的设计审查阶段，作者专门提醒设计单位要注意高炉风量的计量问题，避免2000m^3高炉上的问题重复发生。后来作者之所以特别关注这座高炉，是因为它的冶炼强度虽然达到了国内当时的领先水平，但却长期堵1~2个风口维持生产，理由是30个风口设计过多，全风口作业容易导致炉况不顺。作者在昆钢技术部门工作的时候曾下决心要解决这一问题。当时的思路是，首先是借助高炉检修清除部分炉缸焦炭的机会，注意观察炉缸焦炭的质量以及渣铁残留物的滞留情况，结果并没有发现炉缸中心堆积的痕迹，反倒是炉缸侧壁风口周围附着有300~500mm的渣皮；其次是要想办法进一步改善高炉的原燃料质量，为高炉逐步实现全风口作业创造条件；再次是请东北大学的教授来给该高炉做一个炉缸工作状态的仿真模拟研究，力争搞清楚炉缸焦炭死料柱的工作状态，并测算出相对准确的高炉实际入炉风量；最后是使高炉逐步实现全风口作业，主要技术经济指标获得新的提升。这些目标基本都实现了，高炉也一度实现了全风口作业，主要指标获得了明显改善。

在对标学习宝钢的过程中，我们利用宝钢三座高炉炉容、风量和利用系数的关系，计算出宝钢三座高炉每生产1t铁所需要的风量分别是966m^3、972m^3和1058m^3。宝钢高炉的富氧水平和昆钢2500m^3高炉差别不大，但其燃料比只有490kg/t左右[1]，远远低于昆钢2500m^3高炉535kg/t左右的水平，所以宝钢高炉每生产1t铁水所需要的风量理应低于昆钢2500m^3高炉的数据。但根据昆钢2500m^3高炉的报表数据进行计算，其吨铁风量只有949m^3，比宝钢高炉的平均水平还要低5%左右，见表1-1。

表1-1 宝钢高炉与昆钢2500m^3高炉吨铁风量的对比

高炉炉号	炉容 /m^3	利用系数 /$t\cdot(m^3\cdot d)^{-1}$	风量 /$m^3\cdot min^{-1}$	吨铁风量 /m^3	富氧率 /%	燃料比 /$kg\cdot t^{-1}$
宝钢1号高炉	4063	2.293	6287	972	3.50	490
宝钢2号高炉	4063	2.121	6330	1058	3.50	492
宝钢3号高炉	4350	2.338	6823	966	3.50	486
昆钢2500高炉	2500	2.70	4450	949	3.53	535

参考宝钢高炉的吨铁风量数据，利用昆钢2500m^3高炉实际消耗掉的煤焦数量，测算出其吨铁风量应该在1050~1150m^3的范围内[1~3]。如果按照1100m^3的吨铁风量，7000t的日产量进行计算，结果令人大吃一惊：昆钢新区2500m^3高炉的风速达到270m/s，鼓风动能达到19000kg·m/s，比宝钢4000m^3高炉的水平还要高。也就是说，如果按照风量表上的风量进行计算，昆钢新区2500m^3高炉有鼓风动能不足、吹不透中心的嫌疑，而如果按照理论风量进行计算，就又显得风速过高、鼓风动能过大。昆钢科技创新中心信息室的同志进行了一个专项调查，

发现昆钢新区 2500m^3 高炉是全国冶炼强度最高的同类型高炉，也是进风面积最小、实际鼓风动能最高的高炉之一，这就更加验证了我的判断。

至此，困扰昆钢几代炼铁人的高炉入炉风量计量之谜，也到了可以揭开其神秘面纱的时候了。昆钢地处海拔 1840~1910m 的云贵高原之上，由于空气稀薄，高炉在选择风机能力的时候，都要考虑一个 0.726 的修正系数，这样才可以保证高炉实际入炉的标准风量可以达到设计水平。而几乎所有的风量表，都有一个将实际工况风量折算成标准风量的技术问题。昆钢地区的平均大气压只有 0.081MPa，大约相当于 0.81 个标准大气压力，所以流量表上的标准风量肯定会比实际水平低一些，怎么把由于折标系数差异造成的这部分风量损失弥补回来呢？历史上的某位昆钢炼铁老前辈就想到了用 0.8 的倒数进行补偿的办法，这与配料计算核料公式中的思路是完全一致的。实践证明，直接用大高炉的风量乘以 0.8 的倒数即 1.25 倍的系数，计算出来的风量又太大了。根据《首钢炼铁三十年》一书[4]：

$$V_{标} = 273 \times V_{实} \times (p_{风} + 1.013) \div (T_{风} + 273) \qquad (1-2)$$

式中，$V_{标}$ 为标准风量，m^3/min；$V_{实}$ 为实际风量，m^3/min；$p_{风}$ 为风压，单位大气压；$T_{风}$ 为风温，℃。

也就是说标准风量测量数据与大气压的高低有关，在低海拔地区校准的出厂流量计，再拿到高海拔地区进行使用时，应该重新校正大气压力修正系数。昆钢地区的平均大气压只有 0.81 个标准大气压力，式（1-2）中的 $p_{风}$ 分别用 1.0 和 0.81 个大气压进行计算，两者之间的差异刚好是 10%。也就是说，在沿海地区标定的流量计折标系数，与昆钢所在的高原地区，刚好相差了 10%。这就很好地解释了高原气象条件下，昆钢高炉表显风量与实际入炉风量之间的差异。

1.3 自焙碳砖炉缸炉底长寿原因成谜

自焙碳砖是 20 世纪 70~80 年代我国科技工作者自行开发研制的一种新型碳质炉衬。自焙碳砖炉衬技术是利用高炉内独特的焙烧条件，将自焙碳砖焙烧成气孔率低、导热性好、石墨化程度高的近乎无缝整体，并能有效吸收砖衬的热膨胀和减轻热应力，从而达到高炉长寿的目的。自 1974 年在 70m^3 锰铁高炉上投入使用之后，自焙碳砖炉衬技术迅速在全国 1000m^3 以下的高炉上推广应用，国家科技部和原冶金部都为此发过专门的文件。昆钢中小高炉长期以来受 K、Na、Pb、Zn 等有害元素的危害，炉缸炉底寿命较短，一般只有 4~5 年。自 1982 年 255m^3 的 4 号高炉采用全自焙碳砖炉缸炉底之后，这一局面得到了根本性扭转，不但炉缸炉底的寿命超过了 10 年，而且停炉以后没有发现国内高炉普遍存在的碳砖环裂和象脚状异常侵蚀现象，炉底最大侵蚀深度只有 700~800mm，炉缸炉底完全可以工作 13~15 年[5,6]。自此以后，2 号、3 号、5 号高炉也相继采用了这种炉缸炉底结构，同样取得了非常好的应用效果，可以说自焙碳砖炉衬技术在昆钢中小高炉上的应用是非常成功的。

正是在这样的时代背景和技术条件下，1998 年 12 月投产的昆钢 2000m^3 高炉也采用了“半石墨化低气孔率自焙碳块+复合棕刚玉砖”的陶瓷杯结构[7,8]。但此后不久，国内最先采用这种技术的两座大型高炉，鞍钢 7 号高炉（2580m^3）和太钢 3 号高炉（1200m^3）都相继因炉缸炉底温度异常而被迫提前进行停炉大修，因此昆钢 2000m^3 高炉的长寿前景及自焙碳砖应用效果尤为令人关注。

应该说自焙碳砖的优势是非常明显的，尤其是可以吸收膨胀、减轻碳砖环裂和异常侵蚀，这对于大型高炉来说非常重要。然而自焙碳砖同样存在不足和隐患，那就是如果在炉内不能自然焙烧成熟，则其导热性和抗侵蚀能力严重不足，高炉难以实现长寿。从昆钢中小高炉的生产实践以及鞍钢、太钢高炉的温度检测结果来看，与陶瓷砌体接触的自焙碳砖温度可以达到 800℃以上，具备了将自焙碳砖焙烧成熟的条件。至于焙烧以后的自焙碳砖能否满足大型高炉强化冶炼的要求，则还需生产实践的检验。昆钢 2000m^3 高炉第一代炉役从 1998 年 12 月 25 日点火开炉，到 2011 年 4 月 7 日停炉大修，历时 12 年 3 个月零 14 天，单位炉容产铁量达到 9500t/m^3，不但创造了昆钢高炉的长寿新纪录，而且也创造了自焙碳砖炉缸炉底在国内大型高炉上应用的长寿新纪录[7]。昆钢 2000m^3 高炉最终停炉大修并不是因为炉缸炉底砖衬破损，而是因为高炉炉体上涨导致炉底封板拉裂和煤气窜漏，否则昆钢 2000m^3 高炉的一代炉役寿命有望达到 15 年左右。

自焙碳砖炉缸炉底技术不仅在昆钢中小高炉上应用得比较成功，而且在 2000m^3 级的大型高炉上应用也没有问题。这与国内其他大型高炉的生产实践情况差异很大，也是业界主流技术体系很难解释清楚的一种特殊现象。站在昆钢炼铁工作者的角度上，笔者觉得自焙碳砖炉缸炉底技术在昆钢高炉上应用得比较成功，与以下几个方面的因素有关：

（1）高炉内炉缸炉底的温度场能够让自焙碳砖焙烧成熟。

（2）昆钢高炉一贯重视对炉缸炉底的冷却，加上矿石中天然含有一定比例的 V、Ti，导致高炉炉缸内侧长年累月附着一层厚度为 300～500mm 的渣皮，无形当中对炉缸炉底的碳砖形成强有力的保护。

（3）昆钢地处号称有色金属王国的云南，矿石中含有 K、Na、Pb、Zn、Bi、V、Ti、Ni、Co、Cr 等多种元素，部分金属的气态原子、分子进入到碳砖中的微气孔当中，过量后虽然会导致砖衬的体积发生膨胀，但当数量不太大时，可能会填补耐火材料的微气孔，提高耐材砌体的导热能力。昆钢在 20 世纪 80 年代所做的 4 号高炉破损调查中就有这样的发现[5,6]：“压力和铁等金属的存在，消除了自焙碳砖晶体内缺陷和变形，使之形成了 C-Fe、C-Ti、C-Pb 等碳与金属的复合物，提高了自焙碳砖的抗碱能力”。这也可以算是一种具有昆钢特色的高炉长寿技术的新观点吧。

2011年4月昆钢对运行了12年零3个月的2000m^{3}高炉进行破损调查时发现，炉缸垂直段还残留一层复合棕刚玉陶瓷砌体，炉底炉缸交界处并未出现明显的象脚状异常侵蚀，炉底中心的自焙碳砖被侵蚀掉两层，累计侵蚀深度为1410mm，炉底周围大部分的侵蚀深度只有1090mm左右[7]。应该说，对于一个运行了12年的高炉来说，炉缸炉底的实际侵蚀情况并不严重，这样的炉缸炉底结构，成功运行15年以上是没有问题的。

原来有人担心炉缸炉底储存了大量的铅，正是铅的堆积造成了高炉炉体的上涨[9~11]，但是停炉拆除炉缸炉底时，并没有发现大量的铅存在，所以对炉底排铅的机理需要重新认识。原来业界很多专家学者认为锌主要富集在高炉中上部，不会大面积进入炉缸炉底侵蚀砖衬[12~14]，而昆钢2000m^{3}高炉破损调查却在炉缸部位发现了大量的Zn和ZnO，其中复合棕刚玉砖的Zn含量更是高达29.9%，这表明Zn进入大型高炉的炉缸区域是不争的事实[10]。炉缸复合棕刚玉砖的K_2O含量高达10.09%，而同一位置的焙烧碳砖K_2O含量只有1.58%，这表明碳砖的抗碱性比硅铝质的耐火材料要好得多。昆钢2000m^{3}高炉破损调查炉缸砖衬取样分析结果见表1-2。

表1-2 昆钢2000m^{3}高炉破损调查炉缸砖衬化学成分分析结果 （质量分数,%）

试样	Ti	K_2O	Na_2O	Zn	Pb	TFe	SiO_2	Al_2O_3	C
棕刚玉砖	0.39	10.09	0.76	29.90	1.91	0.29	9.10	20.96	—
碳砖	0.065	1.58	0.054	13.41	1.42	0.06	—	—	36.42

昆钢2000m^{3}高炉破损调查还发现，炉底残存自焙碳砖的体积密度、显气孔率、耐压强度以及导热系数等指标，均好于自焙碳砖的原始值，这表明在炉内焙烧成熟以后，自焙碳砖的性能确实得到了一定程度的修复与改善[7]。昆钢2000m^{3}高炉破损调查炉底自焙碳砖取样分析检测结果见表1-3。

表1-3 昆钢2000m^{3}高炉炉底自焙碳砖分析检测结果

试样	Ti /%	K_2O /%	Na_2O /%	Zn /%	Pb /%	TFe /%	灰分 /%	耐压强度 /MPa	300℃导热系数 /W·(m·k)$^{-1}$
自焙碳砖	0.23	0.48	0.12	0.01	3.3	14.48	49.98	77.28	17.01

仔细观察炉底自焙碳砖的化学成分，发现K_2O、Na_2O、ZnO的含量均非常低，这表明由于死铁层的阻隔，K_2O、Na_2O、ZnO是很难进入炉底并对砖衬产生异常侵蚀的；残存自焙碳砖中含有TFe 14.48%、Pb 3.4%、Ti 0.23%，这表明对于炉底自焙碳砖来说，Fe的渗透能力远远大于Pb，Pb并不能像传说中的那样无孔不入；自焙碳砖的灰分高达49.98%，这表明自焙碳砖中的C确实与金属元素发生了强烈的“复合作用”，要么是发生了渗碳反应，生成了“C-金属”复合

物，要么是充当还原剂将金属氧化物还原成了单质金属。

总之，对昆钢 2000m³ 高炉的破损调查，验证了昆钢对 K、Na、Pb、Zn 等多种有害元素侵蚀机理的认识是经得起实践检验的，自焙碳砖在昆钢高炉炉缸炉底的使用是成功的，昆钢高炉长寿技术的理论架构和应用实践也是独具特色的。

1.4 2500m³ 高炉冶炼水平创国内新纪录

昆钢新区 2500m³ 高炉主要技术经济指标与马钢及全国同行的对比情况见表 1-4。

表 1-4 昆钢 2500m³ 高炉与马钢及行业 2500m³ 级高炉指标对比情况

项目		昆钢指标		马钢指标	行业平均	行业先进平均	昆钢对比马钢平均		昆钢对比行业平均		昆钢对比行业先进平均	
		2016 年	2017 年				2016 年	2017 年	2016 年	2017 年	2016 年	2017 年
高炉经济技术指标	利用系数 $/t \cdot (m^3 \cdot d)^{-1}$	2.39	2.49	2.35	2.17	2.42	0.04	0.14	0.22	0.32	−0.03	0.07
	燃料比 $/kg \cdot t^{-1}$	518.6	530.7	529.5	541.0	522.0	−10.9	1.2	−22.4	−10.3	−3.4	8.7
	入炉焦比 $/kg \cdot t^{-1}$	363.9	370.3	394.0	404.0	379.0	−30.1	−23.7	−40.1	−33.7	−15.1	−8.7
	煤比 $/kg \cdot t^{-1}$	154.7	160.5	135.5	137.0	152.0	19.2	25.0	17.7	23.5	2.7	8.5
	风温/℃	1196	1194	1155	1113	1192	41	39	83	81	4	2
原料条件指标	入炉品位/%	54.17	55.00	57.63	57.51	58.39	−3.47	−2.63	−3.35	−2.51	−4.23	−3.39
	渣中(Al_2O_3)/%	11.14	11.41	15.57	13.3	11.38	−4.43	−4.16	−2.16	−1.89	−0.24	0.03
	烧结矿 TFe/%	52.20	52.74	55.98	55.91	57.03	−3.78	−3.24	−3.71	−3.17	−4.83	−4.29
	烧结矿(Al_2O_3)/%	1.66	1.64	1.95	1.92	1.64	−0.29	−0.31	−0.26	−0.28	0.02	0.00
	球团矿 TFe/%	58.83	59.28	61.99	62.69	64.43	−3.16	−2.71	−3.86	−3.41	−5.60	−5.15
	球团矿(Al_2O_3)/%	2.12	1.96	1.78	1.33	0.97	0.34	0.18	0.79	0.63	1.15	0.99
	渣比 $/kg \cdot t^{-1}$	541.57	503.31	330.50	369.00	324.00	211.07	172.81	172.57	134.31	217.57	179.31

续表 1-4

项目		昆钢指标		马钢指标	行业平均	行业先进平均	昆钢对比马钢平均		昆钢对比行业平均		昆钢对比行业先进平均	
		2016 年	2017 年				2016 年	2017 年	2016 年	2017 年	2016 年	2017 年
燃料条件指标	焦炭灰分/%	14.10	14.19	12.25	12.54	12.27	1.85	1.94	1.56	1.65	1.83	1.92
	焦炭硫分/%	0.56	0.63	0.745	0.81	0.73	-0.18	-0.12	-0.25	-0.18	-0.17	-0.10
	焦炭 M40/%	89.51	88.92	89.02	86.96	88.41	0.49	-0.04	2.55	2.02	1.10	0.57
	焦炭 M10/%	4.57	4.90	5.47	6.43	5.98	-0.90	-0.57	-1.86	-1.53	-1.41	-1.08
	焦炭 CSR/%	64.94	65.02	68.61	64.18	67	-3.67	-3.59	0.76	0.84	-2.06	-1.98
	煤粉灰分/%	12.61	12.68	8.91	10.31	9.45	3.70	3.77	2.30	2.37	3.16	3.23
	煤粉挥发分/%	10.48	10.10	20.36	17.11	14.23	-9.88	-10.26	-6.63	-7.01	-3.75	-4.13

从表 1-4 可以看出，2017 年昆钢新区 2500m^3 高炉的利用系数及冶炼强度指标均已经超过行业领先水平，但综合入炉品位只有 55.0%、焦炭灰分高达 14.19%，均属于全国同类高炉的最差水平。在“低铁高灰”的原燃料条件下，昆钢新区 2500m^3 高炉能够取得利用系数全国排名第一的成绩，其背后的奥秘值得人们关注和分析研究。

参考文献

[1] 朱仁良．宝钢大型高炉操作与管理［M］．北京：冶金工业出版社，2018.

[2] 周传典．高炉炼铁生产技术手册［M］．北京：冶金工业出版社，2003.

[3] 成兰伯．高炉炼铁工艺技术手册［M］．北京：冶金工业出版社，1991.

[4] 安朝俊．首钢炼铁三十年［M］．北京：首都钢铁公司，1983.

[5] 汤茂新，王旭．昆明钢铁总公司四高炉第四代炉役炉体破损调查［J］．昆钢科技，1994，1：3~12.

[6] 张锦帆．昆钢 4 高炉自焙碳砖炉底及粘土质内衬侵蚀状况探讨［J］．昆钢科技，1994，2：25~31.

[7] 王涛，汪勤峰，王亚力，等．昆钢 2000m^3 高炉炉缸炉底破损情况调查［J］．昆钢科技，2014，2：1~8.

[8] 杨雪峰，储满生，王涛．昆钢 2000m^3 高炉风口上翘原因分析及治理［J］．炼铁，2005，24(4)：1~4.

[9] 韩奕和．255m^3 高炉炉底排铅实践［J］．柳钢科技，1982，2：1~7.

[10] 试验研究所．二号高炉八〇年破损调查 [J]．柳钢科技，1981，1：21~34.

[11] 吴福云．2号高炉第二代炉底破损原因分析及长寿对策 [J]．水钢科技，1999，1：8~17.

[12] 王西鑫．锌在高炉中的危害机理分析及防治 [J]．钢铁研究，1992，3：36~41.

[13] 李肇毅．宝钢高炉的锌危害及其抑制 [J]．宝钢技术，2002，6：18~20.

[14] 朱大复．高炉中的有害元素—锌的危害及防治 [A]．高炉有害元素汇编，水钢科技情报室编，1983，11：54~58.

2 高原气象条件下昆钢高炉送风制度的特殊性

送风制度是高炉的核心操作制度之一。炼铁前辈们一句“有风才有铁”的口头禅，深刻地揭示出了送风制度对于高炉生产的重要性。英国工业革命时期更是形象地把高炉称为“鼓风炉”。昆钢地处高原，前辈们很早就发现昆钢炼铁生产与低海拔平原地区的高炉有很多不同之处，甚至铁沟中铁水表面的火花形态都不一样。在送风制度方面，最大的差异就是风机出力始终达不到设计水平，高炉炉缸的活跃程度一直令操作者揪心。

2.1 高炉表显风量明显小于实际风量

昆钢地处海拔 1840~1910m 的云贵高原，由于空气较稀薄，因此无论是在风机能力选择上，还是在风量表的折标系数考量上，都需要考虑高原气象条件下的折算系数问题。按照业界公认的公式[1~4]（1-2），$P_{风}$ 分别用 1.0 和 0.81 进行计算，两者之间的差异是 10%，所以笔者认为昆钢高原气象条件下，高炉表显风量比实际入炉风量低 10%左右。此结论既有理论支撑，又与高炉的实际运行状况相吻合，可以作为昆钢高炉优化送风制度的依据。

2.2 历史越长的高炉越容易形成中心不活跃

昆钢拥有 80 多年的历史，由于历史上曾经长期在低冶炼强度条件下组织生产，昆钢几代高炉炼铁工作者可以说是吃尽了炉缸吹不透、中心不活跃的各种苦头，他们对高炉炉缸不活跃的种种不愉快的记忆，无形当中会转化成他们的担心和顾虑，久而久之，就会成为一种企业文化，也会成为一种高炉操作的指导思想。

作者参加工作时，刚好碰到了昆钢人经历了近 60 年接续奋斗，终于实现了产铁破 100 万吨的火红年代。当时在中小高炉上更换风口小套，风口周围基本上没有渣皮的保护和阻挡，炉缸中的焦炭料柱非常鲜活，经常会垮塌而影响更换风口的正常作业。后来 2000m^3 的 6 号高炉建成投产以后，这种现象基本就没有出现过了。旧的风口小套拆卸下来以后，炉缸中还有一层厚度为 300~500mm 的渣皮包裹在周围，很少能看到鲜活的炉缸焦炭。这些现象其实非常直观地说明，伴随着昆钢的成长，变化的不仅仅是高炉的炉容和炉缸直径等肉眼可见的参数，更多的是大型高炉的炉缸工作状态和冶炼规律等一些不易为人们所觉察到的东西。

尽管很多东西都在不知不觉之中发生了改变，但是炼铁前辈们仍然津津乐道当年冒着生命危险爬到炉缸深处用炸药爆破清除炉缸堆积物的流金岁月。对于一个有着 80 多年历史的老钢铁企业来说，这无可厚非，这也是历史积淀在昆钢人内心深处的诸多宝贵财富之一。但由此带来的问题是，关于炉缸堆积的记忆已经深入到昆钢炼铁工作者的血液当中，而对于“吹透炉缸”却又缺乏具体、有力的量化评价标准，这就会导致对于同一座高炉，有些人会认为中心不活，而有些人认为中心过吹。加之昆钢地处高海拔地区，高炉表显风量本身就比较小，这就进一步加深了昆钢炼铁工作者关于高炉炉缸不够活跃的担心和顾虑。所以有些时候我们就不得不进行“逆向思考”，昆钢高炉关于活跃炉缸和吹透中心的强调与重视，是否有一点矫枉过正的嫌疑呢？

2.3 从钟式中小高炉到无料钟大型高炉的演变

在 1998 年 2000m^3 的 6 号高炉建成投产之前，昆钢只有 3 座 300m^3 高炉以及一座 620m^3 高炉。一下子从“钟式中小高炉”的技术体系跨越到“无料钟大型高炉”管控模式之上，昆钢人经历了种种不适应。在高炉大型化的历程当中，马钢一直是昆钢模仿学习的对象。马钢的高炉大型化经验，主要又是从宝钢学习得来。虽然昆钢现在也加入了中国宝武大家庭，但在正式对标宝钢之前，昆钢还得虚心向马钢学习。马钢的操作理念与昆钢非常类似，他们也认为大型高炉最重要的就是发展中心气流，中心畅通了，大型高炉的顺行就有了支撑和保障。正是在这种思想的指引下，昆钢 2000m^3 大型高炉顺利实现了开炉、稳产和达产。但是在进一步改善高炉顺行的质量方面，昆钢和马钢大型高炉都相继出现了一些问题。昆钢 2000m^3 的 6 号高炉在 2003 年一年当中连续出现了 3 次大的炉况失常，损失非常巨大。同一时期，马钢大型高炉也碰到了强化冶炼的“瓶颈”问题。国内率先实现大型高炉长周期稳定顺行的还是宝钢，宝钢的经验是，大型高炉要获取世界一流的技术经济指标，必须保持边缘气流相对发展的两道煤气流分布[2]。字面表述与原来的表述差异不大，但是从思想实质上来讲，却是发生了根本性的转变。原来大家都从“钟式中小高炉”技术体系小心翼翼地转向“无料钟大型高炉”管控模式，正在进行摸着石头过河式的探索，天然地认为高炉越大，中心越难打通，从而逐步形成了得中心者得天下的理念。现在业界龙头宝钢突然告诉大家说，大型高炉要打通中心，远远没有想象中的那么难，反而是原来不够重视的边缘气流容易出问题。这对高炉操作管理者内心深处固有理念的冲击和影响是可想而知的。

钟式炉顶技术体系和无料钟炉顶技术体系的差异，需要从多个维度进行解释。此节主要讲高原气象条件下高炉送风制度的特殊性，所以笔者无法花费更多笔墨去阐述这个问题。回到正题，从“钟式中小高炉”技术体系转移到“无料钟大型高炉”管控模式上的炼铁工作者，天然地就怀有“吹透中心”的情节，在对炉缸活跃程度缺乏科学合理的量化评价标准的前提下，他们很容易采用中心气流的发展程度来判断高炉炉缸是否活跃，再加上历史原因和其他因素，很容易出现矫枉过正的情况。这一点对于像昆钢、马钢这样从中小高炉一步跨越到大型高炉的企业而言，尤其要加以注意。

2.4 高炉炉缸活跃性指数的建立与评价

在工作实践中，怎么判断高炉炉缸是否吹透吹活了呢？各种专著和论文上推荐的方法很多，笔者认为，做学问、搞研究的时候可以兼收并蓄、博采众长，但是如果要在高炉生产操作上用，还是越简单越好。采用炉底中心温度与炉缸侧壁砖衬热电偶温度的比值来评价高炉炉缸的活跃程度，既简单明了，又高效实用。当然，不同的高炉在具体应用的过程中，要辅之以一些具有自身特色的配套参数才会更加有效。就昆钢高炉而言，可以从以下几个方面佐证高炉炉缸的活跃程度：

(1) 借助休风与更换风口的机会，注意观察炉缸侧壁的渣壳厚度，通过与历史数据比较可以大体判断出炉缸的活跃程度，如果平时渣壳较厚，冶炼强度较高，可以不用过分担心中心吹不透的问题。

(2) 用铁量差和渣量差的稳定性来评估高炉炉缸的活跃程度比较有效，只要渣铁没有大量滞留，就表明炉缸死料柱的透液性和透气性没有发生大的病变，炉缸工作状态也就不会出现太大的问题。

(3) 利用停炉检修的机会，可以采集相当数量的风口焦进行检测分析，只要风口焦的粒度组成和渣铁残留量与历史数据相比没有太大变化，就可以佐证炉缸工作状态整体无忧。

2.5 对昆钢 $2500m^3$ 高炉优化送风参数的思考

作者以昆钢新区 $2500m^3$ 高炉的实际生产数据为基础，按照通行的物料平衡计算方法进行计算，得到高炉的吨铁风量是 $1116m^3$，风速是 271m/s，这比高炉自已报表上的数据要高得多，进一步计算发现高炉的鼓风动能高达 19000kg·m/s。作者把全国所有同类高炉的数据信息搜集起来进行比对分析发现，宝钢高炉的鼓风动能都没有达到这个数量级[2~4]。宝钢 4063m³ 的 1 号高炉 11 年间鼓风动能变化情况见表 2-1（该高炉 2009 年 2 月扩容为 5046m³）。

表 2-1　宝钢 4063m³ 高炉 11 年间鼓风动能变化情况　（kg · m/s）

年份	2000	2001	2002	2003	2004	2005	2006	2007	2008	2009	2010
鼓风动能	14898	15102	15102	15510	14796	14490	14694	14469	15612	15000	15408

从表 2-1 可以看出，宝钢 4063m³ 高炉的鼓风动能只有 14469～15612 kg · m/s，远远低于昆钢 2500m³ 高炉 19000kg · m/s 左右的鼓风动能，由此可见昆钢 2500m³ 高炉的鼓风动能确实有偏大的嫌疑。而令人非常意外的是，新区高炉自己算出来的鼓风动能只有 10000kg · m/s 左右，可见风量表计量不准确带来的影响和危害甚至有可能是系统性的。昆钢科创中心科技信息室通过网络大数据系统查询到全国 2500m³ 高炉部分关键指标对比分析见表 2-2。

表 2-2　全国 2500m³ 级高炉部分关键指标对比

高炉	容积 /m³	利用系数 /t · (m³ · d)⁻¹	风口数 /个	进风面积 /m²	风速 /m · s⁻¹	鼓风动能 /kJ · s⁻¹	燃料比 /kg · t⁻¹	利用系数排序
昆钢新区	2500	2.494	30	0.317	227	160	530	1
武钢 4 号	2500	2.469		0.3618	220	12080 kg · m/s	553	2
新钢	2500	2.457					514	3
首钢水钢 4 号	2500	2.45	30				534	4
湘钢 2 号	2580	2.427	30	0.347	225	92	562	5
本钢 7 号	2850	2.36	30	0.348	242		513	6
马钢 2 号	2500	2.35	30	0.3395			511	7
马钢 1 号	2500	2.32	30	0.33	265～275	125～135	510	8
宣钢 2 号	2500	2.29		0.3358		11000～13000 kg · m/s		9
柳钢 2 号	2650	2.29	30	0.315	280	141	553.5	10
鞍凌	2600	2.29		0.343	>270	150		11
通钢 7 号	2680	2.28		0.3376	250～260	115～125	537	12
重钢	2500	2.116		0.3118	300	165～170	552	13
宣钢新 2 号	2500	1.964	30				561	14

根据昆钢科技信息室获得的资料，昆钢新区 2500m³ 高炉是全国同类高炉当中进风面积最小的其中之一，进风面积唯一和其接近的，就是重钢 2500m³ 高炉，但是它的日产量只有 5000～6000t，鼓风动能为 17000kg · m/s 左右。同样的进风

面积，昆钢高炉的产量比重钢高炉高得多，所以昆钢 2500m³ 高炉的鼓风动能也应该比重钢高炉高才对。也就是说计算出昆钢 2500m³ 高炉的鼓风动能达到 19000kg·m/s 是相对合理的。参考首钢、宝钢的经验，大型高炉炉缸活跃性指数主要与高炉的鼓风动能及焦炭死料柱的透气性和透液性有关[1-4]。结合昆钢新区 2500m³ 高炉的实际情况，作者比较担心的是，假如由于焦炭质量问题而造成的炉缸工作不活跃，被操作者误判为鼓风动能不足，处理炉况时还大面积堵风口提高鼓风动能，就有可能错过了恢复炉况的最佳窗口期。所以昆钢新区 2500m³ 高炉要突破 7000t 的日产量比较容易，但要长期稳定在这水平以上，就是一个非常大的考验了。

昆钢新区 2500m³ 高炉历次停炉清理炉缸的实际情况，和作者预测的结果基本一致，即中心基本没有什么堆积，死铁层上表面基本上是干干净净的，渣焦混合物很少。反而是风口周围炉缸侧壁的渣壳比较厚，炉腹炉腰的黏结物比较多，炉缸铁口区域的直径原来是 11.4m，而实测只有 8.8m，由此判断高炉上部的有效工作容积是有所增加的，而高炉下部炉缸，甚至包括炉腹炉腰的有效工作容积却是缩小了的。炉缸是高炉的心脏，同时也是高炉抵抗外界条件变化的稳压器，随着炉缸有效工作空间的缩小，当产量和冶炼强度超过一定水平之后就会造成高炉的抵抗能力下降，稳定性变差。

实地取样调查也发现，昆钢 2500m³ 高炉风口焦的强度和粒度组成只属于中等水平。和昆钢 2000m³ 高炉以及宝钢、首钢大型高炉的风口焦质量进行比对分析，得出的基本判断是，昆钢新区 2500m³ 高炉风口焦综合质量与全国最高的冶炼强度和利用系数相比，还是有差距的，还是不相匹配的。昆钢 2500m³ 高炉风口焦平均粒度比对见表 2-3。

表 2-3 不同高炉风口回旋区焦炭平均粒度

高炉	本部 2000m³	新区 2500m³	宝钢 4000m³	首钢 5000m³
平均粒度/mm	27.90	28.91	30	25~30

从表 2-3 可以看出，昆钢 2500m³ 高炉风口焦平均粒度比 2000m³ 高炉的历史数据略高一些，与国内同行相比较处于中上水平，与全国最高的利用系数和冶炼强度相比还有待于进一步改善。所以改善 2500m³ 高炉焦炭的综合质量，尤其是热态强度，仍然是一个不容忽视的问题。宝钢的高炉容积都在 4000~5000m³ 之间，喷煤水平都在 200kg/t 左右，所以对焦炭质量的要求也就特别高，即反应性小于 26%，反应后强度大于 66%。考虑到昆钢 2500m³ 高炉的渣比比宝钢高炉要高 250kg/t 左右，有害元素 Zn 含量要高 6~9 倍，作者认为昆钢 2500m³ 高炉的焦炭质量也应该向宝钢高炉的这个标准看齐。

综上所述，昆钢需要建立适合自身特点的高炉炉缸活跃性评价体系，并能够把鼓风动能不足的炉缸不活与焦炭质量欠佳导致的炉缸不活区别对待。如果是焦炭质量不好引起的炉缸欠活跃，死料柱的透气性和透液性就会逐步变差，炉底中心温度会逐步下降，炉缸侧壁温度也会逐步上升，高炉的受风性也会逐步下降，此时停风堵风口强行吹活炉缸，往往不是最佳选择，有时甚至会适得其反。此时的第一要务是改善高炉的透气性，无论是退负荷、降煤比，还是提炉温，只要是有利于高炉透气性、透液性改善的措施，都可以采用，直到高炉受风情况好转为止。从长远来看，要通过开展“高炉体检”发现原燃料质量变化的失分项，及时进行对标和整改，防患于未然。从昆钢 2500m^3 高炉的实际情况来看，其风速和鼓风动能已经远远高于国内同类高炉的水平，并且炉缸实际工作直径已经缩小了 2.6m，没有必要再一味地通过堵风口和缩小进风面积来调整炉况。反过来应该加强炉缸风口焦炭的取样分析，着力改善焦炭反应性和反应后强度，进一步提升焦炭死料柱的透气性和透液性。如果中心气流不足，应该适时调整布料矩阵，而不应该单纯地试图通过提高高炉鼓风动能来打通炉顶中心气流。

参 考 文 献

[1] 安朝俊. 首钢炼铁三十年 [M]. 北京：首都钢铁公司，1983 (内部资料).
[2] 朱仁良. 宝钢大型高炉操作与管理 [M]. 北京：冶金工业出版社，2018.
[3] 成兰伯. 高炉炼铁工艺技术手册 [M]. 北京：冶金工业出版社，1991.
[4] 周传典. 高炉炼铁生产技术手册 [M]. 北京：冶金工业出版社，2003.

3 独具特色的有害元素防治及高炉长寿技术

昆钢位于素有“有色金属王国”之称的云南省，本地铁矿石当中含有较高的K、Na、Pb、Zn等多种有害元素。加之云南处于祖国内陆深处，要通过广东湛江、广西防城港大量运输进口铁矿进行炼铁生产，成本方面不划算。所以一直以来，昆钢高炉的吨铁K、Na、Pb、Zn负荷在业界同行当中都是名列前茅的。长期在高有害元素负荷条件下组织生产，昆钢炼铁工作者也总结出了若干与有害元素斗争和共处的实践经验。这些经验有些与业界同行掌握的规律相同，有些则具有鲜明的地域特色。

3.1 昆钢2000m^{3}高炉入炉有害元素调查分析

受资源条件限制，长期以来，昆钢2000m^{3}的6号高炉入炉原燃料中的K、Na、Zn、Pb等有害元素含量都比较高，这些有害元素入炉以后一方面破坏原燃料的冶炼性能，影响高炉技术经济指标的提升，另一方面则对高炉砖衬进行侵蚀，给高炉长寿和组织安全稳定经济生产造成极大危害[1~4]。因此非常有必要对高炉K、Na、Zn、Pb等有害元素的入炉及排出情况进行长期监控，以便为高炉长寿、正常生产组织和贯彻精料方针提供数据支撑。

3.1.1 炉墙黏结物分析检测

利用高炉降料面停炉的机会，工作人员进入炉内对各方向的坠落物、渣皮、金属物进行了实地取样，并利用相关技术手段对所取样品进行了分析检测。

3.1.1.1 取样位置和方法

首先，对风口以上2m区域内的渣皮进行取样。其次，对降料面停炉过程中由炉身中下部坠落到炉缸风口区域的黏结物也进行取样。为了能够更详细地了解高炉内部的工作情况，对各种渣皮、黏结物按照工作面到附着面的不同部位分层取样，以期获得高炉炉墙侵蚀状况的详细资料。

3.1.1.2 化学分析

各种异常物的化学成分分析结果见表3-1。

表3-1 各种异常物的化学成分分析结果 (质量分数，%)

化学成分	Fe	SiO_2	Pb	Zn	K_2O	Na_2O	CaO	Al_2O_3	FeO	C
紫色块状物	1.41	8.04	0.99	13.58	6.33	0.330	1.22	12.59	—	—
内面黑色粉状物	11.45	1.34	2.18	44.20	1.61	0.170	—	3.91	—	15.14
夹层黄白色粉状物	1.91	0.80	2.68	63.3	1.31	0.089	1.07	2.82	—	0.66
夹层渣铁	9.69	—	4.12	50.08	1.35	0.170	—	—	12.41	—
夹层绿色粉状物	3.16	0.86	6.39	59.66	0.7	0.032	1.07	1.09	—	—
黄色晶体夹层	1.1	0.20	2.74	66.40	0.36	0.015	0.91	1.73	—	—
绿色黏结物（内1层）	2.01	0.32	6.89	62.08	0.33	0.011	0.91	0.82	—	—
黑色黏结物（内2层）	14.77	2.52	7.36	45.58	1.92	0.130	19.33	5.77	—	0.55
绿色块状物	2.31	1.28	9.06	58.02	0.28	0.045	1.83	1.54	—	0.10
风口边缘黑色油泥物	4.72	1.56	8.02	41.08	9.66	0.420	2.44	1.18	—	—
焦碳夹杂黑绿色粉末	32.14	4.08	1.80	37.46	0.09	0.088	3.04	4.00	40.90	—
黄白色粉末	3.82	0.60	3.19	62.36	1.07	0.056	1.22	3.27	—	—
风口边缘黑色油泥物	3.62	0.76	8.14	48.22	7.18	0.310	1.52	1.00	—	—

从表3-1可以看出：

（1）大部分炉墙黏结物中都含有大量的Zn及ZnO，其他的如K_2O、Na_2O、Pb、TiO_2等也有一定含量。

（2）黏结物大部分以ZnO作为黏结剂，含有渣、铁、焦、耐材等物质。不同区域的黏结物在化学成分上又有所不同。

（3）不同颜色的异常物也以Zn及其氧化物为主，但因被其他物质污染而呈现出各自不同的颜色。

（4）相对而言，紫色物质的Al_2O_3、SiO_2含量高一些，黑色物质的Fe、C含量高一些，黄白色物质的Zn含量高一些，绿色物质的Pb含量高一些，油泥状物质的K_2O、Na_2O含量高一些。

3.1.1.3 物理检验结果

对从高炉炉内取出的29个样品进行了X衍射物相分析，结果大同小异，现选择其中比较典型的两种黏结物的物相进行介绍。

A 第一类黏结物

第一类黏结物厚度相对较薄，类似于炉墙黏结物刚刚生成时的状态，其外形比较疏松，不同部分的颜色差异较大。

（1）取样位置。第一类黏结物的取样位置见图3-1所示的A~E 5个区域。

图 3-1　一类黏结物

（2）物相分析结果。图 3-1 中 A～E 5 个区域的物相分析结果见表 3-2。

表 3-2　一类黏结物的物相分析

取样部位	特征	物　相
A	表面黑色物质	氧化锌（70%），碳（15%），磁铁矿（6%），盐锌芒硝（5%），少量铅、锌、铁等金属，金属硫化物，金属氧化物等
B	表面黄绿色粉状物质	氧化锌（90%），少量石英、卤化物，铅、锌、铁等金属
C	表面层状黄绿色物质	氧化锌（70%），枪晶石（10%），少量铁、锌、铅等金属，金属硫化物，金属氧化物（如铁矿、氧化铅）等
D	青色层状物	镁尖晶石（35%），锌尖晶石（25%），钾霞石（10%），氧化铝（20%），氧化锌（5%），少量铅、锌、铁等金属
E	表面土红色物质	赤铁矿（15%），磁铁矿（10%），氧化锌（50%），枪晶石（10%），部分碳和少量金属等

从表 3-2 可以看出：

（1）不同黏结物都以 ZnO 为主，因结晶状态不同，以及 C、S、Cl、Fe_2O_3 等物质的含量不同而呈现出不同的颜色，其中表面黑色物质是 ZnO 受到了 C 的污染，表面土红色物质是 ZnO 受到了 Fe_2O_3 的污染，而青色层状物则是 Zn 和 K、Na 与炉料粉末发生固相反应以后的产物。

（2）B 区域属于黏结物的横向断口，其他区域均属于黏结物的外表面。对比两者物相组成的差异可以发现，黏结物横向断口区域 ZnO 的占比明显高于其他区域，并且属于矿石和煤焦成分的物相占比非常低。

（3）可以推测，该黏结物最初开始产生时，主要是 ZnO 的沉积，随着黏结物厚度的增加，ZnO 黏结体开始吸收其他有害元素以及炉料粉末中的超细粒级，通过固相反应发生烧结，以“年轮状”结构逐步生长、发育和长大。

B 第二类黏结物

第二类黏结物厚度相对较高，接近于黏结物在发育长大过程中的形态，其外观比较致密，核心部分为青灰色，外围部分“年轮状”分层黏结的迹象非常明显，颜色各异。

(1) 取样位置

第二类黏结物的取样位置见图3-2所示的A~E 5个区域。这样安排旨在考察黏结物试样横向断口不同厚度位置物相组成的差异，其中A区域属于烧结体的内部缺陷区，B区域属于瘤体根部的烧结致密区，C区域属于瘤体表层烧结致密区，D区域属于表层烧结缺陷区，E区域属于表层金属富集区。

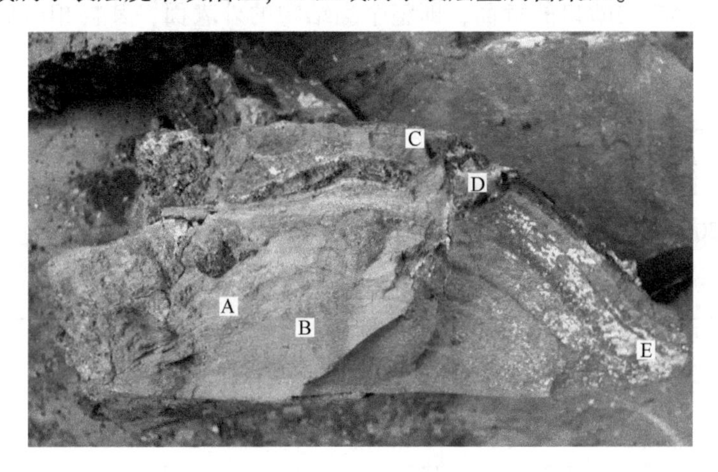

图3-2 二类黏结物

(2) 物相分布

图3-2中A~E五个区域的物相分析结果见表3-3。

表3-3 二类黏结物的物相分析

取样部位	特征	物 相
A	青黄色层物质	氧化锌（90%），少量石英、卤化物、铅、锌、铁等金属
B	青色致密层物质	氧化锌（60%），碳酸钾钙石（15%），钛锌钠矿（5%），铁尖晶石（5%），铅、锌、铁等金属硫化物（10%），少量金属物
C	表层青色块状物	氧化锌（60%），碳酸钾钙石（15%），钛锌钠矿（5%），铁尖晶石（5%），铅、锌、铁等金属硫化物（10%），少量金属物
D	结晶颗粒层结晶物	几乎为纯氧化锌晶粒
E	银色物质	主要为金属铅
	背面黄绿色粉状物	氧化锌（85%），少量石英、卤化物、铅、锌、铁等金属及金属硫化物

从表 3-3 可以看出：

(1) 瘤体根部的烧结致密区 B 和瘤体表层烧结致密区 C 的物相组成几乎一样，主要特点为以 ZnO 为主，裹附了少量炉料中的超细粉末烧结而成。

(2) 烧结体内部缺陷区 A 和表层缺陷区 D 的物相组成也比较接近，主要特点是 ZnO 的占比明显高于烧结致密区，表明在瘤体烧结长大和致密化的过程中，Zn 元素有逐步向瘤体表面和缺陷区表面转移的趋势，这个过程可以通过 ZnO 的还原以及 Zn 的二次氧化来实现。

(3) 表层金属富集区 E 富集的金属物主要是 Pb，可见 Pb 在炉内也会发生气化和二次沉降黏结。

(4) 瘤体横向断口的背面，即整个黏结物的外表面，其物相组成与第一类黏结物高度类似，相当于瘤体最初生成时的状态。

3.1.2 有害元素的入炉与排出情况

3.1.2.1 碱金属的入炉与排出情况

昆钢 2000m^3 高炉碱金属平衡情况见表 3-4。

表 3-4 碱金属平衡情况

开炉时间/年	收入		支出		滞留/t	排出率/%
	碱负荷/$kg \cdot t^{-1}$	收入/t	排出碱/$kg \cdot t^{-1}$	排出量/t		
1	4.75	6142.66	4.47	5780.57	362.09	94.11
2	4.58	6922.29	4.51	6816.49	105.80	98.47
3	4.79	7117.48	4.74	7043.19	74.29	98.96
4	4.60	7086.13	4.53	6978.29	107.84	98.48
5	4.41	6104.15	4.30	5951.89	152.26	97.50
6	4.36	6023.94	4.42	6106.84	-82.90	101.38

昆钢 2000m^3 高炉碱金属的排出率超过了 94%，绝大部分入炉碱金属都能被排出炉外，开炉 5 年后高炉碱金属的入炉量和排出量基本实现了动态平衡。

3.1.2.2 锌的入炉与排出情况

昆钢 2000m^3 高炉的 Zn 平衡情况见表 3-5。

表3-5 锌平衡计算

开炉时间/年	收入		支出		滞留/t	排出率/%
	锌负荷/kg·t^{-1}	收入/t	排出锌/kg·t^{-1}	排出量/t		
1	0.831	1074.17	0.659	851.43	222.74	79.26
2	0.748	1132.19	0.683	1033.84	98.34	91.31
3	0.786	1170.48	0.640	953.47	217.01	81.46
4	0.835	1286.28	0.706	1087.57	198.71	84.55
5	0.885	1224.98	0.794	1099.02	125.96	89.72
6	0.764	1055.57	0.801	1106.69	-51.12	104.84

从表3-5可以看出：

（1）昆钢2000m³高炉入炉Zn负荷高达0.748~0.885kg/t，是宝钢高炉控制标准0.15kg/t的5~6倍。

（2）昆钢2000m³高炉Zn的排出率在79.26%~104.48%之间波动，随着高炉服役年限的增长，Zn的排出率总体呈上升的态势。

3.1.2.3 铅的入炉与排出情况

昆钢2000m³高炉的铅平衡计算情况见表3-6。

表3-6 铅平衡计算

开炉时间/年	收入		支出		滞留/t	排出率/%
	铅负荷/kg·t^{-1}	收入/t	排出铅/kg·t^{-1}	排出量/t		
1	0.328	424.50	0.238	308.21	116.29	72.61
2	0.345	521.22	0.255	386.05	135.17	74.07
3	0.339	503.28	0.229	340.30	162.98	67.62
4	0.251	386.66	0.202	311.18	75.48	78.60
5	0.176	243.61	0.174	240.85	2.76	98.86
6	0.156	215.54	0.161	222.45	-6.91	103.21

昆钢2000m³高炉的入炉铅负荷总体呈逐步降低的趋势，在开炉5年后铅的排出率已经接近100%，表明铅的入炉与排出基本实现了动态平衡。Pb的沸点为1540℃，在高温区部分Pb能蒸发进入煤气，上升到低温区又发生沉降和氧化，随炉料再次降到高温区，产生循环积累。昆钢大型高炉排Pb主要靠渣铁排放，

当Pb负荷高时，铁口区域常见棕红色的浓烟逸出。专项调查表明，炉前出铁排Pb率可以达到70%~90%。

3.1.3 有害元素调查小结

昆钢2000m³高炉的入炉碱金属负荷呈逐步降低的趋势，历年来碱金属的排出率均超过94%，表明精料工作及排碱工作均取得较好效果，应当进一步坚持和加以巩固。Zn在各类黏结物中都发挥着黏结剂和首恶元凶的不良作用，在K、Na、Pb、Zn等众多有害元素中，应特别关注Zn的危害及其防治。昆钢2000m³高炉的入炉Zn负荷一直居高不下，应进一步加强对入炉矿石含锌量的控制，减轻Zn对高炉长寿和正常生产的危害。昆钢2000m³高炉入炉Pb负荷下降明显，Pb的排出率呈逐年上升的势头，接近于动态平衡状态。

3.2 Zn对昆钢2000m³高炉的危害

昆钢2000m³高炉在开炉4年以后，发生了炉缸砌体上涨、风口上翘的异常情况，使得高炉技术经济指标连续下滑，严重影响了高炉生产[5]。经调查，在K、Na、Pb、Zn等多种有害元素共同存在的条件下，Zn的循环富集及形态转化是导致高炉炉体上涨及生产频繁失常的主要原因之一。

3.2.1 昆钢2000m³高炉风口上翘及Zn富集情况分析

3.2.1.1 高炉炉缸炉底结构[5,6]

昆钢2000m³高炉炉缸炉底采用“半石墨化低气孔率自焙碳块+复合棕刚玉砖”的陶瓷杯结构。炉底总厚度为3.05m，第1层砖为半石墨碳-碳化硅焙烧大碳块，2~5层为半石墨化低气孔率自焙碳块，其上有2层复合棕刚玉砖。炉缸侧壁环砌的自焙碳砖从第7层开始直至第15层，第16层至21层为半石墨碳-碳化硅焙烧大碳块，靠近炉壳处砌有一层厚度为360mm的半石墨碳-碳化硅焙烧小碳块。炉缸碳砖之上砌有8层复合棕刚玉砖，然后是12层风口组合砖。

3.2.1.2 风口上翘情况

昆钢2000m³的6号高炉共有26个风口。实测昆钢6号高炉风口上翘情况见表3-7。

表3-7 昆钢6号高炉风口上翘情况

风口序号	1	2	3	4	5	6	7	8	9	10	11	12	13
上翘角度/(°)	6.25	4.53	3.63	7.1	6.03	6.1	8.26	4.98	5.7	2.4	5.8	6.8	4.3
风口序号	14	15	16	17	18	19	20	21	22	23	24	25	26
上翘角度/(°)	6.7	5.2	7.52	7.14	7.96	6.92	3.32	4.53	5.2	5.5	7.2	5.7	5.66

昆钢 6 号高炉（2000m³）所有风口均出现了明显上翘现象，上翘幅度为 2.4°~8.26°，平均为 5.79°，风口上翘必然会对高炉送风和正常的冶炼造成较大影响[1]。

3.2.1.3 高炉内 Zn 富集区域分析

Zn 的熔点为 419℃，沸点为 907℃，在自然界中主要以闪锌矿（ZnS）形态存在，进入高炉炉内后生成 ZnO，并在 1000℃以上高温区被直接还原生成气态单质 Zn[7~11]，反应式为：

$$ZnO + C \xlongequal{} CO(g) + Zn(g) \tag{3-1}$$

由于反应吸热且生成物全部为气态，因此高压、低温均不利于反应正向进行。昆钢 2000m³ 的 6 号高炉与其他中小高炉的最大差异在于，炉内压力较高，且软熔带以下的高温区的相对位置较低。因此 Zn 对中小高炉的危害一般集中在上部，而在 6 号高炉上却可以到达炉缸风口区域。

3.2.2 Zn 在高炉风口组合砖中的行为

为了查清风口上翘原因，对风口组合砖取样，分析 K、Na、Zn、Pb 等成分变化，研究有害元素在高炉风口组合砖中的行为。

3.2.2.1 Zn 对砖衬的破坏作用

国内对于高炉入炉有害元素对砖衬造成的破坏的研究主要集中于 K、Na 和 Pb，对 Zn 的研究相对较少，甚至认为 Zn 本身不会对耐火材料造成侵蚀。国外有些学者通过研究发现 Zn 及其氧化物对高炉砖衬的危害非常大：Zn→ZnO 可以产生 54%的体积膨胀，ZnO→ZnS 可以产生 68%的体积膨胀，而 Zn→ZnS 则可以产生 83%的体积膨胀。宝钢高炉在入炉 Zn 负荷达到 0.54kg/t 时曾经发生过比较严重的“锌害”，造成了炉墙黏结和风口烧损，主要技术经济指标下降，因此宝钢提出入炉 Zn 负荷要控制在 0.15kg/t 以内[1]。考察昆钢 2000m³ 高炉开炉以来的 Zn 平衡数据，Zn 入炉负荷高达 0.808kg/t，而且排出率较低，仅 88.52%，因此应加倍重视 Zn 在炉内的行为及危害[5]。

3.2.2.2 Zn 及其他有害元素进入风口组合砖的顺序

对受侵蚀程度不同的砖样进行对比分析，发现 K、Na、Zn、Pb 等有害元素在砖内的富集是导致风口上翘的根本原因，并且意外地发现各有害元素并非同时进入砖体内部，而是分先后按一定顺序进入高炉砖衬。不同侵蚀程度的砖样如图 3-3所示。

图 3-3 所示的砖样中，（a）外观完好；（c）表面出现灰白色斑点，组织结构有所疏松；（e）出现灰白色侵蚀条纹和沟槽；（g）受侵蚀程度较重。对这些受侵蚀程度不同的砖样进行 EPMA 分析，结果分别示于图 3-3（b）、（d）、（f）、（h）中。从图 3-3 可见：虽然图 3-3（a）砖样表面难以看出存在任何缺陷，但

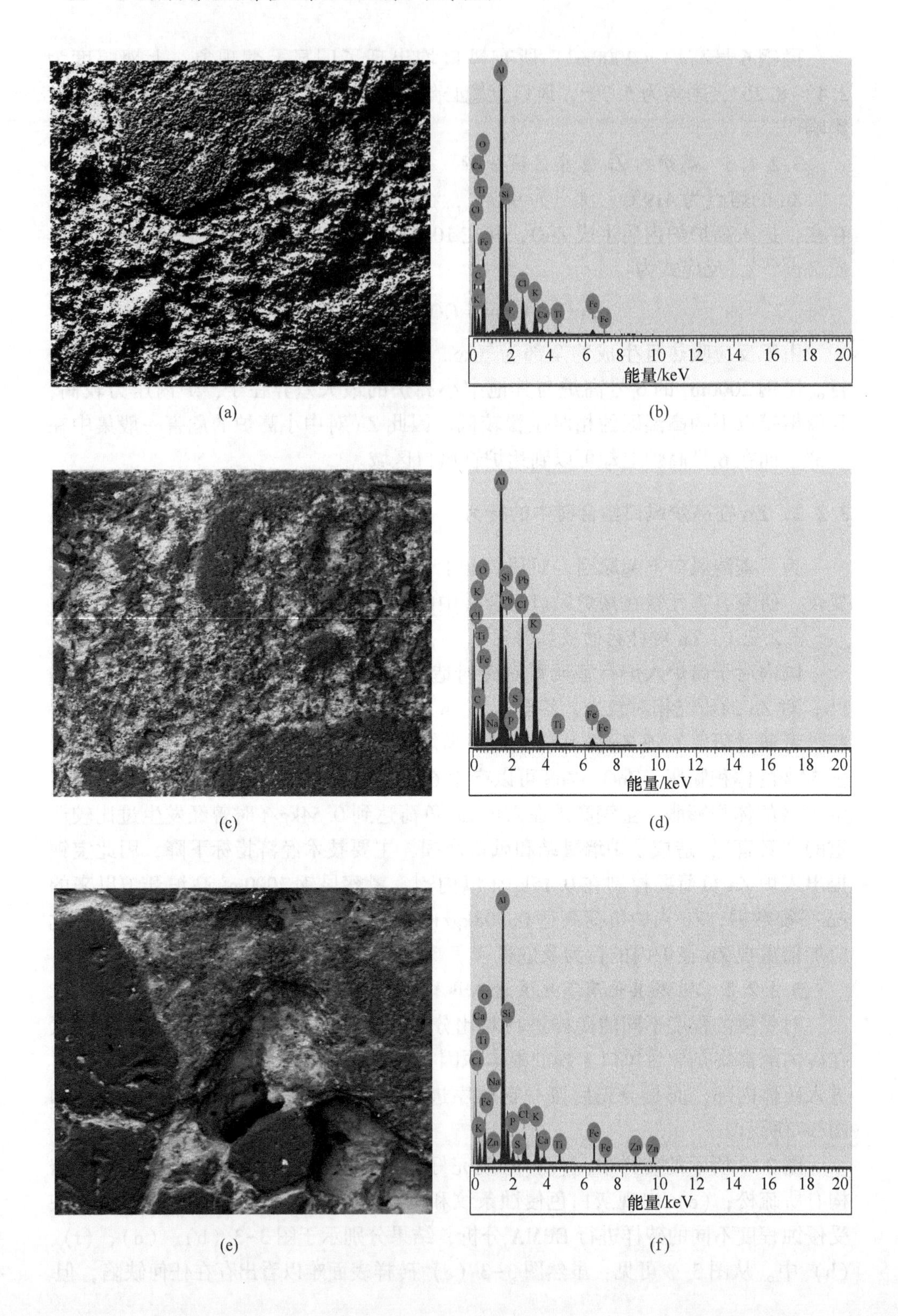
Al
O
Ca
Ti
Si
Cl
Fe
C
K
P
Cl
K
Ca
Ti
Fe
Fe
0 2 4 6 8 10 12 14 16 18 20
能量/keV
Al
O
Si
Pb
K
Pb
Cl
Cl
Ti
K
Fe
S
C
Na
P
Ti
Fe
Fe
0 2 4 6 8 10 12 14 16 18 20
能量/keV
Al
O
Ca
Si
Ti
Cl
Na
Fe
P
Cl
K
K
Zn
S
Ca
Ti
Fe
Fe
Zn
Zn
0 2 4 6 8 10 12 14 16 18 20
能量/keV
(a) (b)
(c) (d)
(e) (f)

(g)

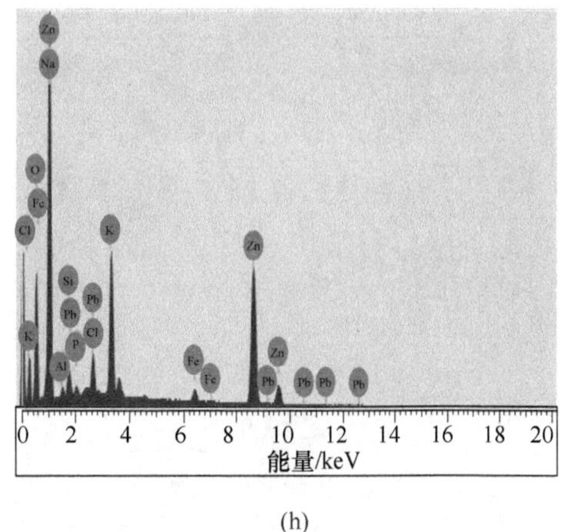

(h)

图 3-3 不同砖样受侵蚀形貌和 EPMA 成分分析
(a)，(c)，(e)，(g) 砖样；(b)，(d)，(f)，(h) EPMA 成分分析

从 EPMA 的成分分析（见图 3-3b）可见已有部分 K 元素侵入砖内，Na、Zn、Pb 尚未进入。对于图 3-3（c）砖样，结合图 3-3（d）可以推断组织结构有所疏松且灰白色斑点正是有害元素侵入并富集所致，该区域 K 元素含量已明显上升，并有少量 Na 元素进入，但仍然没有发现 Zn 和 Pb 元素的存在。而图 3-3（e）砖样中，在明显的灰白色侵蚀条纹和沟槽处，可以检测到有 K、Na 及 Zn 的存在，但仍看不到 Pb。分析观察侵蚀程度较重的砖样（见图 3-3g），图中左下方的部分为刚玉骨料，右上方的部分为基质，从图中可见，条纹和沟槽状的侵蚀通道已经进一步发展为矿脉状侵蚀带，将复合棕刚玉砖的骨料和基质分割隔离。图 3-3（f）所示的分析结果表明：矿脉状侵蚀带中央有银白色金属光泽的部分主要是 Zn 及其氧化物，其次是 K、Na 的氧化物，并且此时已有少量 Pb 进入。

通过以上观察、检测和分析可以看出，有害元素进入高炉风口棕刚玉砖体的顺序由先到后依次是 K、Na、Zn、Pb。由此可以推断，侵蚀能力较强的 K 沿复合棕刚玉砖骨料与基质交界处及其他薄弱环节进入砖内，形成侵蚀通道，然后 Na 和 Zn 相继跟随进入；随着有害元素的侵入和富集，砖体组织结构开始由致密转变为疏松，逐步形成斑状→条纹状→沟槽状的侵蚀通道；只有在砖体受到严重侵蚀之后，Pb 才能进入砖体内部。

为了确认 Zn 的危害，对 Zn 大量富集的区域进行显微观察和 EPMA 成分分析，结果如图 3-4 所示。

从图 3-4 可见，对于侵蚀严重的砖样，砖体进一步疏松膨胀，矿脉状侵蚀带扩大，逐步发展形成为肿瘤状侵蚀体，砖体基本上已经支离破碎，且肿瘤状侵蚀体核心部分的成分主要为 Zn 单质及其氧化物。至于 Pb，只有在砖体受到严重侵

(a)

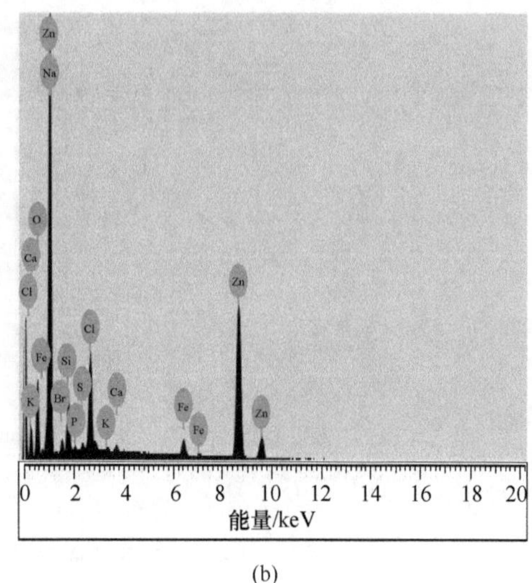

(b)

图 3-4 Zn 富集区域的显微形貌和 EPMA 分析

(a) 砖样；(b) EPMA 成分分析

蚀之后，才能顺利进入其中。观察受侵蚀严重的风口组合砖样，Zn、Pb 渗透和贯穿了整个砖样，砖样被分割得四分五裂，并已严重膨胀和变形。由此可见，Zn 在砖衬内的聚集、发育和生长，是造成风口组合砖的膨胀和破坏以及风口上翘的主要原因。

3.2.2.3 Zn 在砖内的结晶发育和生长过程

调查过程中发现，在 K、Na 打开侵蚀通道后，Zn 大量进入，并很快“繁殖”，造成砖体大量膨胀，甚至解体破裂。通过扫描电镜（SEM）可明显观察到 Zn 和 ZnO 的结晶发育及生长过程，如图 3-5 所示。其中图 3-5（a）Zn 和 ZnO 为灰黑色针状结晶，对应于受侵蚀较轻的砖样；图 3-5（b）Zn 和 ZnO 为灰黑色网格结晶，对应于侵蚀较重且结构较为疏松的砖样；图 3-5（c）Zn 和 ZnO 为灰黑色圆球结晶，对应于已明显破坏的砖样，部分圆球表面镀了一层金属膜，主要成分是 Pb。

Zn 及 ZnO 的结晶发育和长大过程为：在较致密的砖内首先生成针状和片状结晶，然后逐步连通融合发育为网格状结晶，使砖体强度下降、结构疏松，接着以球状结晶长大，致使砖体严重膨胀并丧失强度。

3.2.2.4 K、Na、Zn、Pb 等有害元素的叠加效应

昆钢 2000m^3 高炉吨铁入炉碱负荷为 4.71kg/t，锌负荷为 0.808kg/t，铅负荷为 0.337kg/t，均处于较高水平。根据前述的扫描电镜检测结果可推断：高炉砖衬受侵蚀不是单一有害元素的作用，而是 K、Na、Zn、Pb 等有害元素的综合作用，有害元素对砖衬的侵蚀存在叠加效应，叠加作用所造成的破坏远超任何单一

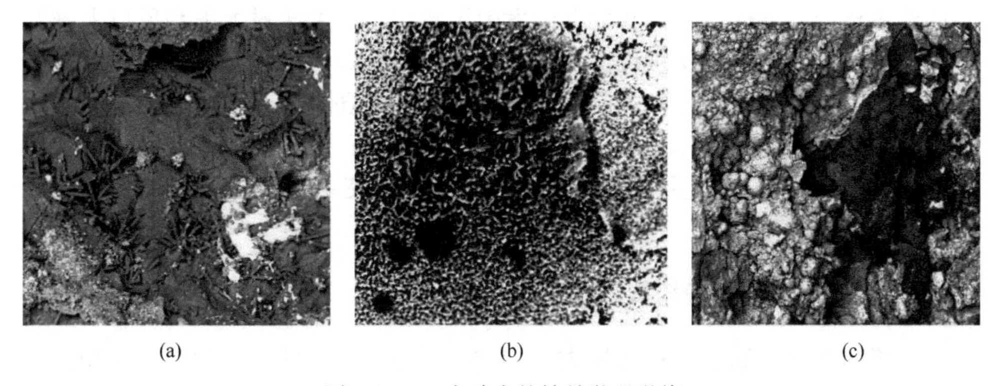

(a)　　(b)　　(c)

图3-5　Zn在砖内的结晶微观形貌
（a）侵蚀较轻的砖样；（b）侵蚀较重的砖样；（c）明显破坏的砖样

元素作用，这是昆钢高炉砖衬侵蚀机理的特点之一。为了保证高炉生产稳定顺行，治理风口上翘的有效措施是控制有害元素入炉量、强化护炉并及时调整送风制度等。

3.2.3　Zn危害小结

（1）昆钢条件下，K、Na、Zn、Pb等有害元素进入风口棕刚玉砖体的先后顺序是K先打开侵蚀通道，然后Na、Zn沿着K开辟的侵蚀通道进入砖体内部，在砖体发生严重侵蚀之后，Pb最后进入砖体内部。

（2）随着Zn的侵入、富集和膨胀，砖体组织结构由致密转变为疏松，然后逐步形成斑状→条纹状→沟槽状→矿脉状→肿瘤状的侵蚀通道，直至砖体破裂。

（3）Zn及其氧化物在砖内发育长大过程是，首先在相对较致密的砖内生成针状和片状结晶，而后逐步连通融合发育为网格状结晶，使砖体结构由致密变疏松，然后以球状结晶长大，致使砖体严重膨胀甚至破裂。

（4）尽管存在K、Na、Pb、Zn等多种有害元素综合作用的叠加效应，但Zn及ZnO的结晶发育和长大，是导致昆钢2000m^3砖衬侵蚀和炉体上涨的首要原因，应该对Zn的入炉及其危害给予特别关注和高度重视。

3.3　Pb在高炉内渗透机理的研究

昆钢地处高炉铅害严重的西南地区，高炉入炉铅负荷曾经一度达到1~3kg/t。中小高炉一般都采用炉底排铅的方式治理铅害。重庆院认为2000m^3级的大型高炉应当通过精料方针控制铅的入炉量，所以6号高炉最终没有设置炉底排铅孔。但该高炉开炉2年以后，几乎每次更换风口都会有液态金属铅从风口砖缝中流出，同时高炉也在此期间发生了意想不到的砖衬上涨和风口上翘情况，铅害和排铅问题再次被提上了议事日程。通过调查分析，笔者认为铅对昆钢 2000m^3 高炉风口上翘有一定影响，但不是主要原因。笔者同时还发现铅在高炉内的渗透机理与传统认识有较大差异，由此提出铅负荷降低到一定程度后，铅的入炉量和排出量可以达到动态平衡，即使不排铅，高炉也有望实现长寿。

3.3.1 Pb 渗透机理的传统认识

传统的理论一般认为铅密度大（11.34t/m^3），熔点低（327℃），气相分压高，渗透性极强，甚至可以在耐火材料的气孔中自由通行[12~14]，所以许多高炉曾经常年进行炉底排铅而不影响其安全生产。然而昆钢高炉却有一个共同点，即冷却壁损坏以后高炉排铅量急剧下降，炉役后期高炉几乎排不出铅，并且常年排铅的高炉在停炉以后炉底最下边的几层自焙碳砖一般都还完好如初[15,16]。这些在生产实践中发生的现象却很难应用传统理论进行解释。

3.3.2 对 Pb 渗透机理的重新研究

3.3.2.1 *新砖模拟试验*

昆钢 2000m^3 高炉风口组合砖及炉缸炉底内侧陶瓷砌体采用的都是复合棕刚玉砖，因此首先组织了未使用过的复合棕刚玉砖抵抗 K、Na、Zn、Pb 侵蚀的模拟试验，试验条件和结果见表 3-8。

表 3-8 未使用过的棕刚玉砖模拟侵蚀试验

试样号	侵蚀前试验指标				侵蚀介质及试验条件	侵蚀后试验指标				重量变化 /%	体积变化 /%
	密度 /g·cm^{-3}	气孔率 /%	重量 /g	体积 /cm^3		密度 /g·cm^{-3}	气孔率 /%	重量 /g	体积 /cm^3		
1号	3.02	19.0	35.00	11.60	铅 1500℃，6h	2.99	18.0	35.30	11.80	+0.86	+1.72
2号	3.00	19.0	36.60	12.20	锌 900℃，6h	3.03	19.0	36.70	12.10	+0.27	−0.82
3号	2.99	19.0	40.70	13.60	K_2CO_3+25%焦末 900℃，6h	3.12	10.0	44.30	14.20	+8.84	+4.41
4号	2.99	19.0	46.10	15.40	Na_2CO_3+20%焦末 900℃，6h	2.93	16.0	48.30	16.50	+4.77	+7.14

模拟侵蚀试验完成后将试样剖开用扫描电镜进行检测，结果发现在 6h 的模拟侵蚀试验过程中，Pb 无法进入到砖体内部，一般是附着在试样的表层，厚度

为0.1~0.2mm。K、Na、Zn已侵入到试样中心，按成分高低排序为：K最高，为9.10%；Na次之，为8.28%；Zn最少，为1.38%。经过模拟侵蚀试验之后的棕刚玉砖的电镜扫描结果如图3-6所示。

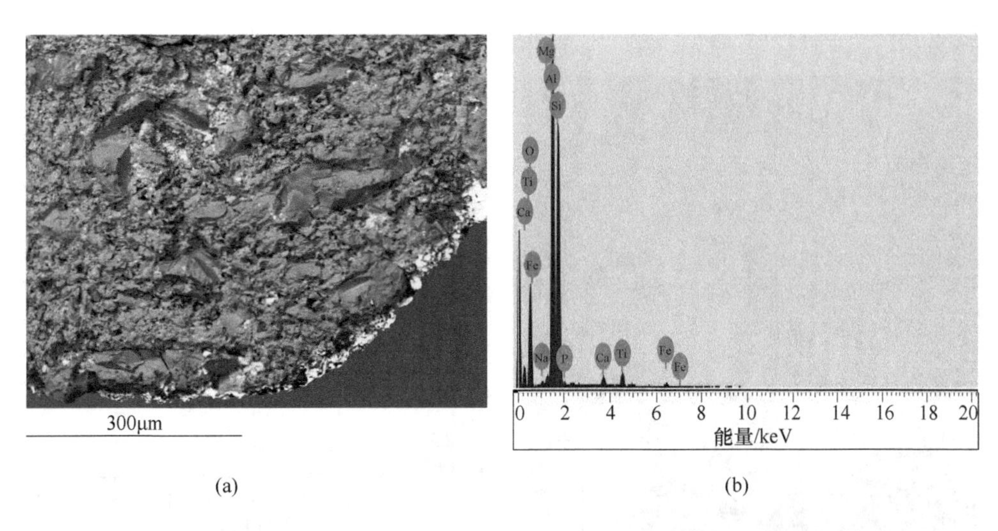

(a) (b)

图3-6 模拟侵蚀以后的棕刚玉砖分析结果（放大50倍）

从图3-6可以看出，在棕刚玉砖内部并没有铅侵入的迹象，只在砖样表面有一层约0.1mm的银白色金属附着物，其电镜扫描结果如图3-7所示。

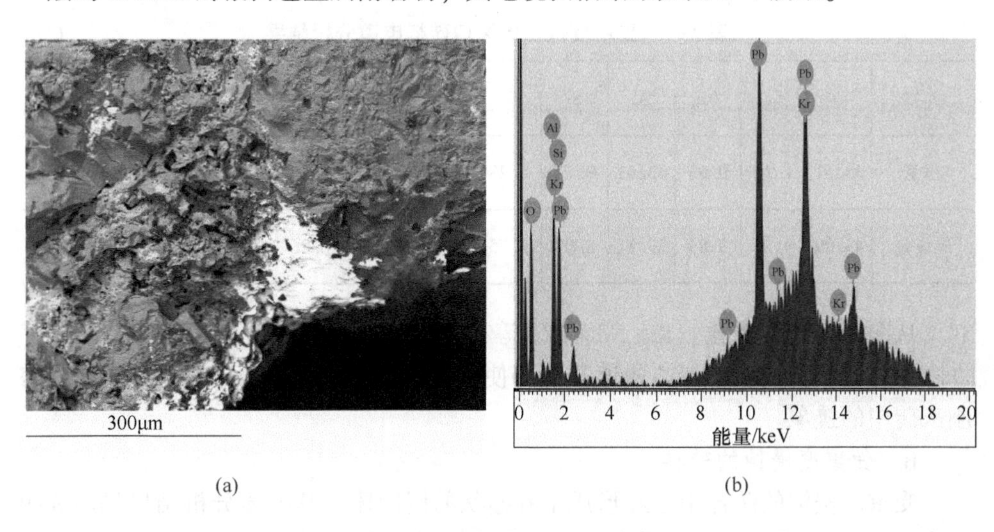

(a) (b)

图3-7 棕刚玉砖边缘砖白色附着物分析结果（放大50倍）

从图3-7可以看出，棕刚玉砖表面右下角缺口凹陷部位附着的金属物主要是铅，厚约100μm。

3.3.2.2 风口组合砖电镜扫描分析

A 受中度侵蚀的砖样

将从高炉上取下来的受中度侵蚀的风口组合砖样剖开，进行扫描电镜分析，结果见图 3-8 和表 3-9。

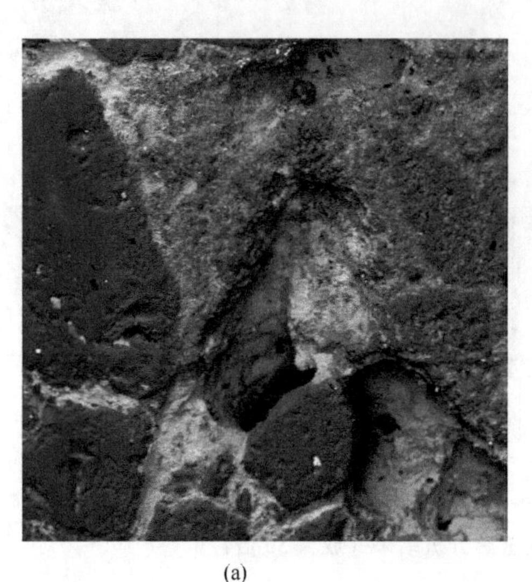

(a)

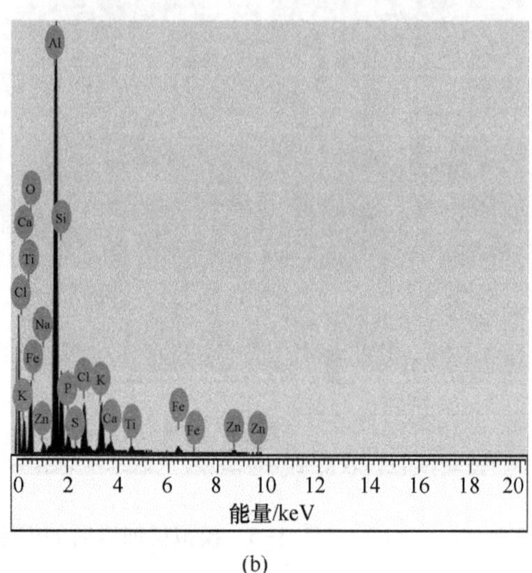

(b)

图 3-8 受中度侵蚀的风口砖样电镜分析结果（放大 50 倍）

表 3-9 受中度侵蚀的风口砖样电镜分析结果 (%)

元素	O	Ca	Na	Al	Si	K	Cl	Zn	Fe	S	P	Ti	合计
重量	33.61	1.21	0.83	33.61	9.71	6.28	6.07	2.68	2.29	0.43	2.23	1.04	100
原子量	49.09	0.70	0.84	29.11	8.08	3.75	4.00	0.96	0.96	0.32	1.68	0.51	

从图 3-8 可以看出，K、Na 和 Zn 等有害元素已经进入砖体内部，并形成了许多条纹状和沟槽状的侵蚀通道，但即使在这样的砖内仍然没有发现 Pb 进入棕刚玉砖中的迹象。

B 受重度侵蚀的砖样

受重度侵蚀的砖样中已经形成了肿瘤状的侵蚀体，其电镜分析结果见图 3-9 和表 3-10。从图 3-9 可以看出，在这种受重度侵蚀的砖样中发现有 Pb 进入，肿瘤状侵蚀体周围银白色的金属就是 Pb。由此可见，Pb 不但不能直接进入新砖内部，而且连受中等侵蚀程度的砖样也无法进入，只有砖样受到的侵蚀达到比较严重的程度时，Pb 才能进入到砖体内部。

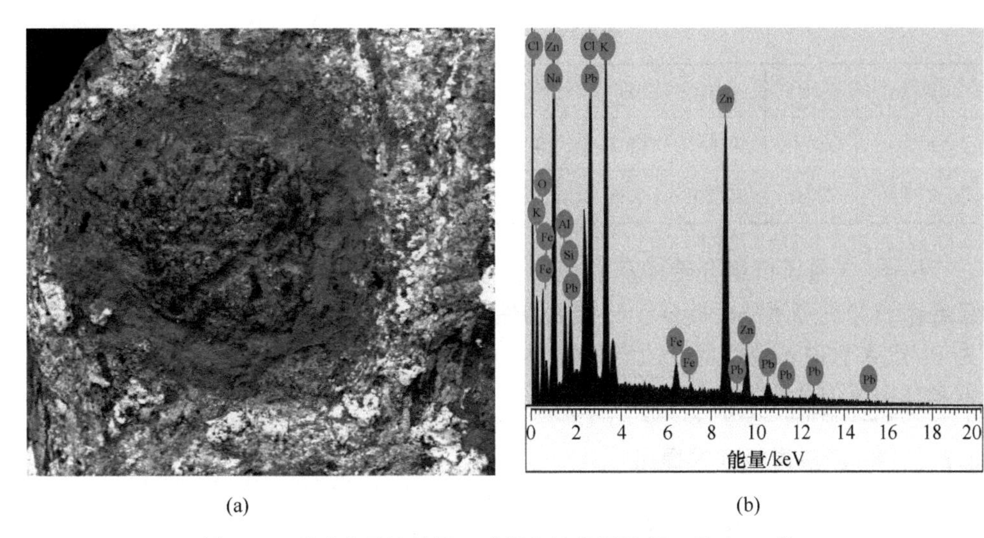

(a) (b)

图3-9 受重度侵蚀的风口砖样电镜分析结果（放大50倍）

表3-10 受重度侵蚀的风口砖样电镜分析结果 （%）

元素	O	F	Na	Si	Cl	K	Al	Ti	Zn	Pb	合计
重量	10.81	3.16	4.63	2.13	8.93	9.51	2.60	1.66	45.71	10.86	100
原子量	27.11	6.67	8.08	3.04	10.11	9.76	3.87	1.19	28.06	2.10	

3.3.2.3 风口砖化学成分分析

选择几块受侵蚀程度最为严重的砖样，其外观如图3-10所示，化学成分分析结果见表3-11。

(a) (b)

图3-10 砖样
(a) 6号；(b) 7号

表 3-11 砖样化学成分 （质量分数,%）

试样	Fe	SiO_2	Zn	K_2O	Na_2O	Ti	Al_2O_3	C	Pb
6号	0.71	6.45	13.38	19.44	1.20	0.38	38.32	2.85	5.52
7号	2.49	17.50	7.96	2.34	0.16	0.76	63.43	3.44	2.61

6号、7号风口组合砖样从外观看，几乎成了砖和锌、铅的混合体，锌、铅已经渗透和贯穿了整个砖样，砖样被分割得四分五裂，并已严重膨胀和变形。可见Pb已大量进入受严重侵蚀的砖样中，它对砖衬上涨和风口上翘起到了一定的推动作用，但并非始作俑者。

3.3.3 Pb新渗透机理的提出

3.3.3.1 传统认识的疑点

Pb在高炉内渗透机理的传统理论是在20世纪60~70年代高炉“铅害”比较严重的时候逐步形成的，是在若干全黏土砖无冷却高炉炉底频繁发生事故的过程中形成的一种推断。主要的依据就是当时在炉底甚至是炉基发现了大量的Pb，炉底砖缝中都充满了Pb，大部分炉底砖都发生了膨胀并且增重，但却对Pb是否真正进入砖的气孔当中缺乏严格的考证。其实柳钢钢研所的同志也做过一些探索，他们把严重增重的炉底砖剖开进行电镜扫描，发现其中的“金属”主要是Fe和P[12~14]，只不过这一结果在当时并没有引起足够的重视。

3.3.3.2 新渗透机理的探讨

根据昆钢的调查研究结果，并结合昆钢实际生产情况，作者认为Pb很难通过砖衬的微气孔进行渗透，其主要还是通过高炉内的各种气隙，特别是炉壳与砖衬之间的气隙进行渗透。常年排Pb的高炉在炉役末期之所以很难排出Pb，就是因为失去了炉壳和砖衬之间的这个最大通道所致。另外，根据昆钢2000m^3高炉的Pb平衡调查，开炉5年以后Pb的排出率已经达到100%，所以不用过分担心Pb的无限循环富集会对高炉安全生产产生致命的危害。

3.3.3.3 基于新渗透机理的排铅方法

既然Pb并不能够无孔不入，那么它的危害也就没有想象中那么可怕，只要高炉内滞留的铅量不足以把砖衬浮起，就可以考虑不排铅。水钢1200m^3高炉第一代炉役未设排铅孔安全生产了11年多，第二代炉役设置了专门的排铅孔却7年半就发生了炉底烧穿，这就很值得深思。如果要排铅，排铅孔也没有必要贯穿整个炉底，只要打到炉缸炉底交界处的正下方就可以了。另外排铅孔最好设置在炉底冷却系统的下面，当今正在千方百计地研究如何提高炉底耐火材料的导热系数，如果在冷却系统上方设置贯穿型的排铅孔而形成巨大的热阻，实在是设计上的一个败笔。相反，强大的炉底冷却系统完全可以使铅提前凝固，阻止其进一步向下渗透。

3.3.3.4 Pb 对高炉长寿的影响

在高炉入炉 Pb 负荷较高、炉缸炉底长寿技术比较落后的年代，Pb 对高炉长寿的危害已经为人们所共知，然而随着高炉入炉 Pb 负荷的逐步降低以及长寿技术的发展，Pb 对高炉长寿会不会有一些正面的影响呢？这确实是一个值得进一步研究和探讨的课题。Pb 的导热系数比较高（25W/(m·K)），如果 Pb 一时不会对高炉产生实质性的危害，而又可以填塞砖缝及修补砖衬的一些缺陷，这种可能性还是存在的。昆钢在进行 4 号高炉破损调查时就发现，Pb、Fe、Ti 等与碳砖形成了“碳与金属的复合物”，使自焙碳砖本身的一些缺陷得到了很好的修复[15,16]。2011 年 4 月昆钢对运行了 12 年零 3 个月的昆钢 2000m³ 高炉进行破损调查，在停炉拆除炉缸炉底砖衬时，并没有发现大量的 Pb，这与 6 年前 Pb 平衡调查得出的 Pb 排除率已经达到 100%的结论相一致。此次破损调查发现炉底自焙碳砖的化学成分中含有 TFe 14.48%、Pb 3.4%，暗示 Fe 的渗透能力远远大于 Pb，Pb 并不能像传说中的那样无孔不入[6]。另外，炉底残存自焙碳砖的体积密度、显气孔率、耐压强度以及导热系数等指标，均好于自焙碳砖的原始值，表明自焙碳砖在炉内焙烧成熟以后，自身缺陷确实得到了一定程度的修复与改善。

3.3.4 Pb 危害小结

关于铅的渗透机理的认识是一个非常重要的课题，它直接影响高炉设计理念和对受铅害困扰高炉生产组织的判断。作者结合昆钢自身实际提出的一种新的关于 Pb 的渗透机理，经受住了昆钢若干高炉生产实践的反复考察和验证，历次高炉破损调查的结论也支持这种新的机理，可以为业界同行开展设计和组织高炉生产提供参考。

3.4 昆钢 2000m³ 高炉长寿前景分析及实践验证

昆钢 2000m³ 的 6 号高炉是昆钢历史上第一座现代化大型高炉，它综合采用了多项先进实用的高炉长寿技术，一代炉龄设计为 10 年。该高炉在投产 3 年以后相继出现了风口上翘、操作炉型不规则等问题，对高炉的安全长寿和继续组织高水平的生产造成了较大威胁。为此，昆钢公司要求在高炉开炉以后的第 6 年，对 2000m³ 高炉的预计服役年限进行调研和预测，同时也对高炉的长寿技术进行系统性的梳理和总结。

3.4.1 高炉本体各系统运行状况分析

3.4.1.1 风口以上区域炉体工作状况观测

A 砖衬受侵蚀情况

从停炉工作人员进入炉内观测到的实际情况看，风口中心线以上炉腹、炉腰及炉身砖衬的破损情况并不十分严重，各区域的炉墙未见明显的黏结或异常不规则的现象，这与昆钢2000m³高炉独特的冷却结构及精心的日常操作维护有直接的关系。昆钢2000m³高炉炉体砖衬相对受侵蚀最严重的部位集中于两个区域，即炉身上部、炉身下部和炉腰区域。炉身上部侵蚀严重的原因主要有三个方面，分别是炉料直接冲刷磨损，深空料炉顶打水造成急冷急热，以及受冷却水箱间距较大的影响，砖衬温度较高。炉身下部及炉腰区域侵蚀严重的主要原因为该部位是初渣形成和软熔带根部活动的主要区域，气、液、固三相交汇，物理化学侵蚀频繁，热流强度较高且波动大。停炉实测发现炉腹砖衬的残存厚度为470~520mm，炉腰的砖衬厚度为190~480mm。

B 冷却板磨损情况

昆钢2000m³高炉共有铸铁扁水箱732块，主要安装于高炉炉身中上部。从目测及摄像结果看，铸铁扁水箱的磨损情况比较严重，集中表现为开裂、缺角和掉块三种现象，有的扁水箱的冷却水管已经裸露了2~3年。铸铁扁水箱的工作区域主要集中于无渣皮生成的“干区”，造成铸铁扁水箱磨损的主要原因是其导热系数低、韧性差、水箱间距大以及受炉料直接冲刷磨损。昆钢2000m³高炉共有1140块铜冷却板，主要安装于炉身下部、炉腰及炉腹。根据入炉实测及摄像观测，铜冷却板的工作情况比较正常，没有开裂、缺角、掉块的现象发生，但是冷却板表面局部区域有小的侵蚀沟槽产生。铜冷却板的工作区域主要集中于有渣皮生成的“湿区”，只要高炉煤气流分布合适，冷却强度足够，就能形成稳定的渣皮，使铜冷却板得到有效保护。

C 渣皮生成情况

稳定的渣皮不但能有效保护砖衬与冷却器，而且有利于形成合理的操作炉型。炉身下部和炉腰的渣皮并不稳定，停炉以后大部分都已经脱落，入炉实测厚度为200~400mm。炉腹区域的渣皮相对比较稳定，大部分没有脱落，厚度为300mm左右。从渣皮附着状况和砖衬受侵蚀情况分析，炉腹的渣皮在正常生产状态下也应该相当稳定，说明密集式铜冷却板配加纯水的冷却结构挂渣能力是相当强的。工作人员入炉以后对风口中套以里的渣壳厚度进行了实测，渣壳厚度为290~390mm，平均为340mm。昆钢2000m³高炉原始的炉缸砌砖与风口中套前端齐平（不含保护砖），而工作状态下的渣壳厚度已经超出风口中套前端300mm左右，炉缸实际工作直径不到10m，只有9.4m左右，说明炉缸碳砖的导热系数以及炉缸冷却强度总体上是正常的。

3.4.1.2 炉缸炉底工作状况分析

A 炉缸炉底砖衬结构

昆钢2000m³高炉炉缸炉底交界处的复合棕刚玉砖为两层，再往上逐步过渡为一层；炉缸侧壁环砌的自焙碳砖从第7层开始直至第15层，第16层至21层改为半石墨碳-碳化硅焙烧大碳块，靠近炉壳处砌有一层厚度为 360mm 的半石墨碳-碳化硅焙烧小炭块；炉缸碳砖之上砌有 8 层复合棕刚玉砖，然后是风口组合砖。

B 砖衬热电偶温度分析

作者收集了昆钢 2000m³ 高炉开炉以来炉底炉缸温度变化的数据并对其进行分析。总体来看，昆钢 2000m³ 高炉开炉 5 年后，炉底温度分布比较均匀，虽然局部时段炉底温度一度波动较大，但是最高温度没有突破 530℃，并且采取护炉措施后各点温度又逐步回落，说明砖衬并未受到异常侵蚀。但炉役进入中后期，应加强监控，并进一步落实强化护炉措施。

C 炉缸炉底侵蚀线计算

在炉缸、炉底热传导过程中，利用傅里叶定理和系统能量守恒定理，可以推导出系统的能量守恒方程为：

$$\frac{\partial}{\partial x}\left(k\frac{\partial T}{\partial x}\right)+\frac{\partial}{\partial y}\left(k\frac{\partial T}{\partial y}\right)+\frac{\partial}{\partial Z}\left(k\frac{\partial T}{\partial Z}\right)+q=\rho c\frac{\partial T}{\partial t} \tag{3-2}$$

式中，x，y，z 为炉衬东-西、南-北和纵向坐标，m；k 为导热系数，W/(m · K)；T 为温度，k；q 为导热速率，W；t 为时间，s；ρ 为砖衬密度，t/m³；c 为比热容，J/(kg · ℃)。

根据昆钢 2000m³ 高炉炉底、炉缸的特点，方程可简化为：

$$\frac{\partial^2 T}{\partial r^2}+\frac{\partial T}{r\partial r}+\frac{\partial^2 T}{\partial X^2}=0 \quad 或 \quad \frac{\partial^2 T}{\partial y^2}+\frac{\partial T}{y\partial y}+\frac{\partial^2 T}{\partial X^2}=0 \tag{3-3}$$

式中，r 为某一方向炉衬半径，m。

偏微分导热方程求解采用有限单元（三角形单元）法，单元的划分和节点的确定、数值计算、温度场的图形表示均由计算机软件完成。2000m³ 高炉炉缸炉底侵蚀预测模型运算结果如图 3-11、图 3-12 所示。

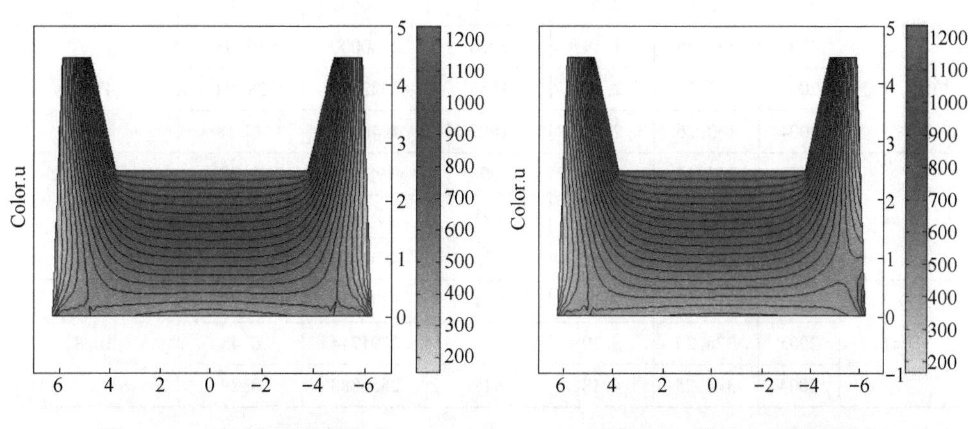

图 3-11 东西方向温度分布　　图 3-12 南北方向温度分布

进一步分析图 3-11、图 3-12 中的等温线可以发现：

(1) $2000m^3$ 高炉炉缸炉底交界处未见明显的象脚状异常侵蚀。

(2) 炉底侵蚀线（1150℃等温线）距炉底第一层棕刚玉砖表面约 400mm，表明炉底棕刚玉砖还没有被完全侵蚀掉，残存厚度大约为 300mm。

(3) 炉缸侧壁的侵蚀也不太严重，估计棕刚玉砖的残余厚度为 0~250mm，局部区域的棕刚玉砖已经被完全侵蚀掉。

3.4.1.3 冷却系统运行状况分析

A 冷却结构简介

昆钢 $2000m^3$ 高炉冷却系统的设计基本参照卢森堡 ARBED 公司 C 高炉的模式，冷却介质大部分为纯水，仅将风口小套、中套等部位改为净循环水冷却。高炉炉底采用密封板下埋设水冷管的形式冷却，共铺设水冷管 38 根；炉缸炉底圆周采用 60 块双层炉壳水套冷却；3 个铁口区采用光面冷却壁冷却；炉腹、炉腰和炉身下部采用密集式铜冷却板冷却，共有 30 层，计 1140 块；炉身中上部至炉喉钢砖下沿采用铸铁冷却板冷却，共有 23 层，计 732 块。就整个冷却系统的结构和配置而言，6 号高炉在国内是独一无二的，在世界范围内也是非常先进的。

B 炉体热流强度分析

6 号高炉冷却系统各部位热流强度变化情况见表 3-12。

表 3-12 各部位热流强度变化情况

区域	时间	表面积 /m^2	温差 /℃	流量 /$m^3 \cdot h^{-1}$	热负荷 /$kcal \cdot h^{-1}$	热流强度 /$kW \cdot m^{-2}$	PW 公司设计规范 /$kW \cdot m^{-2}$
炉身上部	2002	385.85	3.54	822	2965767	8.97	21.0
	2003	385.85	1.86	876	1646457	4.98	
	2004	385.85	2.63	882	2320867	7.02	
炉腹、炉腰	2002	133.26	1.14	2000	2280000	16.63	47.0
	2003	133.26	2.07	1859	3322067	29.08	
	2004	133.26	2.48	1687	4246567	37.18	
炉底	2002	143.14	2.21	99	198391	1.78	3.0
	2003	143.14	2.51	103	259571	2.12	
	2004	143.14	2.49	103	258808	2.11	
炉缸	2002	378.25	2.10	658	1382318	4.26	10.8
	2003	378.25	3.19	654	2091714	6.45	
	2004	378.25	4.18	645	2686383	8.29	

从表 3-12 可以看出：

(1) 炉身上部的热流强度一直小于 $10kW/m^2$，远低于 $21.0kW/m^2$ 的控制要求，故可判断炉身上部的冷却强度可以满足 $2000m^3$ 高炉长寿的需要，反而是要提防因冷却强度过大而产生炉墙黏结。

(2) 2002 年以来，炉腹、炉腰的热流强度逐步升高，且幅度较大，需要加强监控。

(3) 炉缸及风口区域的热流强度逐步增大，至 2004 年已达到 $8.29kW/m^2$，虽与 $10.8kW/m^2$ 的控制要求尚有一定差距，但今后应加强对该区域热流强度的监控。

(4) 炉底区域热流强度从 2003 年开始有逐步升高的趋势，2004 年达到 $2.11kW/m^2$，接近 $3.0kW/m^2$ 的控制要求，因此今后应适当加强炉底的冷却强度。

(5) 炉身下部热流强度在 1999~2000 年保持在 $11.61 \sim 29.03kW/m^2$，2001 年以后控制在 $17.42 \sim 25.54kW/m^2$，虽均低于 $33kW/m^2$ 的设计规范要求值，但也要注意防止该区域发生炉墙黏结。

3.4.2 影响高炉寿命的几个关键问题

3.4.2.1 关于炉底排铅

对于炉底排铅这个问题的最终观点是，可以组织排铅，风险也不会太大，但不排铅 $2000m^3$ 高炉也有望安全运行 12 年以上，理由如下：

(1) 昆钢、柳钢、重钢等高铅负荷的中小高炉停炉实践表明，只要铅不把炉底砖衬整体浮起，就不会对高炉长寿产生实质性的危害。这些高炉一代炉役结束后炉底侵蚀线深度一般都未超过 800mm。

(2) 昆钢、重钢未设排铅孔的高炉一代炉役寿命都超过 10 年，而水钢 $1200m^3$ 高炉第二代炉役增设了排铅孔后反而发生了炉底烧穿的恶性事故。

(3) 昆钢 $2000m^3$ 高炉的入炉铅负荷呈逐年降低的趋势，开炉 5 年以后 0.156kg/t 左右的铅负荷已不足以对高炉长寿产生更大的危害，并且综合调查表明，开炉 5 年以后 $2000m^3$ 高炉铅的入炉量和排出量已经接近动态平衡。

3.4.2.2 关于自焙碳砖的使用

部分专家认为自焙碳砖可能会成为昆钢 $2000m^3$ 高炉炉缸炉底结构的薄弱环节，但调查组经过认真分析研究后认为问题不会太大：

(1) 自焙碳砖在昆钢中小高炉上使用非常成功，一代炉役结束以后最下边的三层碳砖往往还可以继续使用一代炉役。

(2) $2000m^3$ 高炉炉缸炉底结构和自焙碳砖的质量，在吸收了国内类似技术的经验后进行了多项改进，目前热流强度及炉墙热电偶温度均处于正常范围之内。

3.4.2.3 关于钒钛矿护炉的经验

昆钢中小高炉炉缸炉底的长寿与常年累月的钒钛矿护炉密不可分，这方面昆钢也有自己的一些经验：

(1) 适宜的铁水［钛］含量为0.08%~0.15%。

(2) 铁水钛含量的高低与炉底温度有明显的对应关系，一般的规律是铁水钛含量提高7~15天以后，炉衬温度开始下降。

(3) 长期护炉炉缸炉底表面都能够形成整体防护层，而短期护炉则只能在炉缸侧壁形成局部性的防护层。

3.4.2.4 关于横向膨胀

有关专家非常担心昆钢2000m^{3}高炉会发生圆周径向的横向膨胀，但通过专门仪器连续监测，2000m^{3}高炉的横向膨胀并不明显。笔者认为昆钢2000m^{3}高炉风口以上区域采用冷板冷却结构，以及炉缸采用双层炉壳水套的冷却结构，决定了2000m^{3}高炉容易发生纵向膨胀，相对而言有利于抑制横向膨胀。

3.4.3 高炉服役年限预测

3.4.3.1 高炉长寿限制性环节的确定

调查组主要成员一致认为，昆钢2000m^{3}高炉的最终服役年限主要取决于炉缸炉底的工作情况。因为根据综合调研结果，昆钢2000m^{3}高炉风口以上区域炉体工作状况比较正常，并且一旦出现问题也比较容易处理，而炉缸炉底的耐材及冷却器一旦出现问题就很难修复和更换。

3.4.3.2 炉缸炉底寿命预测

综合各方面的调研情况，采用以下方法对昆钢2000m^{3}高炉炉缸炉底的寿命进行预测。

(1) 以炉底温度为标准进行预测。国内同行一般将炉底的安全温度界定为700℃左右。开炉5年后昆钢2000m^{3}高炉的炉底温度为500℃左右，每年上升的速度为20~35℃，取35℃，则2000m^{3}高炉炉缸炉底预计还可以继续工作5.7年，即6号高炉最终服役年限预计为11.7年，可以取12年。

(2) 以炉底侵蚀线进行预测。计算表明，开炉6年后昆钢2000m^{3}高炉炉底侵蚀线的深度为400mm，参考昆钢中小高炉停炉时炉底侵蚀深度为800mm左右，6号高炉炉底最终侵蚀深度按1100mm计算，炉役后期炉底的侵蚀速度按增加20%~30%考虑，则昆钢2000m^{3}高炉的炉缸炉底寿命可以超过12年。

(3) 与小高炉实际炉龄进行比较。昆钢采用自焙碳砖炉缸炉底结构的2号、3号、4号中小高炉的一代炉龄都达到过10~11年，并且停炉以后炉缸炉底的工作状况都还比较正常。昆钢2000m^{3}高炉采用的“半石墨化低气孔率自焙炭块+

复合棕刚玉砖”的炉缸炉底结构，在中小高炉炉缸炉底技术的基础上又进行了多项重要改进，预计寿命可达 12~13 年。

（4）与国内同行进行比较[17~23]。昆钢 $2000m^3$ 高炉开炉 6 年来炉缸炉底温度正常，变化非常有规律，热流强度也基本控制在 PW 公司的要求范围之内，其运行状况与宝钢 2 号高炉、武钢 5 号高炉开炉 6 年左右的情况接近[19~23]，而这两座高炉的寿命均超过 13 年，因此大胆预测 6 号高炉炉缸炉底寿命也可以达到 13 年左右。

3.4.3.3 风口以上区域寿命预测

综合各方面的调研结果，采用以下方法预测昆钢 $2000m^3$ 高炉风口以上区域的寿命。

（1）与武钢 5 号高炉比较[19~21]。武钢 5 号高炉开炉 6 年后损坏一块冷却壁的一根水管，与昆钢 $2000m^3$ 高炉的情况比较类似，其寿命已经超过 14 年。

（2）与宝钢 2 号高炉比较[22,23]。宝钢 2 号高炉综合情况还不如昆钢 $2000m^3$ 高炉，开炉 6 年冷却设备漏水已比较严重，但通过综合治理，寿命也超过 14 年。

（3）分析冷却板漏水情况。昆钢 $2000m^3$ 高炉再喷涂一次寿命就可达到 9 年左右，估计此时冷却板开始漏水，国内高炉从冷却设备开始较大范围漏水到停炉的周期一般为 3~4 年。

（4）综合分析。昆钢 $2000m^3$ 高炉开炉第 6 年后风口以上区域的热流强度比较正常，水温差也控制在设计范围之内，冷却板+纯水密闭循环的冷却结构有利于降低砖衬温度，易形成稳定的渣皮，并且比较适合进行喷补，因此长寿前景颇为看好。

综上，调查组共同的看法是，昆钢 $2000m^3$ 高炉的寿命达到 10 年设计炉龄没有太大问题，预计可以达到 12~13 年。

3.4.4 高炉实际服役年限与预测结果高度一致

（1）昆钢 $2000m^3$ 高炉第一代炉役实际服役年限超过 12 年。昆钢 $2000m^3$ 高炉第一代炉役从 1998 年 12 月 25 日点火开炉，到 2011 年 4 月 7 日停炉大修，历时 12 年 3 个月零 14 天，这一结果与调查组 6 年以前做出的预测高度一致。

（2）炉缸炉底破损调查与预测结果基本一致。2011 年 4 月，昆钢对 $2000m^3$ 高炉进行破损调查时发现，炉缸垂直段还残留一层复合棕刚玉陶瓷砌体，炉底炉缸交界处并未出现明显的象脚状异常侵蚀，炉底中心累计侵蚀深度为 1410mm（包括陶瓷砌体厚度），炉底除中心以外的大部分区域的侵蚀深度只有 1090mm 左右[6]。尽管炉役后期由于炉底煤气封板拉裂变形产生气隙，导致高炉炉底冷却强度下降，炉底实际最大侵蚀深度略微超过预测结果，但综合来看，炉底破损调查实测结果与 6 年前利用高炉炉缸炉底侵蚀数学模型预测的结果基本一致。这样的炉缸炉底结构，成功运行15年以上是没有问题的。

（3）破损调查结果与Pb新的渗透机理吻合。昆钢在对2000m³高炉进行破损调查时发现，炉底自焙碳砖中的Pb含量只有3.4%，而TFe含量却高达14.48%，是Pb含量的4.3倍。原来有人担心Pb的密度比Fe高、渗透能力比Fe强，在死铁层和炉底砖衬之间会形成一层“Pb垫”，将铁水和炉底砖衬分隔开来，并且正是Pb的集聚和渗透造成了高炉炉体的上涨。但昆钢2000m³高炉的破损调查表明，这种推论不攻自破，Pb的排出率达到100%是完全可能的。总体来看，昆钢2000m³高炉的破损调查结论与笔者6年前提出的Pb在高炉内的新渗透机理不谋而合。

（4）Zn对大型高炉炉缸区域的危害应引起重视。昆钢2000m³高炉破损调查发现炉缸残存的复合棕刚玉砖中Zn含量高达29.9%，表明Zn进入大型高炉的炉缸区域已经是不争的事实。这一方面证明昆钢在6年前将Zn的循环富集界定为造成昆钢2000m³高炉炉体上涨的首恶元凶的判断是经得起实践检验的，另一方面也说明业界需要重新认识Zn在高炉内的行为及其危害。

（5）昆钢大型高炉长寿技术独具特色。在2000m³高炉投产以后的第6个年头，就需要对其最终服役年限进行一个相对准确的预测，这在国内高炉炼铁的历史上是非常罕见的，而高炉实际服役年限与预测结果惊人的一致，就更加令人称奇了。作者本人也无法完全排除其中偶然和侥幸的成分，但是通过这样一个“政治任务”来检验昆钢炼铁科技工作者的严谨与踏实，也未尝不是一段佳话。通过这次综合分析调研，一方面可以证明调查组的工作方法是值得国内同行参考借鉴的，另一方面也表明，昆钢高炉的长寿技术，正在成为全国高炉长寿技术体系中一个独具特色的组成部分。

参考文献

[1] 朱仁良．宝钢大型高炉操作与管理［M］．北京：冶金工业出版社，2018.
[2] 周传典．高炉炼铁生产技术手册［M］．北京：冶金工业出版社，2003.
[3] 成兰伯．高炉炼铁工艺技术手册［M］．北京：冶金工业出版社，1991.
[4] 安朝俊．首钢炼铁三十年［M］．北京：首都钢铁公司，1983.
[5] 杨雪峰，储满生，王涛．昆钢2000m³高炉风口上翘原因分析及治理［J］．炼铁，2005，24(4)：1~4.
[6] 王涛，汪勤峰，王亚力，等．昆钢2000m³高炉炉缸炉底破损情况调查［J］．昆钢科技，2014，2：1~8.
[7] 王西鑫．锌在高炉中的危害机理分析及防治［J］．钢铁研究，1992，3：36~41.
[8] 李肇毅．宝钢高炉的锌危害及其抑制［J］．宝钢技术，2002，6：18~20.
[9] 朱大复．高炉中的有害元素—锌的危害及防治［C］．高炉有害元素汇编，水钢科技情报

室，1983，11：54~58

[10] Shchukin Y P, Sedinkin V I, Polushkin M E. Removal of Blast-furnace Sludge with High Zinc Content from Recycling [J]. Steel in Translation, 1999, 29(11): 6~8.

[11] Gladyshev V I, Filippov V V, Rudin V S. Influence of Zinc on the Life of the Hearth Lining and Blast-furnace Operation [J] . Steel in Translation, 2001, 31(1): 11~14.

[12] 韩奕和.255 米^3 高炉炉底排铅实践 [J]. 柳钢科技，1982，2：1~7.

[13] 试验研究所. 二号高炉八〇年破损调查 [J]. 柳钢科技，1981，1：21~34.

[14] 吴福云.2 号高炉第二代炉底破损原因分析及长寿对策 [J]. 水钢科技，1999，1：8~17.

[15] 汤茂新，王旭. 昆明钢铁总公司四高炉第四代炉役炉体破损调查 [J]. 昆钢科技，1994，1：3~12.

[16] 张锦帆. 昆钢 4 高炉自焙碳砖炉底及粘土质内衬侵蚀状况探讨 [J]. 昆钢科技，1994，2：25~31.

[17] 付宝荣.2 号高炉破损调查样的分析 [J]. 甘肃冶金，2001，1：4~6.

[18] 刘悦今. 涟钢高炉炉底烧穿的处理与维护 [J]. 炼铁，1999，4(18)：19~21.

[19] 顾德章. 武钢 5 号高炉的设计特点 [J]. 炼铁，2001(S20)：11~14.

[20] 傅连春. 武钢 5 号高炉高效长寿生产实践 [J]. 炼铁，2001(S20)：15~18.

[21] 李怀远，杨佳龙. 武钢 5 号高炉长寿技术 [J]. 炼铁，2001(S20)：19~22.

[22] 金觉生. 宝钢高炉长寿技术开发与应用 [C]. 第五届全国大高炉炼铁学术年会论文专辑. 攀枝花：2004，9：42~47.

[23] 李军，汪国俊. 宝钢 2 号高炉长寿维护实践 [J]. 炼铁，2005，3(24)：1~4.

4 以“低铁高灰”为主要特色的精料管控实践

“低铁高灰”是昆钢高炉原燃料的主要特点，在这样的条件下如何“粗粮细做”，就成为了昆钢精料工作的主要内容。如果无法对高炉原燃料的质量指标做到平衡兼顾，那就存在一个取舍和抓主要矛盾的问题，而这种因地制宜的取舍和与之配套的技术手段，也就演变成了昆钢高炉精料工作的最大特色。

4.1 改善焦炭质量的研究与实践

4.1.1 七分原料焦炭占四分

众所周知，焦炭在高炉内承担着发热剂、还原剂、渗碳剂和料柱骨架的综合作用[1~4]。炼铁工作者也经常会说，高炉冶炼大体上是“七分原料、三分操作”。那么新的问题又产生了，在“七分原料”中，焦炭到底应该占几分呢？昆钢炼铁工作者在平时的工作实践当中，只是有一种笼统的感觉，就是焦炭质量对高炉冶炼的实际影响要大于矿石。那么真实的情况究竟是什么样的呢？作者对昆钢容积最大、综合冶炼水平最高的新区 2500m^3 高炉若干年的技术经济指标进行了对比分析，见表 4-1。

表 4-1 新区 2500m^3 高炉历年来的主要技术经济指标

年份	入炉品位/%	利用系数/t·(m^3·d)$^{-1}$	冶炼强度/t·(m^3·d)$^{-1}$	焦比/kg·t^{-1}	煤比/kg·t^{-1}	焦丁比/kg·t^{-1}	燃料比/kg·t^{-1}	煤气利用率/%	休风率/%	焦炭CRI	入炉粉末/%
2013	52.40	2.105	1.14	364.53	161.77	22.14	548.44	43.113	5.509	28.36	—
2014	51.38	2.099	1.13	382.77	155.37	19.56	557.70	43.348	3.022	27.98	5.08
2015	53.85	2.317	1.18	358.88	150.38	16.93	526.19	46.046	2.76	27.73	4.27
2016	54.17	2.39	1.20	346.24	154.73	17.65	518.62	46.466	1.885	28.06	3.86
2017	55.00	2.494	1.28	347.49	160.47	22.77	530.73	45.798	2.983	27.75	3.50

“低成本炼铁”一直是高炉生产者追求的目标，“高产、优质、低耗、长寿”归结成一句话，就是吨铁成本的综合竞争力要强。在高炉众多的技术经济指标当

中与铁水成本关系最密切的指标就是“燃料比”和“煤气利用率”。从表4-1可以看出，对于昆钢新区2500m³高炉而言，高炉入炉品位与“高炉燃料比”及“煤气利用率”两项指标之间的相关性并不强，而与这两项指标之间相关性最强的是高炉的“入炉焦丁比”这项指标。由此可见，与矿石质量相比，焦炭质量对高炉炼铁成本的影响要大得多。结合“七分原料三分操作”的行业规律，加之大型高炉对焦炭质量的敏感性更强、要求更高的实际情况，作者综合分析判断影响昆钢新区2500m³高炉综合竞争力的诸多因素当中，焦炭质量占40%，矿石综合质量占30%，操作及管理水平占30%。这就是具有昆钢特色的高炉生产“四三三”结构模式。

4.1.2 焦炭质量综合评价体系的建立

4.1.2.1 焦炭综合质量指数CQI的引入

焦炭质量在影响高炉冶炼的“七分原料”中占据“四分”的重要位置，但是在焦炭质量指标体系中，哪些指标与高炉冶炼的相关性更强一些呢？为了搞清楚这个问题，作者对昆钢唯一使用单一品种焦炭的2000m³高炉进行了长期的跟踪分析研究。根据焦炭各项指标与高炉燃料比和煤气利用率的相关性，作者利用专业软件确定了焦炭单项指标的“影响因子”（即影响权重），并对2000m³的6号高炉所用焦炭质量进行综合打分，得到了焦炭综合质量指数“CQI”，见表4-2~表4-4。

表4-2 本部2000m³高炉焦炭质量指标

年份	灰分/%	硫分/%	M_{40}/%	M_{10}/%	反应性 CRI/%	反应后强度 CSR/%	粒度均匀系数	平均粒度/mm
2013	14.33	0.52	88.29	5.28	28.73	63.66	3.17	54.25
2014	14.00	0.56	88.45	5.37	27.03	66.21	5.20	54.56
2015	13.44	0.52	88.02	5.56	27.30	65.50	4.55	53.51
2016	13.33	0.47	88.71	5.36	27.02	65.01	3.88	54.51
2017	13.42	0.51	87.99	5.81	27.66	64.30	3.13	54.21

表4-3 焦炭各项质量指标分级评分

指标	100分	80分	60分	40分	20分
灰分/%	≤13.50	13.51~14.00	14.01~14.50	14.51~15.00	≥15.01
硫分/%	≤0.50	0.51~0.55	0.56~0.60	0.61~0.65	≥0.66

续表 4-3

指标	100分	80分	60分	40分	20分
M_{40}/%	≥88.50	88.49~88.00	87.99~87.50	87.49~87.00	≤86.99
M_{10}/%	≤5.30	5.29~5.60	5.59~6.00	6.01~6.30	≥6.31
反应性/%	≤27.30	27.29~27.80	27.81~28.30	28.31~28.80	≥28.81
反应后强度/%	≥65.50	65.49~65.00	64.99~64.50	64.49~64.00	≤63.99
平均粒度/mm	≥54.50	54.49~54.00	53.99~53.50	53.49~53.00	≤52.99
粒度均匀系数	≥5.00	4.99~4.50	4.49~4.00	3.99~3.50	≤3.49

表 4-4 昆钢 2000m³ 高炉焦炭单项指标影响权重

年份	灰分		硫分		M_{40}		M_{10}		CRI		CSR		粒度均匀系数		平均粒度		CQI	评级
	权重/%	得分	权重/%	得分	权重/%	得分	权重/%	得分	权重/%	得分	权重/%	得分	权重/%	得分	权重/%	得分	—	—
2013	3.6	60	5.3	80	10.7	80	17.9	100	21.4	40	25	20	12.5	20	3.6	80	51.80	较差
2014	3.6	80	5.3	60	10.7	80	17.9	80	21.4	100	25	100	12.5	100	3.6	100	91.40	优秀
2015	3.6	80	5.3	80	10.7	80	17.9	80	21.4	100	25	100	12.5	80	3.6	60	89.28	优秀
2016	3.6	100	5.3	100	10.7	100	17.9	80	21.4	100	25	80	12.5	80	3.6	100	83.92	良好
2017	3.6	100	5.3	100	10.7	40	17.9	60	21.4	80	25	40	12.5	20	3.6	80	56.42	较差

从表 4-2~表 4-4 可以看出，在焦炭的冷热态强度和化学成分指标当中，热态指标对高炉燃料比和煤气利用率的影响最大。所以作者通过专业软件回归分析给予了焦炭反应后强度（CSR）25%的权重，反应性（CRI）21.4%的权重。在冷态强度指标当中，M_{10}获得最高权重占比，为 17.9%；粒度均匀系数指标次之，占 12.5%；M_{40}排名第三，占 10.7%；平均粒度指标占比最低，仅为 3.6%。相对而言，化学成分指标在一定范围内变化，对高炉燃料比和煤气利用率的影响并不突出，故焦炭含 S 量占比仅为 5.3%，灰分仅占 3.6%。

4.1.2.2 CQI 与高炉燃料比的相关性分析

通过对昆钢 2000m³ 高炉 5 年间所使用的焦炭进行综合打分评级可以发现，2014 年、2015 年的焦炭质量处于“优秀”级别，2016 年的焦炭质量处于“良好”级别，而 2013 年和 2017 年的焦炭则处于“较差”级别。为了考察昆钢本部 2000m³ 高炉主要技术经济指标与焦炭综合质量的相关性，作者进行了专门的比对分析，结果见表 4-5。

表 4-5 本部 $2000m^3$ 高炉主要技术经济指标与焦炭 CQI 的关系

年份	入炉品位 /%	利用系数 $/t\cdot(m^3\cdot d)^{-1}$	焦比 $/kg\cdot t^{-1}$	煤比 $/kg\cdot t^{-1}$	燃料比 $/kg\cdot t^{-1}$	煤气利用率 /%	休风率 /%	焦炭 CQI
2013 年累计	52.12	2.22	382.23	185.96	568.19	42.20	1.94	51.80
2014 年累计	51.65	2.21	373.57	174.31	547.88	42.40	3.55	91.40
2015 年累计	53.94	2.37	366.84	165.58	532.42	44.10	1.57	89.28
2016 年累计	54.40	2.35	378.47	163.88	542.35	43.00	3.13	83.92
2017 年累计	54.48	2.32	392.86	160.60	554.03	43.10	4.02	56.42

将 2014 年本部 $2000m^3$ 高炉的综合入炉品位、休风率以 2015 年的水平为标准进行校正以后，发现 2014 年的校正综合燃料比为 527kg/t，比 2015 年的最好水平还要低 5.4kg/t，也就是说剔除其他因素影响，2013～2017 年期间昆钢 $2000m^3$ 高炉 2014 年的燃料比是最低的。本部 $2000m^3$ 高炉燃料比与焦炭综合质量指数 CQI 值的变化曲线如图 4-1 所示。

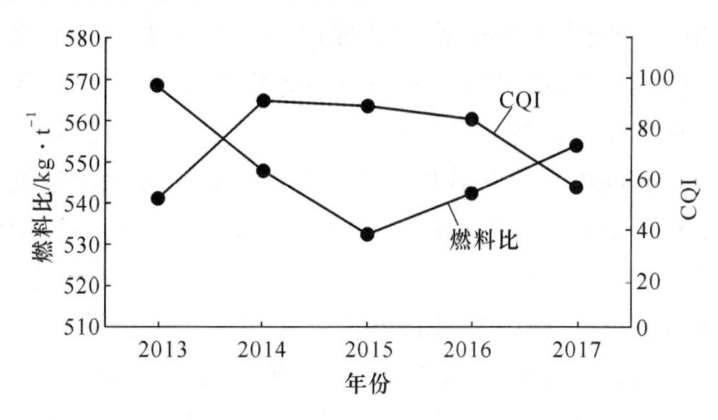

图 4-1 本部高炉最近五年燃料比与焦炭 CQI 的变化曲线

从图 4-1 可以看出，焦炭综合质量指数 CQI 值的高低与本部 $2000m^3$ 高炉燃料比的相关性非常强。2014 年焦炭的 CQI 值最高，校正以后的燃料比最低；2015 年的 CQI 值次高，燃料比排名也处于第二位；而燃料比最高的 2013 年和 2017 年，焦炭综合质量指数也是最低的，并且得到了“差评”。由此可见，焦炭综合质量指数 CQI 与高炉燃料比指标的相关性非常强，也就是与高炉顺行的质量和水平的相关性最强。

4.1.2.3 焦炭质量综合评价小结

（1）昆钢云煤安宁公司焦炭综合质量指数 CQI 与昆钢本部 $2000m^3$ 高炉主要技术经济指标的相关性非常强。5 年当中云煤安宁公司焦炭综合质量指数 CQI 值 2014 年得分最高，达到 91.40 分，属于优秀级别，本部 $2000m^3$ 高炉也在当年创造了全年无“挂料”，以及校正后燃料比最低的较好水平。

（2）2016年9月份以后，云煤安宁公司的焦炭质量开始逐步下降，尤其是进入2017年以后，焦炭各项质量指标出现了整体下降的趋势，焦炭综合质量指数CQI值得分急剧下降到了56.42分。尽管提高了矿石入炉品位，高炉也保持了高产稳产的势头，但是与成本相关性最强的“燃料比”指标却高达554kg/t，这进一步验证了焦炭综合质量对大型高炉强化冶炼的极强相关性。

（3）昆钢在“铁、焦、烧、矿”一体化的基础上，参考了大量的经济配煤炼焦试验数据，引入了焦炭综合质量指数CQI用于评价焦炭的综合质量。实践证明CQI相关性和敏感性均非常好，可以用于指导生产实践。

（4）5年来昆钢本部2000m³高炉焦炭综合质量指数CQI大起大落的变化，再次验证了“5个90%相乘就等于不及格”的质量控制理念，以及量变引起质变、防微杜渐的管理规律。

4.1.3 对焦炭热态性能指标的认识

昆钢在以中小高炉为主的历史阶段，对焦炭质量的认识，主要集中于化学成分和物理强度指标，直到2000m³高炉建成以后，才逐步加强了焦炭反应性、反应后强度的分析检测和结果应用。过程当中炼焦工作者对此是有一些抵触情绪的，因为他们发现传统的配煤炼焦理论对焦炭反应性和反应后强度指标的控制效果并不好。经过长时间的生产实践检验后，炼焦工作者才逐步接纳了焦炭的热态性能指标。但是对于2000m³级高炉应当使用什么级别热态质量指标的焦炭，昆钢内部一直有不同的声音。所以作者在界定“七分原料”焦炭占几分的时候，给予了焦炭质量足够的重视，并且在评价焦炭综合质量指数CQI的时候，也给予了焦炭反应性和反应后强度最高级别的权重占比（焦炭反应性权重占比21.4%，反应后权重占比25%，两项热态性能指标累计占比46.4%），就是想进一步统一相关人员的思想和认识，相信在国内其他钢铁企业，也会有类似的情况发生。

4.1.4 炼铁人眼中的炼焦工艺

炼焦工艺本身非常复杂，既涉及热工窑炉知识和化工知识，又包含部分材料学方面的知识。要了解炼焦工艺，并根据高炉的使用要求，提出通过优化配煤炼焦工艺来改善焦炭质量的思路和方案，对于炼铁工作者来说的确是一个不小的挑战。但是作者一直认为，既然焦炭质量在高炉冶炼工艺过程中占据40%的作用和贡献，那不懂炼焦工艺的炼铁人，就不能被称为是合格的炼铁工作者。几乎每一本炼铁学书籍，都会花一定的篇幅来介绍跟焦炭质量密切相关的配煤炼焦知识。作者想从高炉的使用要求出发，站在炼铁人的角度来谈谈对炼焦工艺的一些粗浅认识，目的是帮助炼铁工作者了解炼焦工艺，同时也让炼焦工作者更了解高炉的需求。

M. Г. 斯克列尔［苏联］在《强化炼焦与焦炭质量》一书中深入揭示了加热速度对煤热化学转化过程中的影响，认为煤物质的高分子性质使煤在加热的同时发生复杂的热化学转化。热化学转化的实质是大分子团热解，以及热解产物合成为块状碳结构的过程。由于热解反应的活化能值高，完成反应需要很多能量，因此提高加热速度会使配合煤热解生成的塑性体液态产物数量增加，并且液态产物中的大分子结构更多。另外，延长结焦过程中的高温保持时间，能够使结焦后期的热分解和热缩聚程度增高，焦炭气孔壁材质更加致密，碳结构中氢含量减少。塑性体液态产物数量的增多以及质量的改善能够增强煤的黏结性能，延长结焦过程中的高温保持时间能够提高焦炭气孔壁基质的显微强度，这两者都有利于焦炭结构强度的提高以及焦炭热态性能指标的改善。

上述表述因为存在俄文的翻译转换过程，加上专业术语比较多，所以听起来比较拗口。但其实站在炼铁人的角度，炼焦工艺很像我们熟悉的烧结工艺，决定焦炭强度的核心要素是炼焦过程中生成的塑性体液态产物的数量与质量。炼焦过程中提高加热速度和延长高温保持时间都有利于提高液态产物的数量与质量，因而能够改善焦炭的质量指标。表征配合煤生成液相数量和质量指标的参数最主要的就是 Y 值和 G 值。这两项指标的物理意义，从专业的角度阐述比较复杂，作为炼铁人不容易记住，可以简单理解为 Y 值主要是表征液相数量的，G 值主要是表征液相质量的。抓住了 Y 值和 G 值，合理的配煤结构就八九不离十了，因为已经抓住了主要矛盾和矛盾的主要方面。接下来说说次要矛盾和矛盾的次要方面。站在炼铁人的角度，同样可以简单理解为就是要把握好气体脱离液体时的各种行为。液体的数量与质量前面已经讲了，那么表征气体数量与质量的指标又是什么呢？就是挥发分含量及其中的大分子官能团含量。在炼焦过程中各种气体脱离开液相时，气泡的数量与大小决定了焦炭会形成什么样的气孔结构，而气泡对塑性体液相的挤压聚合又会对气孔壁的致密性产生影响。表征这些行为的指标主要有 b 值和 X 值。b 值主要表征气泡的膨胀作用以及对塑性体液相的挤压聚合作用；X 值主要表征挥发分逸出及大分子官能团热解碳化以后焦饼的收缩程度。结焦过程的最后阶段是大分子官能团热解以后碳原子的重新排列、结晶、发育和长大，与传统的材料学比较类似。所以要想获得比较好的焦炭质量指标，就要求结焦过程中塑性体液相数量要相对多一些，质量要好一些，同时还要求气泡对塑性体液相要形成一定的挤压聚合作用，使得焦饼在成熟以后收缩得比较致密，不产生过多裂纹。

在日常的生产实践中可以发现，在煤场堆放时间过长的煤炭，其生产出来的焦炭质量会差一些，煤焦化人员将这种现象称为煤的“氧化”[1]。令人非常费解的是，昆钢发生“氧化”现象的煤，从化学成分和 *Y*、*G*、*b*、*X* 值上都看不出端倪。笔者偶然看到有文献这样描述：发生“氧化”后的煤，其挥发分中的大分子官能团更多地分解成为了小分子结构，这样挥发分逸出的时间提前了，挥发分对塑性体液相的挤压聚合作用也就不充分，因而焦炭质量会有所下降。这就很好地解释了煤的“氧化”导致焦炭质量劣化的原因。

4.1.5 正本清源说配煤炼焦

作者曾经多次牵头组织昆钢的配煤炼焦研究和焦炭质量攻关工作，对稳定和改善焦炭质量的意见建议主要有以下几个方面：

（1）一定要从源头上控制单种煤质量。昆钢云煤能源公司使用的炼焦煤曾经一度达到上百种之多，这样的用煤结构不利于稳定和改善焦炭质量，作者建议结合资源保障情况将每个生产单位炼焦用煤控制在 30 种以内，确定主力片区、主力矿点、主力煤种或骨干煤种，每个片区供应商控制在 3 家以内，参与配煤的主力煤种以大煤矿为主，其用量保持在总量的 70%以上，保证配比和质量的相对稳定。

（2）配煤工作不能交给煤炭生产商或供应商。从严格意义上来讲，配合煤也是一种混煤，只不过这种“混煤”是炼焦工程技术人员按照一定的规律和要求所做出的“混煤”，是有序的，其过程也是可控的。而我们现在所讲的混煤，是指煤炭生产商或供应商为了提高煤炭销售利润，将不粘煤或劣质煤掺混入炼焦煤中的现象，其混煤过程是无序的、不可控的。如果将“混煤”工作交给煤炭生产商或供应商来完成，就会导致配煤工作要比正常状态下付出更多的努力，但得到的结果往往与预期差距较远，甚至是南辕北辙。因此，“混煤”工作一定不能交由煤炭生产商或供应商代劳。

（3）常规配煤炼焦指标要处于合理区间。在炼焦生产条件基本稳定的前提下，配合煤质量是保证焦炭质量达到高炉生产要求的核心因素。总结昆钢配煤工作二十多年的历史数据，要想获得质量满意的焦炭，必须要保证配合煤质量指标基本处于合理区间，满足焦炭生产过程中必需的胶质体液相数量和质量的要求，如将挥发分控制在 24%～26%之间，*Y* 值控制在 15～16mm，*G* 值控制在 80%～85%，*b* 值控制在 35%～55%，*X* 值控制在 35mm 左右。然后可根据焦炭实物质量再对配煤比作细微调整。

（4）煤岩分析要作为煤焦 CT 来指导配煤炼焦工作。尽管炼焦生产在昆钢已有半个多世纪的历史，长期以来已经积累和总结出许多规律和生产经验，但由于煤的成因和性质的复杂性，配煤工作中仍然会碰到一些性质特殊的炼焦煤。比如昆钢在 2017 年 10～11 月份进口斯坦达煤使用时，采用常规指标和技术手段无法解释该煤种在配煤炼焦试验中的种种反常表现，最终借助煤岩分析手段，经历了对斯坦达煤从表象到微观的再认识过程，终于抓住该煤种的特性，生产出质量较好的焦炭。这也再一次验证了煤岩分析对单种煤质量，以及对配煤工作准确性和敏感性的辨识度，都是其他技术手段所不可比拟的。煤岩分析的另外一大贡献，就是识别单种煤是否被人为“掺混”，这可以说是火眼金睛，一目了然。在生产实际中要定期对单种煤、配合煤岩相进行分析、汇总，形成炼焦煤煤质数据库用于指导配煤和生产应用，使煤岩分析逐步成为指导配煤工作的重要工具和手段。

（5）200kg 小焦炉试验作验证。昆钢技术中心 200kg 试验焦炉工艺操作制度与生产焦炉很相似，能够较好地模拟生产焦炉，其试验结果与生产焦炉的相关性也较高。一般焦炭 M_{40} 指标较生产焦炉低 10%左右，M_{10}、CRI、CSR 略差或接近，因此可以较好地验证技术人员的配比设计思路，也可根据试验结果直接预测生产焦炉焦炭的质量指标。加之，昆钢拥有若干长期从事炼焦生产、配比优化的技术研发人员，可以形成完整的从配比设计、200kg 焦炉试验到生产验证的焦炭质量优化调整体系。

（6）生产实测数据作为评价标准。不论试验室取得何种效果，最终都要通过生产实践来评价研发人员此前所做的一切工作。1）要通过配比设计、200kg 试验焦炉验证，拿出焦炉实际生产方案；2）根据焦炉和高炉的实际生产数据反过来指导配比优化、200kg 试验焦炉验证工作；3）通过若干轮次的 PDCA 循环，不但要使焦炭质量指标达到预期目标，而且要用高炉技术经济指标的改进实绩，来具体评估焦炭质量改善对高炉冶炼的价值与贡献。

上述措施主要讲管理，控制好源头上的“七分原料”，焦炭质量就有了基本的保证；加之确保配合煤的主要结焦性能参数以及焦炉的热工参数落在合理区间，“三分”操作也就有了二分的保障；如果再加上持续的 PDCA 循环，那么焦炭质量满足高炉强化冶炼的要求也就有八九不离十的把握了。

4.1.6 配合煤结焦特性与焦炭热强度的关系分析

为配合昆钢 2000m³ 高炉开炉对焦炭质量的要求，昆钢技术中心于 1998 年购置了焦炭反应性及反应后强度检测装置，定期检验焦炭热态性能指标[5]。这项工作的组织开展，标志着昆钢对冶金焦综合质量的认识和评价进入到了一个更深、更高的层面。2000 年、2001 年昆钢新焦反应性和反应后强度分别达到 27.48%、28.20%和 65.96%、65.29%，达到国内先进水平，为高炉稳产高产和提高喷煤量作出了重要贡献。但是进入 2003 年以后，受外部因素影响，一方面配煤比改动频繁，另一方面单种煤及配合煤质量发生了较大变化，焦炭热态强度指标也相应滑入低谷，反应性达到 32.50%左右，反应后强度只有 60%左右。因此有必要对配合煤结焦特性与焦炭热态性能之间的关系进行分析，找出焦炭反应性和反应后强度变差的原因，并提出相应的解决办法。

4.1.6.1 配合煤特性值与焦炭热态强度对比

A 1999年配合煤特性值与焦炭热态强度对比

1999年配合煤结焦特性值与焦炭反应性、反应后强度的对比关系见表4-6和图4-2。

表4-6 1999年配合煤质量及焦炭热态强度

项目	1月	2月	3月	4月	5月	6月	7月	8月	9月	10月	11月	12月	平均
X/mm	26.50	28.80	31.50	31.50	34.00	29.30	26.00	31.90	33.20	33.00	33.40	36.60	31.31
Y/mm	12.30	14.20	13.70	15.30	13.50	13.50	13.30	12.80	14.90	12.20	12.80	12.40	13.41
b/%	38.00	42.00	28.00	20.50	32.00	28.00	38.00	42.00	24.00	20.00	18.00	33.00	30.29
G/%	82.00	86.00	83.00	78.00	83.00	80.00	86.00	84.00	78.00	79.00	84.00	86.00	82.42
CRI/%	30.10	30.72	30.45	28.72	29.56	29.61	29.48	30.66	29.60	29.75	28.70	28.23	29.63
CSR/%	62.05	60.12	60.78	62.89	64.50	62.19	63.08	62.01	64.75	63.57	63.69	64.91	62.88

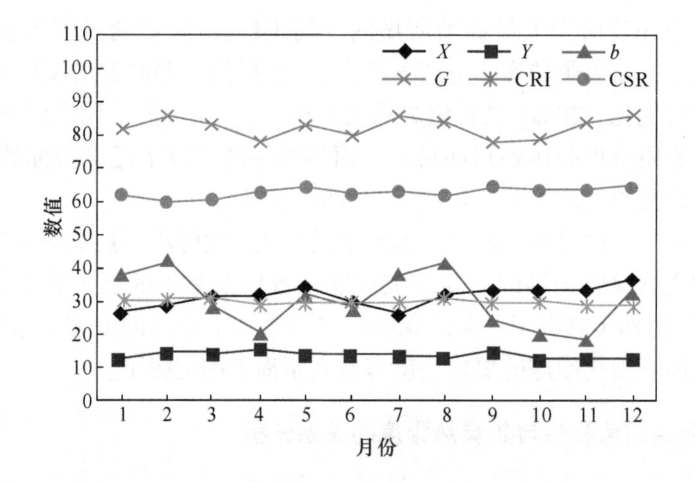

图4-2 1999年配合煤质量及焦炭热态强度变化趋势图

从表4-6和图4-2可以看出：

（1）1999年焦炭热态指标处于中等水平，反应性为29.63%，反应后强度为62.88%。

（2）1999年配合煤质量总体比较稳定，但胶质层厚度 *Y* 值、奥亚膨胀度 *b* 值和黏结指数 *G* 值都略为偏低。

B 2000年配合煤特性值与焦炭热态强度对比

2000年配合煤结焦特性值与焦炭反应性、反应后强度的对比关系见表4-7和图4-3。

表 4-7 2000 年配合煤质量及焦炭热态强度

项目	1月	2月	3月	4月	5月	6月	7月	8月	9月	10月	11月	12月	平均
X/mm	37.20	37.90	39.60	32.00	27.50	35.50	31.70	33.10	34.90	35.30	35.80	30.60	34.26
Y/mm	15.00	14.00	14.80	15.60	15.00	13.20	14.60	16.20	15.10	13.60	14.10	16.50	14.81
b/%	28.00	34.00	23.00	36.00	38.00	20.00	42.00	52.00	57.00	19.00	37.00	58.00	37.00
G/%	88.00	84.00	74.00	86.00	82.00	83.00	87.00	87.00	92.00	83.00	84.00	86.00	84.67
CRI/%	28.15	28.01	27.94	27.03	27.10	27.09	26.73	26.23	25.55	28.11	29.21	28.60	27.48
CSR/%	65.62	66.17	65.55	64.57	67.58	67.90	66.49	67.51	68.31	63.52	63.97	64.36	65.96

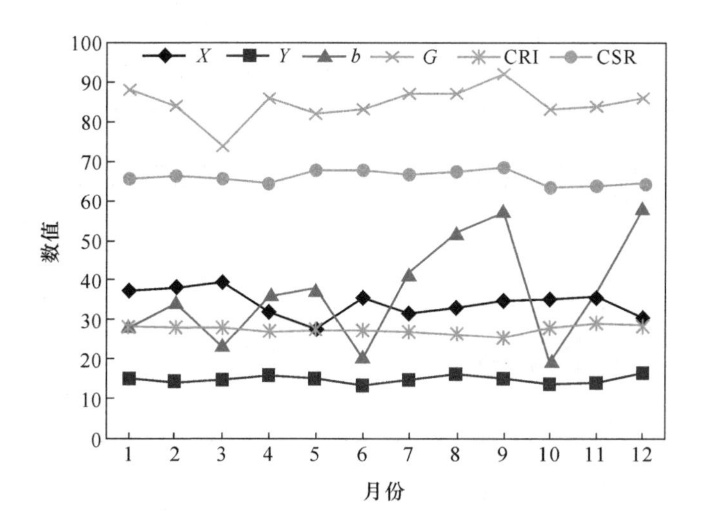

图 4-3 2000 年配合煤质量及焦炭热态强度变化趋势图

从表 4-7 和图 4-3 可看出：

（1）2000 年焦炭热态强度指标处于较高水平，反应性平均为 27.48%，反应后强度平均为 65.96%，特别是 9 月份反应性只有 25.55%，反应后强度高达 68.31%，均为历史最好水平。

（2）2000 年配合煤质量较 1999 年有所改善，结焦特性值总体特点是最终收缩度 *X* 值和黏结指数 *G* 值较高，分别为 34.26mm 和 84.67%，奥亚膨胀度 *b* 值比较适宜，平均为 37.00%。

C 2001 年配合煤特性与焦炭热态性能指标对比

2001 年配合煤结焦特性与焦炭反应性、反应后强度的对比关系见表 4-8 和图 4-4。

表 4-8 2001 年配合煤质量和焦炭热态强度

项目	1月	2月	3月	4月	5月	6月	7月	8月	9月	10月	11月	12月	平均
X/mm	37.50	39.80	40.40	29.80	28.50	26.90	25.60	25.30	27.80	28.90	26.10	28.80	30.45
Y/mm	16.30	15.30	14.60	15.00	15.40	15.60	15.90	15.30	15.90	13.80	15.60	15.40	15.34
b/%	45.00	41.40	35.00	46.00	50.00	45.00	45.00	42.00	68.00	34.00	62.00	51.00	47.03
G/%	86.00	84.40	81.00	86.00	84.00	84.00	83.00	84.00	83.00	79.00	83.00	84.00	83.45
CRI/%	29.06	28.46	28.19	29.41	27.95	27.45	27.40	28.26	28.79	28.82	27.81	26.81	28.20
CSR/%	64.60	65.88	65.80	64.51	66.39	65.57	65.10	64.23	64.94	65.06	65.98	65.45	65.29

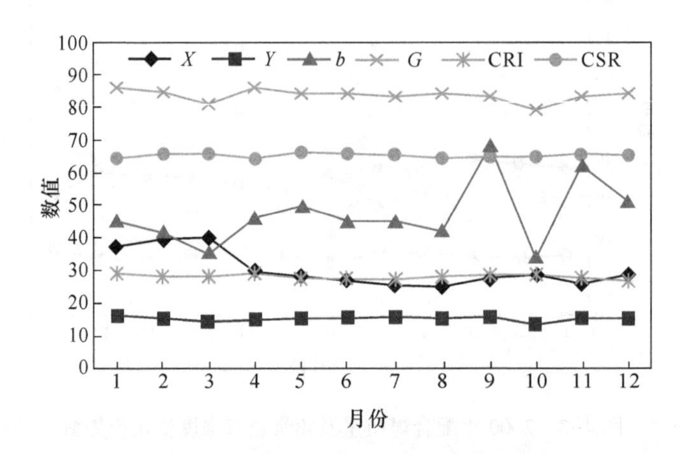

图 4-4 2001 年配合煤质量和焦炭热态强度变化趋势图

从表 4-8 和图 4-4 可以看出：

（1）2001 年焦炭热态性能仍然比较好，反应性平均为 28.20%，反应后强度平均为 65.29%，与国内同行相比处于先进水平，在昆钢历史上仅次于 2000 年的指标。

（2）2001 年配合煤质量的最大特点是 *b* 值较高，达到 47.03%，较 2000 年提高 10.03%，但不足之处是 *X* 值和 *G* 值有所降低，分别为 30.45mm 和 83.45%。

D 2002 年配合煤特性与焦炭热态性能对比

2002 年配合煤结焦特性值与焦炭反应性、反应后强度的对比关系见表 4-9 和图 4-5。

表 4-9 2002 年配合煤质量及焦炭热态强度

项目	1月	2月	3月	4月	5月	6月	7月	8月	9月	10月	11月	12月	平均
X/mm	29.10	26.60	29.80	29.50	30.00	29.60	28.60	28.00	30.00	28.30	29.40	29.30	29.02
Y/mm	15.10	15.00	16.90	15.90	14.90	16.50	15.80	15.30	14.60	14.60	14.10	14.60	15.28
b/%	62.00	75.00	63.00	73.00	50.00	44.00	57.00	53.00	55.00	58.00	51.00	47.00	57.33
G/%	84.00	83.00	84.00	85.00	86.00	84.00	83.00	85.00	86.00	83.00	84.00	84.00	84.25
CRI/%	26.41	27.47	29.15	29.45	29.75	29.95	29.52	29.13	31.10	29.88	29.70	31.04	29.38
CSR/%	66.33	64.47	63.59	63.72	63.75	62.20	64.04	64.27	61.41	62.95	63.27	61.87	63.49

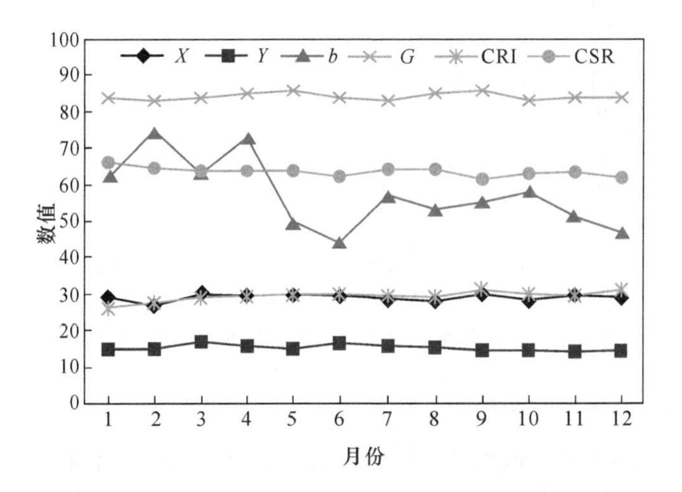

图 4-5 2002 年配合煤质量及焦炭热态强度变化趋势图

从表 4-9 和图 4-5 可以看出：

（1）2002 年焦炭热态性能指标总体不如 2000 年和 2001 年，特别是 9 月份以后焦炭热态性能指标明显下滑，9~12 月份反应性平均为 30.43%，反应后强度平均为 62.37%，比 1999 年的指标还要差。

（2）2002 年配合煤质量的总体特点是 *b* 值高且波动大，上半年高，下半年低，*X* 值历史上首次小于 30mm，仅 29.02mm，*G* 值和 *Y* 值则相对适宜。

E 2003 年配合煤特性与焦炭热强度对比

2003 年配合煤结焦特性值与焦炭反应性、反应后强度的对比关系见表 4-10 和图 4-6。

表 4-10 2003 年配合煤质量及焦炭热态强度

项目	1月	2月10日	2月17日	平均
X/mm	29.00	30.00	27.50	28.83
Y/mm	13.30	15.50	14.50	14.43
b/%	27.00	23.00	35.00	28.33
G/%	79.00	83.00	82.00	81.33
CRI/%	32.13	32.69	32.25	32.36
CSR/%	59.74	60.35	60.18	60.09

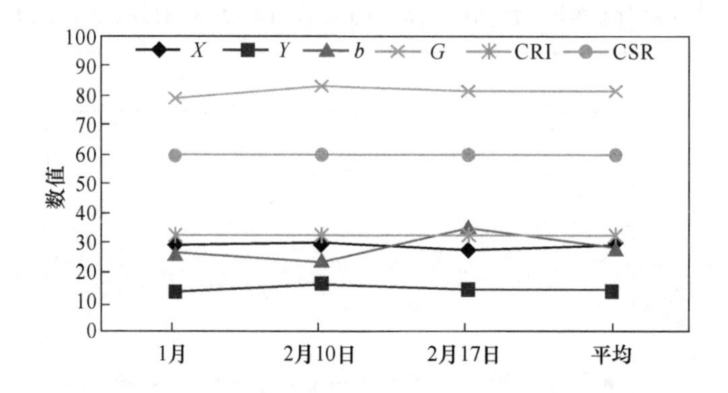

图 4-6 2003 年配合煤质量及焦炭热态强度变化趋势图

从表 4-10 和图 4-6 可以看出：

（1）进入 2003 年，焦炭反应性明显升高，反应后强度明显下降，反应性平均为 32.36%，反应后强度为 60.09%，这样的焦炭质量很难满足 $2000m^3$ 级大型高炉的生产需求。

（2）受诸多外部因素影响，2003 年以来配合煤质量发生了较大变化，X、Y、b、G 值都严重偏离了最佳范围，其中 X 值处于历史最低点，较 2000 年下降了 5.43mm，Y 值下降了 0.38mm，b 值下降了 8.67%，G 值下降了 3.34%。

4.1.6.2 配合煤 X、Y、b、G 值与焦炭热态性能的关系

A X 值

X 值代表配合煤在成焦后焦饼的最大收缩度，对焦炉焦饼的收缩、焦炭的粒度和裂纹都有重要影响。X 值与焦炭热态性能的回归分析见图 4-7。

从图 4-7 可以看出，X 值与焦炭热态性能指标的相关性比较强，昆钢条件下 X 值的最佳控制值为 35mm 左右，而 29mm 左右刚好处于低谷区。

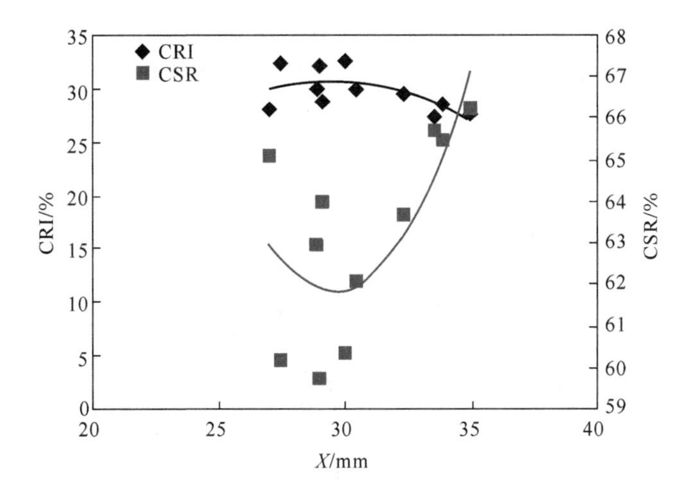

图 4-7 *X* 值与焦炭热态强度回归分析

B *Y* 值

Y 值表征配合煤成焦过程中生成胶质体的多少。胶质体的流动性、热稳定性和不透气性对焦炭质量有直接影响。配合煤 *Y* 值与焦炭热态性的回归分析见图4-8。

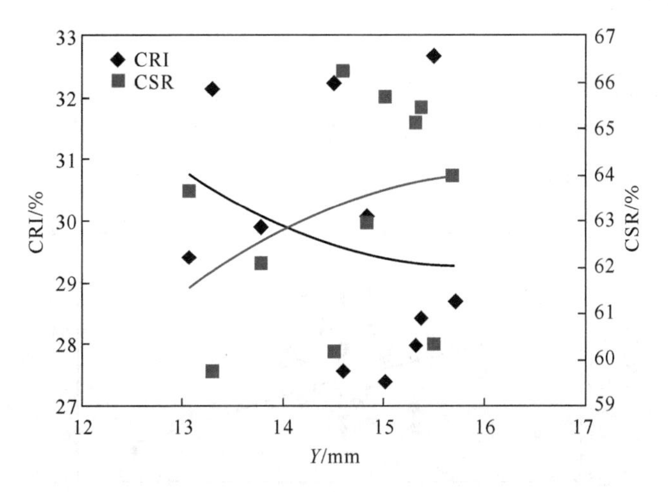

图 4-8 *Y* 值与焦炭热态强度回归分析

从图 4-8 可以看出，*Y* 值与焦炭热态性能指标有一定相关性，昆钢现有条件下配合煤 *Y* 值处于 14.80~15.50mm 之间较好。

C *b* 值

b 值表示配合煤在成焦过程中的最大膨胀度，它的大小取决于配合煤生成胶质体的透气阻力损失和塑性期间的气体析出速度，因此与配合煤在成焦过程中产

生的膨胀压力的大小有一定的相关性。适宜的膨胀压力有利于将成焦过程中产生的胶质体压向煤粒间的间隙，从而提高焦炭的致密度和减少焦炭孔隙。*b* 值与焦炭热态性能之间的关系见图 4-9。

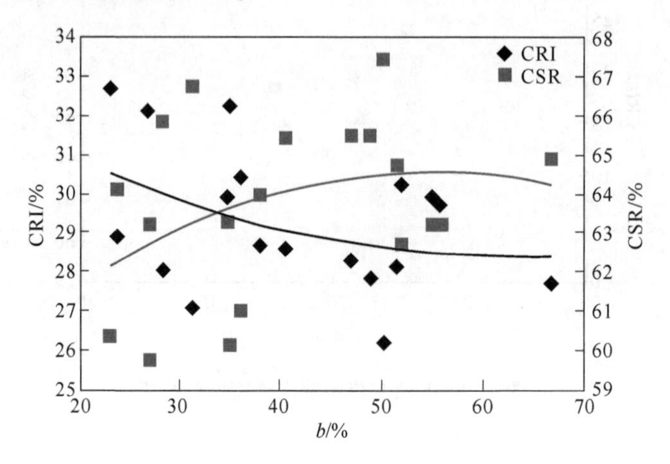

图 4-9 *b* 值与焦炭热强度回归分析

从图 4-9 可看出，适宜的 *b* 值对改善焦炭热态性能指标有利，昆钢条件下 *b* 值控制在 35%～55%之间较为适宜。

D *G* 值

G 值是表征配合煤黏结性能好坏的一个重要指标，它的大小决定了成焦过程中煤粒相互结合的牢固程度，对焦炭强度的好坏起着重要作用。*G* 值与焦炭热态性能之间的关系见图 4-10。

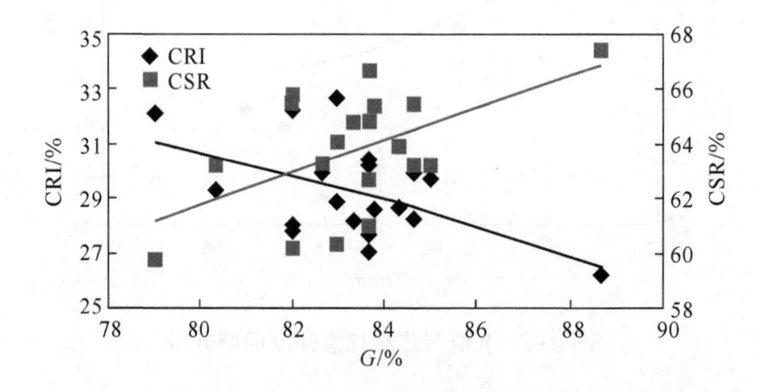

图 4-10 *G* 值与焦炭热强度回归分析

从图 4-10 可以看出，*G* 值与焦炭热性能指标的相关性较强。总的来说，*G* 值高一些对改善焦炭反应性和反应后强度指标有利，昆钢条件下配合煤的 *G* 值控制在 83.5%～85.5%之间较为有利。

4.1.6.3 历年来配合煤质量与焦炭热强度关系分析

1999~2003 年配合煤结焦特性与焦炭反应性、反应后强度对应关系见图4-11。

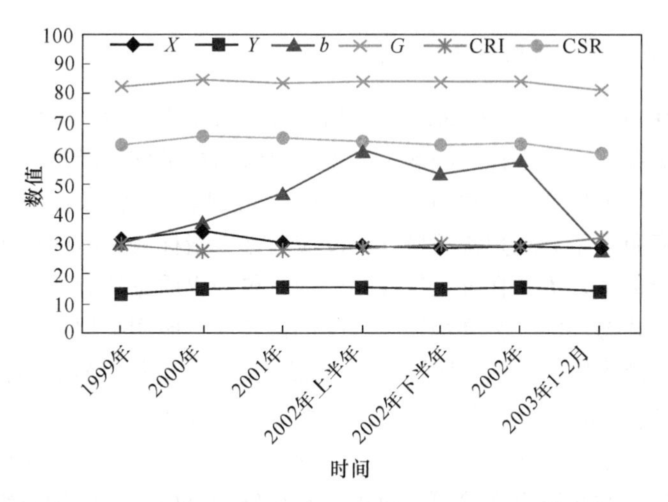

图 4-11 1999~2003 年 2 月配合煤和焦炭热态强度及趋势

从图 4-11 可以看出：

（1）1999~2003 年焦炭热强度的总体变化趋势是两头低、中间高，2000 年、2001 年热强度最高，而 1999 年和 2003 年则相对较差。

（2）配合煤结焦特性值变化趋势符合“两头低、中间高”规律的是 G 值、Y 值和 b 值，它们与焦炭反应性及反应后强度的相关性较强，说明配合煤结焦特性是决定焦炭热态指标的重要因素之一。

4.1.6.4 配合煤结焦特性与焦炭热态性能关系小结

（1）焦炭热态性能指标很大程度上取决于配合煤的结焦特性。要获取好的焦炭热态强度，要求配合煤 G 值和 X 值略高，b 值和 Y 值适宜，并且 X、Y、b、G 值相互关系协调。目前条件下，昆钢配合煤 X、Y、b、G 值比较好的控制范围为 X 值 35mm 左右，Y 值 14.8~15.5mm，b 值 35%~55%，G 值 83.5%~85.5%。

（2）2002 年 9 月份以来，特别是进入 2003 年以后，焦炭热态性能指标下滑，主要原因之一是单种煤品种结构及质量发生变化，配合煤结焦特性逐步偏离最佳控制范围。需要优化煤种结构，尽快将配合煤 G 值恢复到 84%~85%，X 值恢复到 33~35mm。可考虑适当减少气煤配量，增加肥煤或焦煤用量，并尽可能稳定 1/3 焦煤和焦煤的品种结构，多使用质量稳定的盘江方向 1/3 焦煤和恩洪主焦煤。

（3）无论采用什么配比炼焦，只要配合煤结焦特性值适宜、相互关系协调，都可以生产出热态强度较好的焦炭，满足高炉使用需要。

(4) 单种煤品种结构最复杂，变化最大的是1/3焦煤和焦煤，应该制定相应的措施，控制这两种煤的来源与品质，保持其结焦特性值稳定在适宜的范围内。

4.1.7 昆钢熄焦水添加硼酸工业试验

昆钢2000m³高炉在进入2003年以后炉况一直不太稳定，具体表现为料柱透气性变差、炉温不稳、崩挂料频繁，严重的时候高炉平均日产量较正常情况下降1000~1500t，损失较大。昆钢2000m³高炉炉况反映出的各种征兆表明，高炉炉况失常与煤资源紧张导致焦炭反应性、反应后强度指标较长时间处于标准规定的下限区有一定关系。为了在炼焦煤库存较少、单种煤质量持续下降的情况下尽可能改善焦炭的热态性能，为高炉恢复炉况创造条件，昆钢根据冶金焦炭表面吸附硼、钼、磷等离子以后，能够阻隔CO_2与碳原子接触、抑制碳素溶损反应进行的原理[5~8]，在学习借鉴了国内外相关技术的实践经验之后，结合自身的具体情况进行了大量的实验室实验研究，发现硼酸根离子对C与CO_2的气化反应具有较强的抑制作用。在实验室实验研究取得一定突破的基础上，昆钢组织开展了熄焦水添加硼酸工业试验。为期近两个月的工业试验结果表明，熄焦水添加硼酸能够显著改善焦炭热性能指标，对高炉尽快更新炉芯焦炭死料柱、活跃炉缸工作及恢复炉况有着积极作用。试验期高炉透气性明显改善，增产节焦效果明显，经济效益显著。

4.1.7.1 实验室实验结果

焦炭的反应性和反应后强度按GB/T 4000—1996进行测定。

A 冷态浸泡实验

在实验室分别用1.5%和2%的硼酸溶液浸泡焦炭120s，然后分别测定基准样和实验样的反应性和反应后强度，结果如图4-12所示。

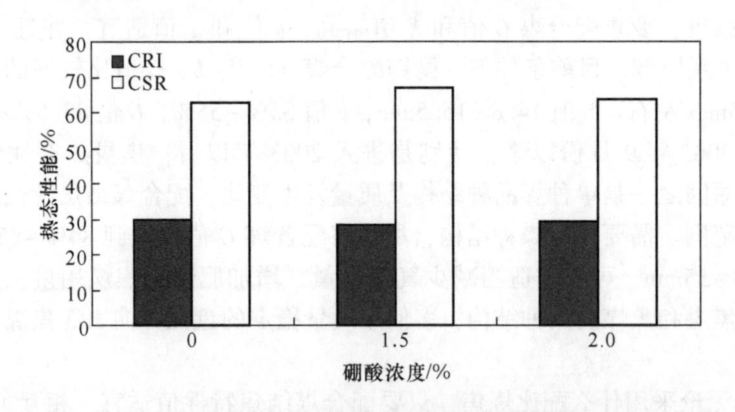

图4-12 焦炭冷态浸泡实验结果

焦样用硼酸溶液浸泡后，焦炭反应性（CRI）降低 0.40%～1.35%，反应后强度（CSR）提高了 0.78%～4.05%，效果不太理想。

B 冷态喷洒实验

在冷态浸泡实验的基础上，进行硼酸浓度分别为 2%和 4%、喷洒量为 3%的冷态喷洒实验，结果如图 4-13 所示。

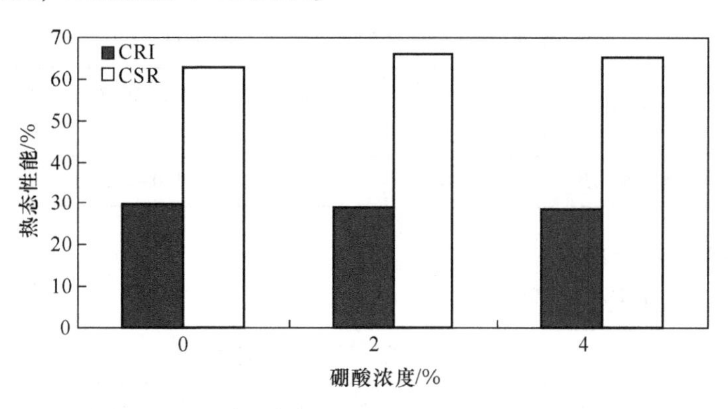

图 4-13 喷洒实验结果

经过冷态喷洒处理以后，焦炭反应性降低 0.9%～1.20%，反应后强度提高 2.44%～3.42%，效果比冷态浸泡略好。

C 模拟熄焦实验

考虑到现场熄焦过程中，熄焦车中焦层较厚、水蒸气与焦炭交互作用的“气垫效应”较强，决定在实验室模拟现场熄焦条件，进行硼酸溶液喷淋高温焦炭的实验。首先将焦炭加热到 950～1000℃，然后用配制好的 1%浓度硼酸溶液在管式容器内进行模拟熄焦实验，实验结果如图 4-14 所示。采用将焦炭加热后用 1%硼酸溶液在管式容器内熄焦的实验效果比较明显，焦炭反应性平均降低了 4.10%，反应后强度提高了 6.37%。

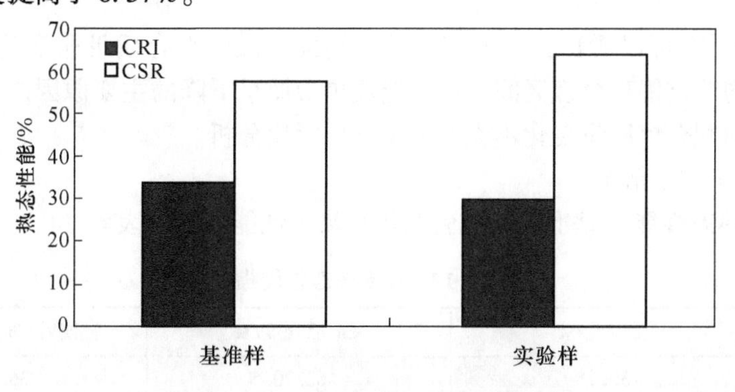

图 4-14 模拟熄焦实验结果

4.1.7.2 工业试验情况

A 工业试验方案

根据实验室大量实验研究的结果，最终选择将硼酸加入熄焦水中的方式进行工业试验，并对熄焦水添加硼酸工业试验的最佳工艺参数进行了全面细致的研究，确定的最佳工艺控制参数见表4-11。

表4-11 工业试验最佳工艺控制参数

试剂种类	硼酸添加方式	熄焦水耗量 /kg·t^{-1}	工业硼酸浓度 /%	熄焦水硼酸浓度 /%	焦炭成本增加值 /元·t^{-1}
工业硼酸	熄焦水熄焦	380~420	≥95	1.0~1.5	26.60~44.10

B 硼酸消耗情况

试验期硼酸消耗情况见表4-12。

表4-12 工业试验硼酸消耗情况

时期	工业硼酸消耗量 /t	焦炭产量 /t	吨焦消耗硼酸 /kg·t^{-1}	熄焦水硼酸浓度 /%	吨焦成本增加 /元·t^{-1}
试验期	411	112195	3.66	1.18	20.96

C 煤焦质量情况

a 配合煤质量情况

基准期和试验期配合煤质量情况见表4-13。

表4-13 配合煤质量

时期	灰分/%	挥发分/%	硫分/%	*X*/mm	*Y*/mm	*b*/%	*G*/%	<3mm 粒级/%
基准期	11.74	25.26	0.62	30.0	14.5	16.0	74.5	77.38
试验期	11.67	25.31	0.60	29.50	14.8	15.7	75.5	76.94

从表4-13可以看出，基准期和试验期配合煤的综合质量非常差，*G*、*b*、*X*等特征值均严重偏离合理区间，这是造成焦炭质量下降的主要原因。所幸试验期和基准期的配合煤质量变化不大，便于开展对比分析。

b 焦炭质量情况

(1) 热态性能。基准期和试验期焦炭热态性能指标见表4-14。

表4-14 焦炭热态性能指标

时期	反应性/%	反应后强度/%	转鼓后<3mm 粒级/%
基准期	30.25	62.70	36.67
试验期	28.86	64.97	34.59

与基准期相比，工业试验期间焦炭热态性能明显改善，反应性平均降低1.39%，反应后强度提高2.27%，转鼓后小于3mm粒级的减少了2.08%。

（2）理化指标。基准期和试验期焦炭理化指标见表4-15。

表4-15 焦炭理化指标

时期	水分/%	灰分/%	硫分/%	挥发分/%	固定碳/%	M_{40}/%	M_{10}/%
基准期	4.35	14.81	0.53	1.01	83.88	86.70	5.36
试验期	4.33	14.49	0.52	1.23	84.14	87.47	5.16

试验期由于多次调整结焦时间，焦炭挥发分提高了0.08%，反映出焦炭成熟度有一定不足。

D 高炉生产情况

a 高炉用料结构

基准期和试验期2000m³高炉用料情况见表4-16。

表4-16 2000m³高炉用料结构及相关情况

时期	用料结构/%			矿批/t	综合入炉品位/%	矿耗/kg·t^{-1}
	三烧矿	块矿	球团矿			
基准期	75	15	10	28	57.89	1695
试验期	73	11	16	28~36	57.11	1682

基准期和试验期2000m³高炉的用料情况基本保持稳定，其中工业试验期2000m³高炉综合入炉品位为57.11%，较基准期下降了0.78%，这会对试验期高炉冶炼效果产生一定影响。

b 高炉操作参数对比

基准期和试验期2000m³高炉主要操作参数见表4-17。

表4-17 6号高炉主要操作指标对比

时期	炉腰温度/℃	压差/kPa	透气性指数/m³·(min·MPa)$^{-1}$	休风率/%	焦负荷	铁水温度/℃
基准期	104	142	21160	—	2.80	1473
试验期	134	148	21359	5.21	3.13	1469

随着熄焦水添加硼酸工业试验时间的延长，焦炭热态强度提高对改善高炉炉况的作用逐步凸现出来，工业试验期在焦炭负荷提高0.33的情况下，高炉料柱透气性仍较基准期明显改善，透气性指数提高了199m³/(min·MPa)。

c 高炉主要技术经济指标

基准期和试验期2000m³高炉主要技术经济指标见表4-18。

表 4-18 2000m³ 高炉主要技术经济指标

时期	日均产量 /t	利用系数 /t·(m³·d)⁻¹	冶炼强度 /t·(m³·d)⁻¹	焦比 /kg·t⁻¹	煤比 /kg·t⁻¹	休风率 /%	生铁 [Si] /%
基准期	3026	1.51	0.90	594	0	0	0.84
试验期	3654	1.83	0.95	530	24.80	5.21	0.65

从表 4-18 可以看出，工业试验期 2000m³ 高炉日均产量为 3654t，较基准期提高 20.75%，焦比降低 64kg/t，煤比提高 24.80kg/t，经济效益明显。

4.1.7.3 试验结果分析

工业试验期间，尽管昆钢 2000m³ 高炉综合入炉品位有所下降，但随着熄焦水添加硼酸试验周期的延长，焦炭热态强度提高对改善高炉炉况的作用逐步显现出来。在焦负荷提高 0.33 的情况下，昆钢 2000m³ 高炉炉况顺行质量较基准期显著改善，试验期高炉透气性指数提高了 199m³/(min·MPa)，日均产量提高了 20.75%，焦比降低了 64kg/t，并且恢复了喷煤，标志着昆钢 2000m³ 高炉已经摆脱了长期低迷的生产状态，开始走入稳定顺行的良性轨道。这些情况表明熄焦水添加硼酸技术确实能明显改善焦炭反应性及反应后强度指标，焦炭热态指标确实对大型高炉的冶炼行程有十分重要的影响，但是这种影响和效果需要经历较长时间的积累，需要在高炉炉芯死料柱中的劣质焦炭逐步被更换和高炉炉缸活跃起来之后才能在生产实践中得到充分体现。

4.1.8 改善焦炭热态性能的新方法

随着炼铁生产技术的发展，与高炉内焦炭骨架支撑作用，尤其是“炉芯”焦炭透液性密切相关的热态性能指标越来越受重视[1~6]。针对一段时间内由于煤资源变化的影响，焦炭热态指标有所下降的问题，昆钢根据冶金焦炭表面吸附硼、钛、钼、磷等离子能阻碍碳原子与 CO_2 接触，抑制碳素溶损反应进行的原理[7~8]，着手研究开发炉外处理改善焦炭热态性能的新方法。昆钢根据其焦炭的特殊性，对改善昆钢焦炭质量的工艺进行了系统的研究，找到了适合昆钢焦炭特点的添加剂配方及适宜的工艺技术参数，进而进行了工业试验，取得了较好效果，为探索改善焦炭热态性能开拓了新的途径。

4.1.8.1 改善焦炭质量添加剂的开发

A 原有添加剂的不适应性

昆钢采用已有的 ZBS 改性剂（以下称一号配方），在实验室将焦炭加热到 200℃，按 2.0%的量进行了不同浓度的喷洒处理，处理后焦炭反应性 CRI 及反应后强度 CSR 按照 GB/T 4000—1996 进行了测定，测定结果如图 4-15 所示。

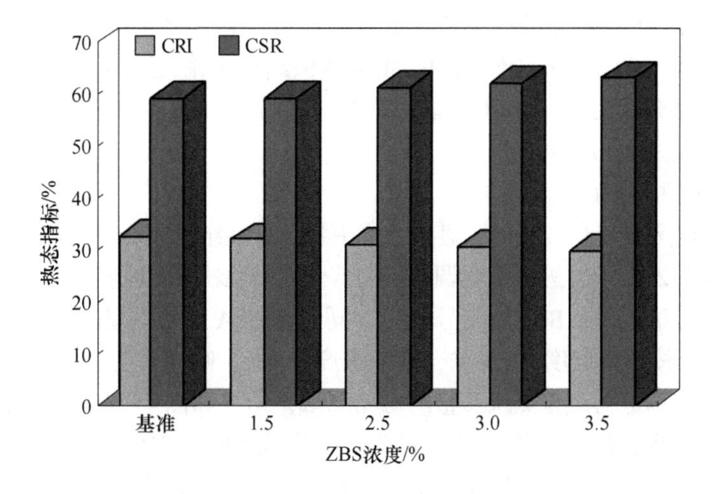

图 4-15 喷洒普通 ZBS 试验情况

从图 4-12 可见，一号配方对于改善昆钢焦炭热态性能指标的效果并不理想。

B 昆钢焦炭特殊性

据报道，一号配方可以明显改善焦炭热态性能指标。但如上所述，一号配方对改善昆钢焦炭的热态性能却没有明显作用，这暗示昆钢焦炭具有自身的特殊性。为此，昆钢对其焦炭的显微组织结构进行了调查研究。与其他厂家相比，昆钢配煤比中主焦煤配量达45%~55%，1/3 焦煤配量为55%~45%，不使用气煤和肥煤，因此昆钢焦炭显微组织结构较为独特。国内部分企业焦炭的显微组织结构见表 4-19。

表 4-19 昆钢焦炭与国内一些企业的焦炭显微组织结构对比 （%）

显微组织		昆钢焦炭	梅山焦	鞍钢焦	武钢焦	首钢焦	太钢焦	包钢焦
各向同性		0.8	5.9	11.3	2.6	3.1	—	2.6
各向异性	极细粒镶嵌状	—	8.5	6.8	1.4	1.8	0.5	0.7
	细粒镶嵌状	2.0	26.7	30.0	7.7	4.7	6.4	3.9
	中粒镶嵌状	44.5	21.8	18.0	12.7	8.2	25.6	16.7
	粗粒镶嵌状	22.2	4.6	4.1	5.5	5.9	9.5	9.2
	成列镶嵌状	—	1.8	3.0	4.1	2.6	2.7	5.9
	不完全纤维状	1.4	13.1	4.1	34.4	35.0	24.2	31.4
	完全纤维状	0.8	2.3	4.1	11.8	14.1	8.0	7.3
	片状	0.2	1.4	2.4	2.6	4.2	4.0	2.5
	合计	71.1	80.2	72.5	80.2	76.5	80.9	77.6
惰性结构	丝炭及破片状	28.1	13.9	14.8	17.2	20.1	19.1	19.8

从表4-19所列数据可见，昆钢焦炭的显微结构中各向异性结构与其他企业相比含量较低，而且各向异性的中、粗粒镶嵌结构及惰性组分含量较高，由此推测ZBS对昆钢焦炭的吸附和渗透能力较弱。为了提高焦炭单位比表面积的吸附量，应适当提高ZBS的浓度。

C ZBS添加剂的改进

根据昆钢焦炭灰高、硫低，显微结构中各向异性结构较少，而惰性结构较多的特点，对普通ZBS配方进行优化调整。向普通ZBS添加活性物质A、B，其中添加A的为二号配方，添加B的为三号配方，同时添加A和B的为四号配方。为了确定最佳配方，按焦炭温度为200℃，溶液浓度为4%、喷洒量为2%的条件使用改进后的ZBS添加剂进行改善焦炭质量的对比测试，结果如图4-16所示。四号配方对昆钢焦炭热态性能指标的改善最为有效，可降低CRI 5.95%，提高CSR 10.37%。以下将四号添加剂配方命名为KGJ-ZBS，并作为进行工业试验的配方。

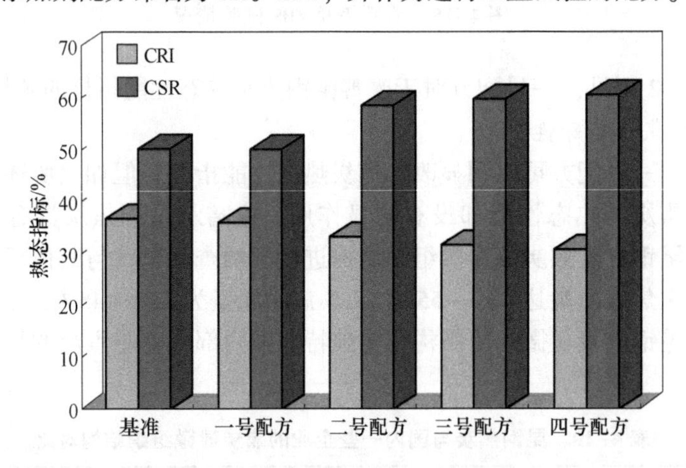

图4-16 ZBS配方优化试验情况

4.1.8.2 KGJ-ZBS使用工艺操作参数

A 适宜的添加方式

1%浓度硼酸、54.3%溶液熄焦，0.6%浓度KGJ-ZBS、54.3%溶液熄焦和5%浓度KGJ-ZBS、2%溶液喷洒三种处理方式的试验效果对比见表4-20。

表4-20 不同添加方式试验结果对比

试样		CRI /%	CSR /%	溶液处理量 /kg·t^{-1}	添加剂耗量 /kg·t^{-1}	成本增加 /元·t^{-1}
1%硼酸熄焦	基准样	33.75	57.17			
	试验样	29.65	63.54	543	5.43	26.80
	对比	-4.10	+6.37			

续表 4-20

试样		CRI /%	CSR /%	溶液处理量 /kg·t^{-1}	添加剂耗量 /kg·t^{-1}	成本增加 /元·t^{-1}
0.6%KGJ-ZBS 熄焦	基准样	31.00	59.97	543	3.26	21.00
	试验样	25.20	65.11			
	对比	-5.80	+7.14			
5%KGJ-ZBS 喷洒	基准样	29.73	62.36	20	1.0	6.44
	试验样	23.78	71.49			
	对比	-5.95	+9.13			

注："熄焦"就是将焦炭加热到900℃后用添加剂溶液熄灭，而"喷洒"则是在正常焦炭表面喷洒一定数量的添加剂溶液。

"熄焦"方式和"喷洒"方式比较，三组试验中以焦炭喷洒5%浓度KGJ-ZBS改善效果最为明显，吨焦成本增加值也最低。在两组"熄焦"试验中，0.6%KGJ-ZBS的试验效果优于1%的硼酸，但由于熄焦水耗量大，吨焦使用添加剂绝对量远高于5%浓度KGJ-ZBS添加剂的喷洒，所以吨焦成本增加过高，不宜在生产上使用。

B 适宜的喷洒浓度

为了考察KGJ-ZBS浓度对焦炭指标的影响，在溶液喷洒量为20kg/t的条件下进行了不同KGJ-ZBS浓度的系列对比实验，结果如图4-17所示。

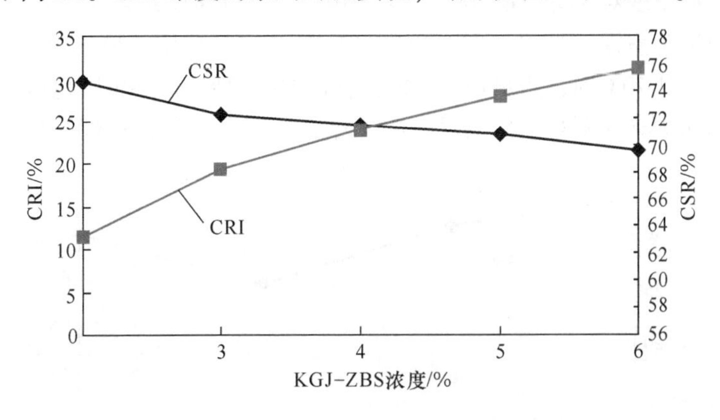

图 4-17 KGJ-ZBS 浓度对焦炭热态性能的影响

从图4-17可以看出，喷洒KGJ-ZBS以后焦炭反应性降低3.90%~8.05%，反应后强度提高4.89%~12.38%，且随ZBS浓度的增加，焦炭反应性及反应后强度改善幅度逐步增加。实验室条件下，为了使焦炭反应性CRI≤25%，反应后强度CSR≥70%，KGJ-ZBS的浓度应不小于4.0%，这个适宜的浓度明显高于其他企业2%~3%的最佳浓度范围。

C 适宜的喷洒介质及介质温度

考虑到工业水 pH 值、硬度、金属氧化物含量以及其他成分对 KGJ-ZBS 使用效果的影响，在实验室进行了生活水与工业水的对比试验，试验结果如图 4-18 所示。虽然与基准样相比，两者均可降低焦炭反应性和提高反应后强度，但使用生活水可显著提高焦炭反应后强度，表明喷洒介质质量对 KGJ-ZBS 喷洒效果的影响较大，昆钢条件下应以生活水为喷洒介质。

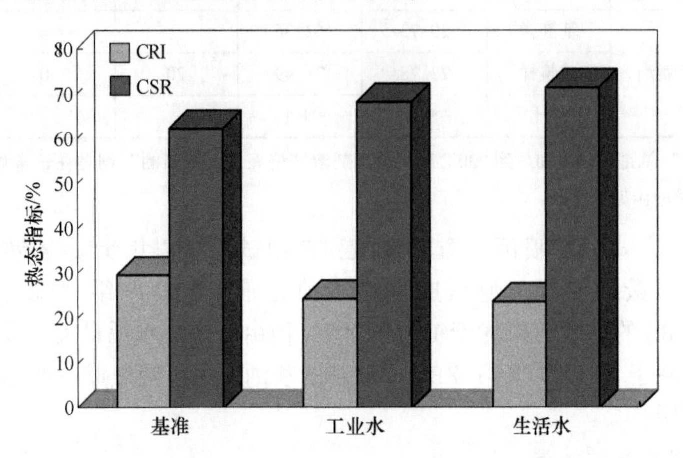

图 4-18 生活水与工业水对比试验结果

喷洒介质温度对 KGJ-ZBS 喷洒效果影响的对比性试验结果如图 4-19 所示。当喷洒介质温度为室温（20℃）时，KGJ-ZBS 较难完全溶解，喷洒效果不佳。当喷洒介质温度达到 70℃时，焦炭热态性能指标的改善效果与室温时相差无几。喷洒介质温度以 40℃时效果最好，焦炭反应性改善了 7.75%，反应后强度提高了 9.03%。

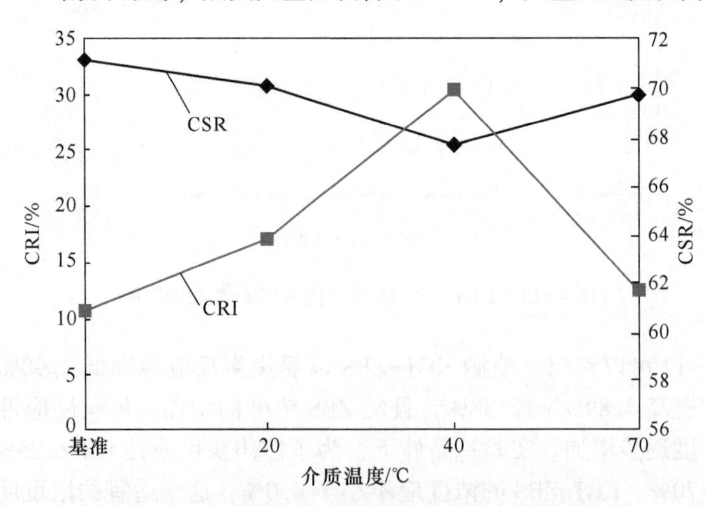

图 4-19 喷洒介质温度变化对比性试验结果

D 适宜的焦炭温度

为了进一步考察焦炭温度对 KGJ-ZBS 喷洒效果的影响，进行了相应的对比试验，试验结果见表 4-21。

表 4-21 焦炭冷态喷洒 ZBS 试验结果 (%)

试样		CRI	CSR
冷态	基准样	29.63	60.72
	试验样	29.15	62.50
	性能变化	-0.48	+1.78
40℃	基准样	29.65	63.26
	试验样	26.95	66.05
	性能变化	-2.70	+2.79
200℃	基准样	33.15	60.88
	试验样	25.40	69.91
	性能变化	-7.75	+9.03

昆钢冷焦炭（室温）喷洒 KGJ-ZBS 后，反应性降低 0.48%，反应后强度提高 1.78%，喷洒效果较热焦炭有较大程度降低。将焦炭加热至一定温度后，KGJ-ZBS 喷洒效果随温度的提高，焦炭热态指标同步大幅改善。

4.1.8.3 工业试验

根据实验室实验结果及获得的工艺技术参数，进行焦炭喷洒 KGJ-ZBS 的工业试验。考虑到焦炭温度控制要与生产过程中的凉焦操作相适应，以及喷洒量过大会影响焦炭水分及喷洒成本，因此在确定工业性试验方案时将焦炭温度调整为 70~120℃，喷洒量降为 1.5%~2%。昆钢焦炭喷洒 KGJ-ZBS 工业试验方案见表4-22。

表 4-22 工业性试验方案

试剂种类	喷洒量	试剂浓度	添加方式	焦炭温度	介质种类	介质温度
KGJ-ZBS	1.5%~2%	4%~6%	喷洒	70~120℃	生活水	40℃

工业性试验期间喷洒 KGJ-ZBS 前后焦炭热态性能指标变化见表 4-23。

表 4-23 工业性试验期间焦炭热态性能指标

状态	CRI/%	CSR/%	实验次数/次
喷洒前	29.29	60.95	11
喷洒后	27.04	64.17	11
性能变化	-2.15	+3.22	—

昆钢焦炭喷洒 KGJ-ZBS 后，反应性平均降低 2.15%，反应后强度平均提高 3.22%。

基准期和使用处理后焦炭的昆钢 $2000m^3$ 高炉主要技术经济指标对比见表4-24。

表 4-24 昆钢 $2000m^3$ 高炉主要技术经济指标对比

时期	日均产量 /t	利用系数 /t·$(m^3·d)^{-1}$	冶炼强度 /t·$(m^3·d)^{-1}$	焦比 /kg·t^{-1}	煤比 /kg·t^{-1}	燃料比 /kg·t^{-1}	透气性指数 /m^3·$(min·MPa)^{-1}$	坐料次数 /次
基准期	2941	1.48	0.88	607	5.93	612.93	19839	10
试验期	3949	1.97	0.96	459	64.68	523.68	20168	5

从表 4-24 可以看出，工业试验期间昆钢 $2000m^3$ 高炉主要技术经济指标较基准期明显改善：

（1）日均产量为 3949t，较基准期提高 33.93%。

（2）焦比降低 148kg/t，煤比提高 58.75kg/t，燃料比降低 89.25kg/t。

（3）由于料柱透气性改善，高炉操作稳定顺行，坐料次数减少 50%。

4.1.8.4 焦炭喷洒 KGJ-ZBS 添加剂试验小结

经实验室实验和工业试验验证，采用炉外处理手段改善昆钢焦炭热态性能是可行的。

（1）开发出了适合昆钢焦炭的添加剂 KGJ-ZBS。

（2）昆钢条件下，适宜的 KGJ-ZBS 浓度为 4%~6%，喷洒量为 1.5%~2%，焦炭温度为 70~120℃，适宜的喷洒介质为生活水，适宜的水温为 40℃，实验室实验焦炭的反应性可降低 3.90%~8.05%，反应后强度可提高 4.89%~12.38%，工业试验焦炭反应性平均降低 2.15%，反应后强度提高 3.22%。

（3）昆钢 $2000m^3$ 高炉使用经 KGJ-ZBS 处理后的焦炭，产量同比提高 33.93%，燃料比降低 89.25kg/t，综合效益显著。

4.2 改善烧结矿质量的研究与实践

4.2.1 烧结矿综合质量评价体系的建立

烧结矿的质量指标很多，关于如何评价烧结矿的综合质量，昆钢也经历了较长时间的探索与实践，目前比较一致的看法是，烧结矿的冷态强度及高炉入炉粉末占 40%的权重，烧结矿品位占 30%的权重，烧结矿冶金性能指标占 20%的权重，烧结产能富余率占 10%的权重。在烧结矿的冷态强度方面，烧结矿入炉率占 36%，入炉粉末占 28%，筛分指数占 20%，烧结矿粒级不大于 10mm 或 16~

40mm 的比例占 12%，转鼓强度占 4%。在烧结矿冶金性能方面，烧结矿的熔滴性能指标占 37%，低温还原分化率占 37%，还原度指标占 20%，软熔温度区间指标占 6%。

4.2.1.1 烧结矿冷态强度及入炉粉末的管控

高炉本身就是一个竖炉，其冶炼的主要矛盾是炉料下降与煤气流上升之间的矛盾[1~4]。所以在烧结矿众多的质量指标当中作者突出强调烧结矿入炉率这项指标，给予它 36%的权重。这项指标的计算方法是高炉实际入炉的烧结矿量占同期烧结厂出厂合格烧结矿总量的比例，目的是着重考察烧结矿的抗摔打和跌落能力。这样的安排估计会出乎大多数人的意料，但是站在炼铁人的角度，从烧结矿各项指标与高炉主要技术经济指标之间的相关性的角度考量，作者认为在昆钢实际条件下，是相对合理的。在烧结矿冷态强度指标体系中，权重排名第二的是烧结矿的入炉粉末含量，占 28%。这同样又是一项非典型的烧结矿指标，也是从该指标与高炉主要技术经济指标相关性高低角度做出的安排，也是昆钢炼铁工作者在长期的生产实践中，通过大量的统计分析得出的结论。在传统的烧结矿质量指标当中，筛分指数的权重占比较高，为 20%；烧结矿粒级组成不大于 10mm 或 16~40mm 的比例权重占比次之，为 12%；而名气非常大的转鼓强度指标，昆钢炼铁工作者发现它与高炉主要技术经济指标之间的相关性并不强，所以仅占 4%。

4.2.1.2 烧结矿 TFe 含量

昆钢的烧结矿 TFe 含量总体偏低，特别是在 2000m^3 以上级的大型高炉当中，烧结矿 TFe 含量长期排名全国倒数第一。在解决了烧结矿的冷态强度和透气性的问题之后，烧结矿的品位将在很大程度上决定烧结矿在炉内实际冶炼效果，所以我们在综合评价烧结矿质量的时候，安排了 30%的权重。

4.2.1.3 烧结矿冶金性能的研究与改进

在烧结矿的冶金性能指标中，我们给予了烧结矿的熔滴性能指标和低温还原分化率两项指标最高的权重占比，均为 37%。这样的安排同样是从透气性的角度进行考量，其中低温还原分化率主要影响高炉中温区的透气性，而熔滴性能指标则主要影响软熔带的透气性。还原度主要影响高炉的消耗指标，占比为 20%。而烧结矿的软化区间，作为熔滴性能的一个补充指标，占比为 6%。

4.2.1.4 烧结矿的产能富余率指标

之所以要特别安排这么一项非常特殊的指标，是因为昆钢在高炉大型化过程中发现，如果烧结工序没有一定的富余能力，烧结矿质量就无法得到充分保障。尤其是在高炉产能超过设计能力之后，这个矛盾就显得更加突出。经常发生高炉经过较长时间的调整，好不容易生产水平冲上新的台阶，却因为烧结保产量保不了质量而又被迫退回来的情况。所以从以高炉为中心组织经济高效铁前生产的角度出发，我们希望烧结生产线能够有一定的富余能力，为高炉增产降耗创造更加有利的外部环境。

4.2.2 昆钢烧结优化进口矿品种结构试验研究

昆钢三烧矿在 2000m^3 的 6 号高炉用料结构中一度占有 60%～80%的比例，它的综合质量对于高炉的安全稳定运行有着非常重要的作用。三烧的基本用料结构为 40%左右的进口粉矿、60%左右的国内杂矿。进口矿是整个三烧用料结构中的龙头和核心骨架，所以昆钢对其质量的要求非常苛刻。进口矿的品质不但要能满足三烧进行高铁低硅烧结的要求，而且要能有效弥补国内其他杂矿在烧结性能方面的不足。而要承担这样的任务，靠单一的矿种是很难实现的，需要在对进口矿种类进行优中选优的基础上做好相互之间的搭配，做到扬长避短，相得益彰。

4.2.2.1 烧结杯优选试验

A 印度粉矿品种优选

印度粉矿是昆钢最早使用的进口矿种之一。不同印度粉矿的理化指标与烧结性能对比见表 4-25。

表 4-25 印度粉矿主要理化与烧结性能指标

矿种	化学成分/%			粒度组成		烧结性能	
	TFe	SiO_2	Al_2O_3	0.2～0.7mm /%	平均粒度 /mm	利用系数 /t·$(m^2·h)^{-1}$	转鼓指数 /%
卡巴粉矿	66.85	1.52	1.41	8.11	3.20	2.11	69.97
澳莉莎粉矿	64.67	0.57	2.30	14.29	2.85	2.11	66.80
帕拉迪普粉矿	65.75	1.66	1.91	5.36	4.90	2.05	67.36
多里马兰粉矿	62.93	3.04	1.97	10.87	2.97	1.91	66.64
卡拉塔卡粉矿	63.58	3.05	2.41	9.16	3.37	2.10	68.78
果阿粉矿	61.86	3.20	2.54	10.63	3.81	2.00	68.56

从表 4-25 可以看出，按照铁高硅低、粒度较粗并兼顾烧结性能的原则，印度卡巴粉矿的综合性能最好，卡拉塔卡粉矿和帕拉迪普粉矿次之，多里马兰粉矿、澳利莎粉矿和果阿粉矿不宜选用。

B 巴西粉矿品种的优选

巴西粉矿是世界上铁品位最高，SiO_2 和有害元素含量最低的矿种之一。因此寻找一种适合昆钢用料条件的巴西粉矿，对于优化三烧用料结构和进一步改善烧结矿产质量指标尤为重要。不同巴西粉矿的理化指标与烧结性能对比见表 4-26。

表 4-26 巴西粉矿主要理化与烧结性能指标

矿种	化学成分/%			粒度		烧结性能	
	TFe	SiO_2	Al_2O_3	0.2~0.7mm /%	平均粒度 /mm	利用系数 /t·$(m^2·h)^{-1}$	转鼓指数 /%
CVRD 粉矿	67.75	0.70	0.71	15.34	3.22	2.21	68.28
MBR 粗粉矿	67.65	1.65	1.08	8.44	4.43	2.15	71.48
MBRSSF 标准粉	67.90	1.12	0.81	9.73	3.57	2.17	69.83
MBR 细粉	68.14	1.41	1.06	10.06	2.04	2.08	67.79
MBRSF3.5	65.82	3.58	0.70	13.95	2.88	2.17	68.74
富铁库粉矿	66.70	1.60	1.90	15.96	2.37	2.09	67.73
卡拉加斯粉矿	67.60	0.81	1.03	27.65	2.78	2.08	68.17

从表 4-26 可以看出，巴西粉矿的共同特点是铁高硅低、烧结性能较好，相比较而言，MBR 粗粉矿和 SSF 粉矿平均粒度较大，不利于成球的 0.2~0.7mm 粒级含量较少，比较适合昆钢混匀料粒度偏细和三烧产量压力较大的工艺特点。

C 澳大利亚粉矿优选

不同澳大利亚粉矿的理化指标与烧结性能对比见表 4-27。

表 4-27 澳大利亚粉矿主要理化与烧结性能指标

矿种	化学成分/%			粒度组成		烧结性能	
	TFe	SiO_2	Al_2O_3	0.2~0.7mm /%	平均粒度 /mm	利用系数 /t·$(m^2·h)^{-1}$	转鼓指数 /%
纽曼山粉矿	64.96	3.83	1.99	18.00	2.25	2.05	69.41
HBI 粉矿	64.82	3.62	1.37	14.14	3.27	2.01	67.33
罗布河粉矿	56.74	4.63	2.58	—	4.59	1.94	67.62
白鹦鹉岛粉矿	69.61	0.18	0.21	—	1.19	1.72	68.35
戈德沃斯粉矿	64.60	4.70	1.60	10.98	3.21	2.33	70.32
库里安罗宾粉矿	63.37	2.44	—	—	2.00	1.78	67.05

澳大利亚粉矿当中除戈德沃斯粉矿、白鹦鹉岛粉矿、纽曼山粉矿和 HBI 粉矿以外，铁品位均小于 64.50%，不宜作为昆钢进口矿使用。白鹦鹉岛粉矿和纽曼山粉矿粒度较细，HBI 粉矿烧结性能一般，戈德沃斯粉矿单烧结性能极佳但资源有限，所以澳大利亚粉矿很难成为昆钢进口矿的主力矿种。

D 南非矿

昆钢一直使用南非伊斯科粉矿，其由于品位较高、粒度均匀、烧结性能较好一直担任昆钢进口矿的主力矿种，其不足之处是碱金属含量略高。

E 其他进口矿种

其他进口矿主要有利比利亚粉矿和委内瑞拉粉矿。它们的共同特点是品位较高，粒度较细，在昆钢的用量不宜太大。

F 矿种优选结论

巴西矿品位高，SiO_2 含量低，烧结性能较好，有利于昆钢三烧优化用料结构和进一步改善三烧矿产质量指标，相比较而言，MBR 粗粉矿和 MBRSSF 标准粉矿更适合三烧的原料及工艺特点。印度矿品位一般，但价格优势明显，相比较而言，卡巴粉矿综合性能较好，卡拉塔卡粉矿和帕拉迪普粉矿次之，而多里马兰粉矿和澳莉莎粉矿则相对较差。澳大利亚粉矿铁品位普遍偏低，且 Al_2O_3 含量较高，不利于进行高铁低硅烧结，其铁品位超过 64%的几种粉矿又因为粒度太细或资源紧张而难以在昆钢长期大量使用。南非伊斯科粉矿品位较高，粒度均匀，烧结性能较好，可以成为三烧进行高铁低硅烧结的主力进口矿种之一。利比利亚粉矿和委内瑞拉粉矿虽然铁品位较高，但是粒度较细，成球性能不好，所以在昆钢三烧条件下用量不宜太大。

4.2.2.2 工业性试验

A 用料原则

三烧进行高铁低硅烧结，既要使得烧结矿的物理指标不受太大影响，又要兼顾三烧生产压力较大和长期超负荷运行的工艺特点。三烧混匀料堆中进口矿的配比应为 40%~45%，其中要以综合烧结性能较好的巴西 MBR 粗粉矿和南非粉矿为主，印度卡巴粉矿为辅。

B 前期工作

(1) 巴西矿的使用情况。昆钢三烧曾经配加 20%的巴西富铁库粉矿，后因料堆之间三烧矿化学成分波动大及矿种搭配不当而停用；三烧使用 MBR 粗粉矿的效果较好，后改为巴西 MBR 标准粉（即 MBR 细粉），效果同样不错。

(2) 印度矿的使用情况。印度矿是昆钢最早开始使用的进口矿种。从 1998 年开始，昆钢先后使用过多里马兰粉矿、卡拉塔卡粉矿和卡巴粉矿等矿种。根据实验室实验研究及生产实践，印度东部卡巴粉的综合性能较好，比较适合三烧进行高铁低硅烧结，故在资源有保证的情况下，昆钢主要使用印度卡巴粉矿。

(3) 澳大利亚粉矿使用情况。从 2000 年开始，昆钢先后使用过澳大利亚白鹦鹉岛粉矿和戈德沃斯粉矿，配比分别达到 15%和 5%。从使用结果来看，白鹦鹉岛粉矿造球性能较差，配比不宜超过 10%，戈德沃斯粉矿烧结性能非常好，但因资源逐步萎缩而停用。

(4) 南非矿使用情况。昆钢从 2000 年开始一直使用南非伊斯科粉矿，配比达到 10%~25%，使用效果较好。

C 三烧试验情况

a 料堆配比

基准期和试验期三烧混匀料堆配比情况见表4-28。工业性试验期间对三烧用料结构进行了重大调整：

(1) 进口矿的配比平均达到43.71%，属于三烧历史上进口矿配比最高的时期。

(2) 经过较长时间的过渡，成功地实现了进口矿品种结构的重大调整，由原本“以印度矿为主，南非矿和巴西矿为辅”的模式过渡为“以巴西矿和南非矿为主，印度矿为辅”的模式，进口矿的品种更趋合理，相互之间的适配性得到了改善。

(3) 和基准期相比，试验期进口矿配比上升6.91%，精粉配比下调0.76%，粒度较细的高铁粉配比下调3.10%，品位较低的预混粉下调了1.20%，既满足了高铁低硅烧结的试验要求，又有效兼顾了透气性与产质量指标之间的矛盾。

(4) 考虑到高铁低硅烧结矿的黏结相以铁酸钙为主，MgO会与Fe_3O_4生成镁磁铁矿，影响铁酸钙相的发展，所以试验期将白云石配比下调了2.23%。

表4-28 三烧混匀料堆配比 (%)

项目	南非粉	印度粉	巴西粉	白鹦鹉岛	高铁粉	预混粉
基准期	14.79	18.13	0	3.88	19.62	20.53
试验期	18.37	8.91	16.43	0	16.52	19.33
对比/%	+3.58	-9.22	+16.43	-3.88	+3.10	-1.20
项目	勐桥精	优精	罗精	返矿	轧钢皮	白云石
基准期	2.98	4.90	4.00	2.96	1.20	7.00
平均	2.67	5.04	3.41	3.76	1.05	4.77
对比/%	-0.31	+0.14	-0.59	+0.80	-0.15	-2.23

b 操作参数

基准期和试验期三烧主要操作参数见表4-29。

表4-29 三烧操作参数

项目	机速 /m·min^{-1}	终点温度 /℃	废气温度 /℃	负压 /kPa	燃料 /%	上料量 /t·h^{-1}
基准期	1.85	328	126	14.56	5.13	224.5
试验期	1.83	325	119	14.28	4.63	224.9
对比/%	-0.02	-3	-7	-0.28	-0.50	+0.4

试验期三烧上料量与机速均未受到较大影响，保持了较高的产量，可以满足高炉高水平生产对三烧矿的需求。

c 三烧矿质量

三烧矿质量指标包括化学成分、物理指标、冶金性能三个方面。基准期和试验期的三烧矿质量指标见表 4-30。

表 4-30 烧结矿质量指标

时间		化学成分			物理性能			冶金性能		
		TFe /%	SiO_2 /%	R	转鼓指数 /%	<10mm 的占比 /%	平均粒度 /mm	低温还原化 $RDI_{+3.15}$/%	R_{180} /%	熔滴特性值 S /kPa · ℃
基准期		56.01	5.49	1.81	74.57	24.60	25.50	62.01	81.87	634
试验期	平均	57.45	5.02	1.78	73.56	21.33	25.57	59.97	81.59	525
	最高	58.06	5.14	1.83	74.15	26.35	26.47			
	最低	56.88	4.84	1.73	72.58	17.07	23.59			
对比/%		+1.44	-0.47	-0.03	-1.01	-3.27	+0.07	-2.04	-0.28	-109

试验期三烧矿 TFe 最高 58.06%、最低 56.88%、平均 57.45%，SiO_2 最高 5.14%、最低 4.84%、平均 5.02%，达到了高铁低硅烧结的目标。和基准期相比，试验期三烧矿<10mm 粒级下降 3.27%，平均粒度提高 0.07mm，粒度均匀性明显改善，虽然转鼓指数及筛分指数有所变差，但仍属较好水平。试验期三烧矿冶金性能总体保持较好水平，其中熔滴性能明显改善，还原性能保持不变，低温还原粉化指标略有变差。

D 高炉生产情况

基准期和试验期昆钢 5 号高炉主要技术经济指标见表 4-31。

表 4-31 5 号高炉技术经济指标

时间	日产量 /t	燃料比 /kg · t^{-1}	焦比 /kg · t^{-1}	煤比 /kg · t^{-1}	休风率 /%	生铁 [Si] /%	入炉品位 /%	渣铁比 /kg · t^{-1}
基准期	1618	561	434	127	1.13	0.37	55.80	408
试验期	1679	535	381	154	1.17	0.52	56.74	366
对比/%	+61	-26	-53	-27	+0.04	+0.15	+0.94	-42

从表 4-31 可以看出：

(1) 试验期 5 号高炉综合入炉品位提高 0.94%，渣铁比下降 42kg/t，这主要得益于三烧矿品位的提高。

（2）试验期5号高炉取得了焦比下降53kg/t、煤比提高27kg/t、平均日产量提高61t的较好效果，综合效益明显。

（3）经计算，5号高炉综合入炉品位每提高1%，燃料比下降4.74%、产量提高3.77%，均好于国内冶金行业通用的燃料比下降2%，产量提高3%的标准，说明除了品位提高以外，三烧矿综合冶金性能改善也是5号高炉取得增产降耗效果的一个重要原因。

4.2.2.3 进口矿品种结构优化试验结论

实践证明，昆钢确定的三烧用料原则是合理的，制定的三烧混匀料堆配比是正确的，对进口矿品种的选择和结构的优化是卓有成效的，符合昆钢的实际情况。工业性试验期间在进口矿总量仅增加6.91%的条件下，三烧矿品位提高1.44%，实现了高铁低硅烧结的预期目标，烧结矿物理性能指标保持较好水平，冶金性能指标明显改善，700m^3的5号高炉（原容积为620m^3，大修后扩容为700m^3）生产水平大幅度提高，技术经济指标全面提升，其中喷煤量和焦比指标明显改善，渣铁比大幅降低。

4.2.3 昆钢三烧矿适宜FeO含量试验研究

昆钢三烧两台130m^2烧结机，承担着向2000m^3的6号高炉提供优质烧结矿的重要任务。受原料质量和工艺条件限制，昆钢2000m^3高炉槽下烧结矿实际入炉粉末长期比国内先进企业高5%~10%，成为高炉保持长周期稳定顺行的一大限制性环节。通过相关单位一段时间的工作，特别是改造槽下振动筛以后，昆钢2000m^3高炉的烧结矿入炉粉末有所下降，但与先进企业相比差距仍然较大，并且由于小粒矿和返矿量大造成了三烧返矿不平衡，整个铁前系统生产组织呈现出了恶性循环的态势。研究解决昆钢2000m^3高炉入炉粉末高以及三烧返矿量大的问题是一项长期性的工作，也是一项非常复杂的系统工程，需要各个环节共同努力，而其中最重要的就是要努力提高烧结矿强度和改善烧结矿粒度组成。烧结矿的强度主要取决于烧结过程中生成液相的数量和质量，而烧结矿FeO含量在很大程度上反应了烧结过程热量的高低和生成液相数量的多少，所以它与烧结矿强度及返矿量的大小之间有一定的关系。在高铁低硅烧结条件下，生成同样多的液相需要更多的热量作为保证[9~11]，为此昆钢在大量烧结杯实验研究的基础上，结合生产实际组织了适当提高三烧矿FeO含量和探索其最佳范围的工业试验，取得了较好的应用效果。

4.2.3.1 烧结杯实验的基本结论

为了探索三烧矿FeO含量最佳范围，昆钢先在实验室进行了大量的烧结杯实验研究。烧结杯实验烧结矿FeO含量与转鼓强度的关系如图4-20所示。

从图4-20中可以看出，烧结矿FeO含量与转鼓指数并非简单的线性关系，

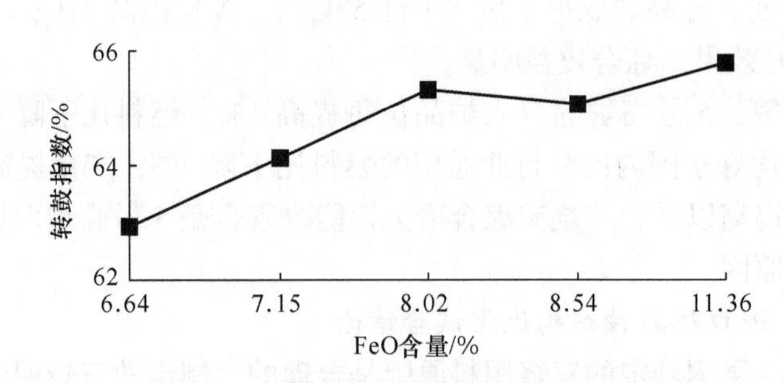

图 4-20 三烧矿 FeO 含量与转鼓强度的关系

而是直线段和平台区的结合，第一个拐点处的 FeO 含量为 8.00%左右。直线段烧结矿 FeO 含量波动对转鼓指数影响较大，可以称为“激变区”；平台区 FeO 含量波动对转鼓指数影响较小，可以称为“微变区”。考虑到烧结矿 FeO 含量与转鼓指数的关系、对烧结固体燃料消耗的影响，以及实际生产过程中不可避免地会存在一定程度的波动，作者认为在现有三烧原料及工艺条件下，适宜的 FeO 含量应选择在“微变区”并离开拐点一定距离的位置。就昆钢三烧的具体情况而言，适宜的烧结矿 FeO 含量为 8.50%~9.50%，对应的燃料配比为 5.00%~5.80%。

4.2.3.2 烧结工业性试验生产情况

A 原料条件

基准期三烧使用 242~245 号料堆，试验期间使用 247~250 号料堆，混匀料堆的配比执行情况见表 4-32。

表 4-32 混匀料堆配比执行情况 (%)

矿种	进口矿	高铁粉	预混粉	精矿	低铁粉	其他
基准期	35.00	17.24	20.99	14.00	3.50	9.27
试验期	28.82	18.69	23.01	17.26	3.98	8.24

基准期各料堆的配比相对稳定，试验期则变化较大：

(1) 烧结性能好的进口矿最低为 20.04%，平均为 28.82%，较基准期下降 6.18%。

(2) 精矿配比最高为 20.00%，平均为 17.26%，较基准期上升 3.26%。

(3) 粒级较细不利于成球的高铁粉用量平均增加 1.45%。

B 操作参数

基准期和试验期三烧操作参数对比见表 4-33。

表 4-33 三烧操作参数对比

项目	机号	机速 /m·min^{-1}	终点温度 /℃	废气温度 /℃	负压 /kPa	燃料 /%	上料量 /t·h^{-1}
基准期	1号	1.72	365	128	14.30	4.97	215.69
	2号	1.67	341	129	14.37	4.69	218.57
试验期	1号	1.80	349	123	14.43	5.60	213.90
	2号	1.67	342	129	14.33	4.95	214.35
对比/%	1号	+0.08	-6	-5	+0.13	+0.63	-1.79
	2号	0	+1	0	-0.04	+0.26	-4.22

试验期三烧1号、2号机的燃料配比分别增加了0.63%和0.26%，相对增加量分别为12.68%和5.54%，两台机平均相对增加量为9.11%，折合固体燃料消耗增加6.4kg/t。

C 烧结矿质量指标

基准期和试验期三烧矿质量指标对比见表4-34。试验期三烧矿FeO含量平均为8.97%，较基准期上升0.75%，达到了预期目标，三烧矿主要冶金性能指标变化不大，但物理指标反而略有下滑，这主要与三烧用矿结构变化以及取样的代表性有关。

表 4-34 三烧矿质量指标对比

项目	化学成分/%			物理指标/%		冶金性能		
	TFe	FeO	SiO_2	转鼓指数	筛分指数	$RDI_{+3.15}$/%	R_{180}/%	软化区间/℃
基准期	54.71	8.22	6.12	74.33	7.97	84.92	79.93	92
试验期	53.98	8.97	6.46	73.88	8.49	85.55	81.04	87
对比/%	-0.73	+0.75	+0.34	-0.45	+0.52	+0.63	+1.11	-5

D 烧结矿矿物组成情况

基准期和试验期三烧矿矿物组成情况对比见表4-35。

表 4-35 三烧矿矿物组成情况 (%)

项目	磁铁矿	赤铁矿	铁酸钙	正硅酸钙	玻璃相
基准期	33.0	13.2	45.6	7.2	1.0
试验期	30.5	14.4	50.8	1.7	2.2

从表4-35可以看出，试验期和基准期相比，三烧矿矿物组成的主要特点为，铁酸钙增加5.2%，正硅酸钙减少5.5%，玻璃相略有增加，其余物相变化不大。

E 烧结矿粒度组成测定

（1）2000m^{3}高炉槽下入炉粉末。为了规范2000m^{3}高炉槽下烧结矿入炉粉末的测定，使测定结果更具代表性，试验组要求每次取样量不得少于45kg，取样料段不得少于3段，测定结果如图4-21所示。

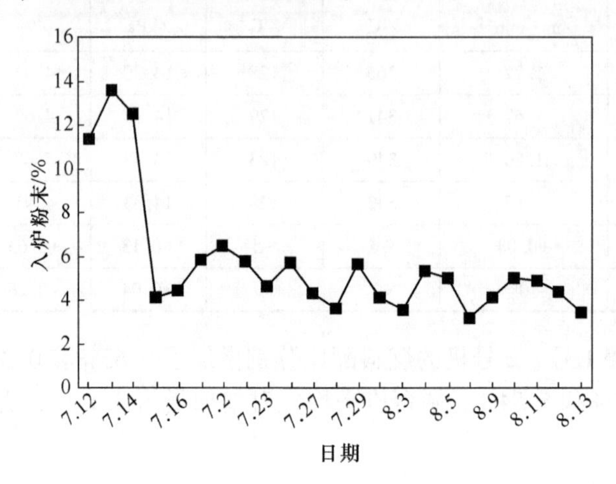

图4-21　6号高炉入炉粉末变化趋势

昆钢三烧矿适宜FeO含量工业试验开始以后，昆钢2000m^{3}高炉入炉粉末从11.35%～13.61%迅速下降到4%～6%的水平，试验期2000m^{3}高炉入炉粉末总体上比较稳定，未出现大起大落现象，8月6日以后还呈现出进一步降低的良好趋势。试验期6号高炉平均入炉粉末为4.69%，较基准期下降了7.79%。

（2）2000m^{3}高炉槽下筛下物总量。由于试验之前2000m^{3}高炉调整过小粒矿振动筛的筛孔尺寸，因此本次试验用2000m^{3}高炉烧结矿振动筛筛下物总量评价三烧返矿量的大小。基准期和试验期2000m^{3}高炉筛下物总量如图4-22所示。2000m^{3}高炉三烧矿筛下物总量从244号堆开始明显下降，试验期继续保持稳中有降的良好势头，试验期和基准期相比，昆钢2000m^{3}高炉槽下筛下物总量平均下降4.76%。

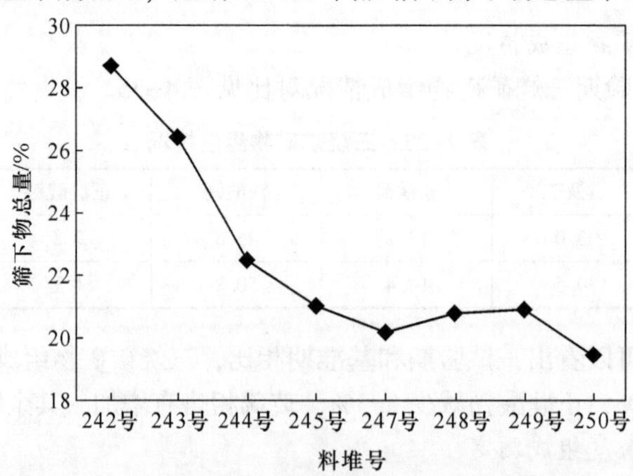

图4-22　2000m^{3}高炉槽下筛下物总量变化趋势

4.2.3.3 $2000m^3$ 高炉工业性试验生产情况

A 用料条件与操作情况

$2000m^3$ 高炉用料条件与操作情况见表 4-36。

表 4-36 高炉操作参数变化情况

项目	用料结构/%			矿批/批	吃矿量/$t \cdot d^{-1}$	吃焦量/$t \cdot d^{-1}$	矿耗/$kg \cdot t^{-1}$
	三烧	球团	块矿				
基准期	74	13	13	32~37	6752	2020	1696
试验期	73	13	14	37	7594	2206	1713
对比/%	-1	0	+1	—	+842	+186	+17

从表 4-36 可以看出，试验期 $2000m^3$ 高炉用料结构变化不大，耗矿量和耗焦量明显增加，冶炼水平提高。

B 技术经济指标

基准期和试验期昆钢 $2000m^3$ 高炉技术经济指标对比见表 4-37。

表 4-37 高炉技术经济指标变化情况

项目	日均产量/$t \cdot d^{-1}$	利用系数/$t \cdot (m^3 \cdot d)^{-1}$	焦比/$kg \cdot t^{-1}$	煤比/$kg \cdot t^{-1}$	燃料比/$kg \cdot t^{-1}$	入炉品位/%	渣比/$kg \cdot t^{-1}$	灰比/$kg \cdot t^{-1}$
基准期	3980	1.990	476	55	531	56.84	362	24.05
试验期	4338	2.169	467	53	520	56.15	388	21.95
对比/%	+358	+0.179	-9	-2	-11	-0.69	+26	-2.10

从表 4-37 中可以看出，试验期昆钢 $2000m^3$ 高炉在克服了综合入炉品位下降 0.69%、渣比升高 26kg/t 的不利条件下，主要技术经济指标明显改善。

（1）产量提高 358t/d，提高幅度为 8.99%。

（2）焦比降低 9kg/t，煤比降低 2kg/t，燃料比降低 11kg/t。

（3）由于入炉粉末减少，炉况顺行，$2000m^3$ 高炉煤气除尘灰量下降 2.10kg/t，下降幅度达到 8.73%。

4.2.3.4 问题讨论

A 返矿总量和入炉粉末同时下降

三烧矿适宜 FeO 含量工业试验的最大成效在于在三烧返矿总量明显下降的条件下，昆钢 $2000m^3$ 高炉的入炉粉末也在大幅下降，使长期困扰铁前系统生产的烧结矿粒度组成问题呈现出良性循环态势。试验期和基准期相比，昆钢 $2000m^3$ 高炉入炉粉末从 12.48%下降到 4.69%，降低 7.79%，高炉槽下筛下物总量从 25.08%下降到 20.32%，降低 4.76%，均取得了较大突破。昆钢 $2000m^3$ 高炉筛下物总量和入炉粉末同时明显降低，有力地证明了试验期三烧矿粒度组成和实物强度较基准期有了明显改善。

B 辨证地看待特殊现象

应该说三烧矿适宜 FeO 含量工业试验的整体情况是比较好的，集中表现为昆钢 2000m³ 高炉槽下筛下物和入炉粉末明显下降，以及炉况长周期高水平稳定顺行两个方面。但过程中也有一些异常情况发生，比如烧结矿 FeO 含量与燃料配比的相关性并不很强，以及烧结矿 FeO 含量提高以后转鼓指数反而有所下降等。对于这些问题，作者认为要仔细分析和辨证地看待。烧结矿 FeO 含量除与燃料配比有关以外，还受混匀料本身 FeO 含量、SiO_2 含量以及褐铁矿配比等因素影响，分析试验效果时应当把这些因素的影响加以扣除[9~11]。业内人士也曾经对 ISO 转鼓指数的测定方法提出质疑，认为它不能够完全真实地反应烧结矿实物质量状况，其代表性甚至不如烧结矿落下强度指标。昆钢在对烧结矿质量进行综合评价的时候，突出强调了烧结矿入炉率和入炉粉末含量这两项指标，分别给予了 36%和 28%的权重，而对于名气非常大的转鼓强度指标，由于它与高炉主要技术经济指标之间的相关项并不强，因此仅给予 4%的权重。另外在烧结杯试验过程中也发现，转鼓指数与成品率之间往往呈现出负相关的关系，即成品率低、转鼓强度高，反之成品率高、转鼓强度低。显然要解决昆钢 2000m³ 高炉入炉粉末和三烧返矿量大的难题，不能只片面地追求某一单项指标，而应实现多项指标的综合平衡。

C 昆钢三烧矿适宜的 FeO 含量的探讨

探索三烧矿适宜 FeO 含量的真实目的是为了提供更加充沛的热量，确保烧结过程中各种物理化学反应能够充分进行，从而改善烧结矿的综合质量。试验中随着燃料配比增加和烧结矿 FeO 含量的提高，烧结矿中的铁酸钙相不但没有受到抑制，反而更加发展，这表明铁酸钙相的生成同样需要一定的温度条件和反应时间。另外，传统理论一般认为氧化性气氛越强，铁酸钙越容易生成，而本次试验过程中，矿相研究人员却提出了还原气氛条件下也可以生成三元铁酸钙的观点。三烧矿矿相分析研究的结果，创新的观点为组织三烧矿适宜 FeO 含量工业试验提供了理论支持。三烧矿适宜的 FeO 含量就应该是烧结过程热量最大化，而烧结矿矿相结构和冶金性能不受影响的最佳水平。此次试验过程中发现昆钢三烧烧结矿 FeO 含量小于 9.5%时，FeO 含量变化对冶金性能的影响并不明显，而当 FeO 含量超过 9.5%以后，FeO 含量变化对冶金性能的影响要大得多。

4.2.3.5 昆钢三烧矿适宜 FeO 含量工业试验小结

通过参加单位的共同努力，昆钢三烧矿适宜 FeO 含量工业试验取得了圆满成功。试验期三烧两台烧结机燃料配比平均提高 9.11%，烧结矿 FeO 含量平均提高 0.75%，在克服进口矿配比下降 6.18%、精矿配比增加 3.20%、混匀料烧损增加

0.52%以及高炉综合入炉品位下降0.69%等不利条件的情况下，取得了昆钢2000m^{3}高炉槽下筛下物总量减少4.76%、入炉粉末下降7.79%、炉况高水平稳定顺行和三烧返矿平衡明显改善的较好效果。

4.2.4 改善烧结矿质量能改变一个企业的命运

昆钢红河生产基地1350m^{3}高炉受烧结矿质量欠佳的影响，利用系数长期在2.90t/(m^3·d)附近徘徊，制约了后道炼钢和轧钢工序效率的充分发挥，企业的经济效益也在昆钢四个生产基地中排名末位。由于红钢已经成为整个昆钢提质增效的短板，因此公司决定组织专门的力量去研究解决这个问题。作者在昆钢技术部门工作的时候，就受命担任红钢烧结矿质量提升攻关组的组长。

4.2.4.1 关于高结晶水越南贵沙矿烧结性能的研究

贵沙矿位于越南老街省，可采储量达一亿多吨，矿物以高结晶水针状褐铁矿为主，距离红钢300km，每吨矿的运费比其他进口矿低170~190元，每年可以向红钢提供50万~70万吨粉矿供烧结使用。根据昆钢以往的研究结果，越南贵沙矿在烧结用料结构中的配比不宜超过20%，达到30%以后烧结矿的强度与粒度组成都会发生显著“劣化”，高炉的主要技术经济指标也会随之下滑。

A 原料性能检测

（1）粒度组成。越南贵沙矿粒度组成情况见表4-38。

表4-38 贵沙矿粒度组成

粒级	>10mm /%	8~10mm /%	5~8mm /%	3~5mm /%	1~3mm /%	0.2~1mm /%	<0.2mm /%	平均粒径 /mm
贵沙矿	7.55	9.97	13.33	12.02	15.81	19.27	22.06	3.63

从表4-38可见，越南贵沙矿平均粒度为3.63mm，属于比较典型的烧结粉矿。

（2）化学成分。越南贵沙矿化学成分见表4-39。

表4-39 原料化学成分 （%）

元素	TFe	SiO_2	CaO	MgO	Al_2O_3	S	P	Zn	MnO	TiO_2	H_2O	烧损
贵沙矿	57.14	1.96	0.24	0.21	0.47	0.024	0.044	0.019	3.98	0.009	16.54	11.38

从表4-39可以看出，越南贵沙矿具有MnO含量高、烧损高的特点，扣除烧损以后，TFe为64.48%，MnO为4.39%。

（3）矿相组成。越南贵沙矿矿相组成检测结果见表4-40。

表 4-40 矿相组成及体积百分含量 (%)

组成	褐铁矿	赤铁矿	石英、云母及其他	结晶水
贵沙矿	65	30	5	9.85

从表 4-40 可以看出，越南贵沙矿矿物组成以褐铁矿和赤铁矿为主，另外含有 9.85%的结晶水。

（4）烧结基础特性研究。红钢主要矿种烧结基础特性检测结果见表 4-41。

表 4-41 红钢烧结主要矿种基础特性检测结果

矿种	同化温度/℃	黏结相强度/N
越南贵沙矿	1295	976
大红山铁精矿	1305	1960
红矿 62 精	1380	1574
龙源 59 精	1320	2480
巴西粉	1205	5228
南非粉	1100	994

从表 4-41 可以看出，越南贵沙矿的同化温度为 1295℃，属于中高水平，而黏结相强度只有 976N，属于较低水平。

（5）越南贵沙矿外貌特征。如图 4-23 和图 4-24 所示，越南贵沙矿表面粗糙，组织结构疏松多孔，这就在很大程度上决定了其具有吸水性强、湿容量大和成球性好的特点。

图 4-23 放大 35 倍的越南贵沙矿外貌

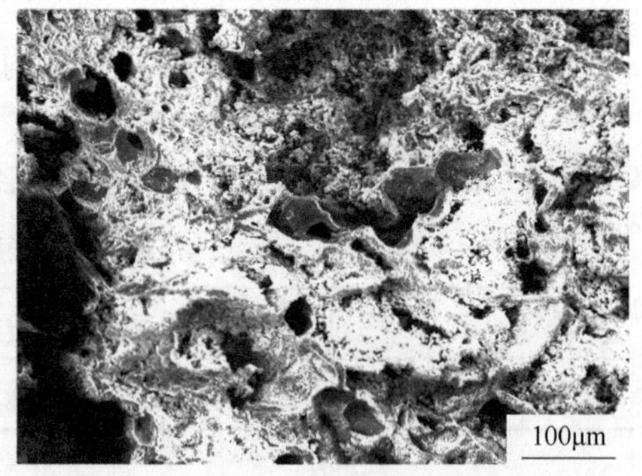

图 4-24 放大 100 倍的越南贵沙矿外貌

（6）越南贵沙矿矿物结晶状态。巴西 CVRD 公司的研究结果表明，铁矿石的烧结性能与其铁矿物的结晶状态密切相关。矿物结晶粒度小有利于提高烧结矿产量；矿物结晶粒度大则有利于提高烧结矿强度。如图4-25和图4-26所示，越南贵沙矿组织结构较为疏松，结晶粒度较小，形态类似于海底的珊瑚，呈现出典型的褐铁矿的结晶状态，这样的结晶状态有利于提高垂直烧结速度，但烧结矿强度则相对较差。

图4-25 越南矿矿物结晶图（一，2000倍）

图4-26 越南矿结晶图（二，2000倍）

B 烧结杯实验结果

a 实验方案

综合考虑前期实验研究结论以及昆钢的资源供给条件，固定与越南高结晶水贵沙铁矿适配性最好的大红山铁精矿分配比为20%，从25%开始逐步增加贵沙矿配比，烧结铁料的其余部分用红钢同一混匀料堆的铁料补足，以此来考察随着贵沙矿配比增加烧结杯主要技术经济指标的变化规律。试验配比见表4-42。

表4-42 烧结杯试验配比 （%）

实验编号	越南贵沙矿	大红山精矿	红钢混匀铁料
1号	25	20	55
2号	30	20	50
3号	35	20	45
4号	40	20	40
5号	50	20	30
6号	60	20	20
7号	70	20	10
8号	80	20	0

b 烧结杯主要技术经济指标变化情况

烧结杯实验结果见表4-43。

表 4-43 烧结杯实验结果

实验编号	利用系数/t·(m²·h)⁻¹	转鼓指数/%	成品率/%
1号	0.95	67.33	82.52
2号	0.93	67.00	79.03
3号	0.95	66.67	79.69
4号	0.94	66.33	79.66
5号	0.56	60.00	74.08
6号	0.64	59.67	80.84
7号	0.78	64.60	86.99
8号	0.73	66.00	86.70

C 烧结杯实验结果分析

(1) 随着越南贵沙矿配比的逐步增加，烧结杯的利用系数、转鼓强度以及成品率指标均呈现出逐步下降的趋势，尤其是当越南贵沙矿配比达到50%~60%之时，烧结杯的主要技术经济指标更是出现了断崖式的下跌，形成了一个明显的“低谷区”。

(2) 烧结杯主要技术经济指标的变化规律，与高结晶水越南贵沙矿独特的矿物组成、矿物结晶形态、微观结构、烧结基础特性以及常规物理化学性质有关。越南贵沙矿中的铁矿物结晶形态类似于海底的珊瑚，组织较为疏松、结晶粒度较小，在烧结过程中褐铁矿受热，内部结晶水大量溢出，并伴有强烈的爆裂现象，烧结矿容易形成薄壁大孔结构，孔壁基质裂纹较多。

(3) 在常规条件下，红钢公司烧结工序配加越南贵沙矿的比例不宜超过50%，如果想要越过这个50%配比的“死亡之谷”，在生产实践中就必须采取一些超常规的技术手段。

4.2.4.2 现场工艺考察

为了解决红钢配加高结晶水褐铁矿粉以后出现的烧结矿质量欠佳，以及高炉主要技术经济指标长期在低谷徘徊的问题，作者带领考察组对红钢烧结生产线进行了全方位的调研，发现红钢烧结用料中配加了30%左右的高结晶水越南贵沙褐铁矿粉。由于对该矿种的研究不够透彻，烧结工作者的思想认识也不完全统一，配套的烧结工艺技术参数针对性不强，导致烧结矿粒度偏小、含粉率较高，16~40mm 的中间粒级只有39%左右，比昆钢其他三个基地平均低10%~15%，制约了1350m^3 高炉的强化冶炼。

考察组根据现场考察结果，作出了以下有针对性的调整与安排：

(1) 确定合理的烧结用料结构，即“15%~30%大红山精矿+30%~70%越南贵沙粉矿+其他辅助矿种”。

（2）将烧结二次混合机转速降低0.5r/min，将混合料水分从7.0%左右提高到9.2%左右。

（3）增加生石灰配比至工艺条件允许的上限，乃至实现全生石灰烧结。

（4）适当提高烧结矿碱度和MgO含量。

4.2.4.3 统一高结晶水褐铁矿烧结技术路线

对于考察组作出的安排与调整，红钢生产基地很多烧结工作者其实思想上并没有完全理解和接受，这样待考察组离开以后，合理的红钢烧结工艺技术参数很难得到贯彻落实，烧结矿质量也就不会取得实质性的提升。为了解决这个问题，考察组分红钢公司领导、烧结厂领导、烧结厂管理技术骨干三个层次进行了宣贯和培训，着重讲清楚高结晶水褐铁矿的烧结特性，以及考察组如此安排背后的道理。

A 独特的“精包粉”糖衣状颗粒结构解析

在红钢烧结用料结构当中，由于贵沙矿成球性比较好，很容易成为造球的核心，外围再包裹上一层精矿，就形成了独特的“精包粉”糖衣状结构。如果生球质量不好，外层的精矿“糖衣”在转运和烧结气体逸出过程中发生破裂和脱落，就会对烧结矿的产量和质量造成较大的影响。增加生石灰配比，不仅可以利用生石灰湿容量大以及类似于胶质体的特性改善生球质量，而且可以利用生石灰主要集中在外围“糖衣”中的条件，使得“糖衣”层中液相的碱度高于褐铁矿粉颗粒核心中的碱度，这样一来“糖衣”层液相的质量就能够得到明显改善，进而有利于烧结矿产量和质量的改善。

B 增加混合料水分是对症下药

一般认为，越南高结晶水褐铁矿含水量高达15%~18%，配加贵沙矿以后混合料的成球性已经非常好了，再进一步增加混合料水分，不但对混合料成球性帮助不大，反而会因为烧结过湿层厚度增加而影响烧结过程的正常进行，所以增加水分是不可取的。有些人甚至认为，烧结矿强度不好，是因为配加贵沙矿以后垂直烧结速度过快，烧结过程矿化反应不充分，所以应该降低混合料水分，适当劣化混合料的成球性，从而达到降低垂直烧结速度、延长高温保持时间的目的。但考察组认为，贵沙矿的显微结构独特，“湿容量”大，增加混合料水分不但不会恶化烧结过湿层的透气性，反而能够改善混合料中生球的质量，从而有效抵抗烧结过程中结晶水及CO_2等气体逸出时对生球造成的破坏，这无疑对优化烧结过程、改善烧结矿质量是有帮助的。

C 增加生石灰配比的综合考量

生石灰的核心作用在于改善生球质量和烧结矿液相质量。首先生石灰消化以后类似于胶质体，对于抵抗贵沙矿水汽逸出时对生球所造成的破坏很有好处。其次生石灰湿容量大，在消化过程中会释放出热量，这对于降低过湿层对烧结过程所造成的影响也是大有好处的。最后是生石灰和精矿粉包裹在贵沙球核表面，有利于形成高质量的烧结液相，可以有效改善烧结矿的质量。

D 要尽量减少释放气体物质的配比

在红钢烧结用料结构当中，贵沙矿在450℃左右会释放出结晶水，白云石在820℃左右会发生分解释放出CO_2气体，石灰石在900℃左右发生分解释放出CO_2气体。这些气体的释放，会在一定程度上导致生球的破裂，并且会推迟物料到达固相反应温度的时间，对烧结过程中液相生成的数量和质量造成较大影响，进而影响烧结矿的产量和质量。所以在贵沙矿配比较高的情况下，应千方百计减少会发生分解且会释放气体物料的配加比例。

E 从微观层面寻找高结晶水贵沙矿的最佳搭档

烧结矿的质量主要取决于烧结过程中液相生成的数量和质量。从烧结基础特性的微观层面来看，可以用同化性温度和黏结相强度两项指标表征烧结过程中液相的数量与质量。同化性能是指在烧结过程中铁矿石与CaO的反应能力，可以通过测定铁矿粉与CaO接触面上发生反应而开始熔化的“最低同化温度”来评价。黏结相强度表征的是在烧结过程中生成的液相经固结后的强度，其强度越高则烧结矿的强度越高，能经受住转运过程中的冲击、摔打，降低高炉入炉粉末，提高高炉的透气性。

越南贵沙矿为高结晶水且MnO含量较高的褐铁矿，烧结过程中液相生成温度比较低，并且液相的流动性非常好，容易产生薄壁大孔的烧结矿结构，加之液相黏结强度不理想，烧结矿孔壁的基质强度也就比较差，这正是烧结工艺配加高结晶水褐铁矿烧结的技术难点所在。为了克服上述缺点，昆钢深入开展烧结基础特性研究，利用微型烧结实验找到同化温度相近、液相流动性适中、黏结相强度较好的大红山磁铁精矿与越南贵沙高结晶水褐铁矿搭配，可以起到优势互补、相得益彰的效果。

4.2.4.4 采用综合治理方案成功穿越“死亡之谷”

在确定了相对合理的用矿结构、树立了“精包粉”糖衣状结构理论架构以及统一了对改善造球质量的认识以后，红钢烧结矿质量逐步呈现出稳中向好的态势，与高炉主要技术经济指标关系密切的烧结矿16~40mm粒级也成功地实现了“破三见四”的目标，烧结工作者和炼铁工作者的底气和信心也更足了。为进一步巩固成绩、扩大战果，大家提出了将越南贵沙矿比例提高到70%左右的攻关目标，这就意味着必须要穿越50%配比的“死亡之谷”。为了穿越“死亡之谷”，我们主要采取了下列有针对性的技术措施。

(1) 以改善造球质量为目标优化相关工艺技术参数。首先是大胆将烧结混合料水分从7.0%左右提高到9.0%以上。其次改造生石灰消化器提高消化能力，将生石灰配比稳定在4.0%左右，利用石灰石配比调整烧结矿碱度。最后是将烧结二次混合机转速从6.5r/min调整为6.1r/min，进一步提高混料筒的造球质量。

工艺调整试验期红钢 260m² 烧结机二次混合后混合料粒级组成情况见表 4-44。

表 4-44 红钢 260m² 烧结机二次混合后混合料粒级组成情况

项目	混合料					生石灰配比 /%	水分 /%	混合机转速 /r·min⁻¹
	>10mm /%	8~10mm /%	5~8mm /%	3~5mm /%	<3mm /%			
基准期	6.37	6.37	21.27	28.05	37.93	2.80	7.20	6.5
试验期	14.67	9.67	26.00	28.78	20.89	4.19	9.20	6.1
对比	8.30	3.30	4.73	0.73	-17.04	1.39	2.00	-0.4

从表 4-44 可以看出，工艺调整试验期红钢烧结生石灰配比提高 1.39%，水分提高 2%，生球质量明显改善，二次混合后混合料小于 3mm 的粒级降低 17.04%，下降幅度达到 44.92%。

（2）以消除过湿层影响为目标优化相关工艺技术参数。首先通过往污泥池中通高温蒸汽的方式提高混合料温度。其次通过稳定生石灰配比和提高生石灰活性度千方百计提高造球质量，增加混合料的湿容量。最后合理调剂风门开度及烧结抽风负压等技术参数。工艺调整试验期红钢 260m² 烧结机相关工艺技术参数调整情况见表 4-45。

表 4-45 红钢 260m² 烧结机相关工艺技术参数调整情况

项目	料层厚度 /mm	混合料温度 /℃	垂结速度 /mm·min⁻¹	烟道负压 /kPa		主抽风门开度 /%
基准期	730	44	10.79	15.50	14.82	62
试验期	745	54	12.60	15.80	15.00	67
对比	15	10	1.81	0.3	0.18	5

从表 4-45 可以看出，工艺调整试验期在料层厚度增加 15mm 的情况下，尽管抽风负压有所上升，但通过综合调整，红钢 260m² 烧结机的垂直烧结速度不降反升，提高了 1.81mm/min，提高幅度达到 16.77%，取得了比较好的应用效果。

（3）以提高高温保持时间为目标优化相关工艺技术参数。工艺调整试验期红钢 260m² 烧结机相关操作参数调整情况见表 4-46。

表 4-46 红钢 260m² 烧结机相关操作参数调整情况

项目	料层厚度 /mm	垂结速度 /mm·min⁻¹	BTP 温度 /℃	BTP 位置 风箱号	烟道负压 /kPa	
基准期	730	10.79	355.36	17	15.50	14.82
试验期	745	12.60	357.80	17	15.80	15.00
对比	15	1.81	2.44	0	0.3	0.18

工艺调整试验期的工作思路是：首先是将燃料结构中发热量较高的焦末的比例提高到 60%~70%。其次是修改烧结用燃料的验收标准，将无烟煤小于 3mm 粒级占比由小于 70%调整为小于 65%，焦末小于 3mm 粒级占比由小于 80%调整为小于 70%。最后是为避免垂直烧结速度过快将料层厚度由 730mm 提高到 745mm，并且安装了专门的压料装置。

从表 4-46 可以看出，工艺调整试验期红钢 $260m^2$ 烧结机的垂直烧结速度提高了 1.81mm/min，但烧结终点位置未变，终点温度提高了 2.44℃，表明烧结机工艺技术参数调整得当，烧结过程高温保持时间得到保证。

（4）以改善液相质量为目标优化相关工艺技术参数。首先将烧结矿碱度 R 由 2.0 提高到 2.35。其次将大红山铁精矿的使用量由 20%提高到 30%以上。最后将烧结矿 MgO 含量从 2.5%提高到 2.6%。工艺调整试验期红钢 $260m^2$ 烧结机烧结矿成分变化情况见表 4-47。

表 4-47 红钢 $260m^2$ 烧结机烧结矿成分变化情况

项目	TFe/%	FeO/%	SiO_2/%	CaO/%	MgO/%	S/%	P/%	R
基准期	54.16	11.17	5.30	10.91	2.45	0.04	0.09	2.06
试验期	52.60	10.85	5.24	12.06	2.59	0.04	0.08	2.30
对比	-1.56	-0.32	-0.06	1.15	0.14	0	-0.01	0.24

从表 4-47 可以看出，针对红钢烧结矿 SiO_2 含量较低的特点，工艺调整试验期有意识地提高了烧结矿碱度和 MgO 含量，这对于改善烧结矿液相的数量和质量都是大有裨益的。

（5）以改善服务高炉的质量为目标优化相关工艺技术参数。首先利用检修机会对漏风严重的烧结机台车挡板进行更换，精心维护和定期更换烧结机固定滑道密封装置，将台车漏风率从 39.63%降低到 33.46%，有效提升烧结工序的“保供能力”。其次为减少烧结矿冷却过程中发生的“冷脆”现象，将环冷鼓风机的风门开度优化为阶梯分布模式，让烧结矿的降温曲线更加平滑，最大限度降低红热的烧结矿因激冷和相变而发生的破碎。最后对烧结的筛分系统进行改造，三次筛三层筛孔径由 5mm、6mm、7mm 改为 7mm、7mm、8mm，将更多的细粒级碎矿筛入自产返矿系统进行内部循环，有效改善了出厂烧结矿的粒度组成，提高了 16~40mm 骨干粒级的占比。工艺调整试验期红钢 $260m^2$ 烧结机烧结矿质量变化情况见表 4-48。

表 4-48 红钢 260m² 烧结机烧结矿质量变化情况

项目	转鼓指数/%	筛分指数/%	粒级/%			
			<10mm	10~16mm	16~40mm	>40mm
基准期	77.53	9.28	30.03	19.43	38.98	11.55
试验期	80.90	6.62	24.54	19.44	45.24	10.72
对比	3.37	-2.66	-5.49	0.01	6.26	-0.83

从表 4-48 可以看出，工艺调整试验期红钢烧结矿冷态强度及粒度组成明显改善，转鼓强度提高 3.37%，“准粉末”小于 10mm 粒级降低 5.49%，中间粒级增加 6.26%。

通过上述措施的综合治理，工艺调整试验期红钢烧结矿质量越来越好，烧结工作者的信心也越来越足，最后大家一致认为，可以大胆将越南贵沙矿的配比提高到 50%以上，开展穿越“死亡之谷”的“挑战极限试验”。挑战极限试验期红钢 260m² 烧结机烧结矿质量变化情况结果见表 4-49。

表 4-49 红钢 260m² 烧结机挑战极限试验期烧结矿质量变化情况

序号	贵沙矿配比/%	转鼓指数/%	粒级/%			
			<10mm	10~16mm	16~40mm	>40mm
1	35	81.56	19.82	20.78	49.20	10.20
2	45	80.93	18.21	20.97	51.22	9.60
3	48	79.91	18.66	20.86	50.32	10.16
4	50	81.11	17.71	21.02	51.83	9.45
5	52	80.62	17.62	20.72	51.69	9.98
6	59	80.78	15.11	17.98	53.80	13.12
7	67	81.33	16.14	19.99	53.39	10.48

从表 4-49 可以看出，由于综合措施得当，当越南贵沙矿配比达到 50%左右时，烧结矿的强度及粒度组成并没有出现“低谷区”，“挑战极限试验期”与工艺调整试验期调整期相比，与高炉主要技术经济指标关系最为密切的 16~40mm 粒级从 45.24%提高到了 53.5%以上，准粉末小于 10mm 粒级指标从 25.54%下降到了 16%左右，表明通过开展大比例配加高结晶水越南贵沙矿试验研究和工艺调整攻关，红钢 260m² 烧结机的综合技术取得了脱胎换骨般的发展和进步。

4.2.4.5 红钢 1350m³ 高炉主要技术经济指标刷新历史最好水平

在烧结矿综合质量取得显著改善以后，红钢 1350m³ 高炉具备了进一步强化冶炼的条件。高炉停用 AV71 小风机，大胆启用能力更大的 AV80 风机，风量提高了 9.20%，加上适时对相关操作制度进行优化调整，高炉的主要技术经济指标不断刷新历史最好水平。挑战极限试验期红钢 $1350m^3$ 高炉主要技术经济指标变化情况见表 4-50。

表 4-50 红钢 $1350m^3$ 高炉主要技术经济指标变化情况

项目	平均日产量 /t	利用系数 /t·$(m^3·d)^{-1}$	焦比 /kg·t^{-1}	煤比 /kg·t^{-1}	燃料比 /kg·t^{-1}	入炉品位 /%
基准期	3946	2.923	424.18	142.47	566.65	54.72
挑战极限期	4731	3.65	419.35	137.70	557.05	54.63

从表 4-50 可以看出：

(1) 在基准期，红钢 $1350m^3$ 高炉的平均日产量只有 3946t，进入挑战极限试验期以后高炉的日产量达到创纪录的 4731t，提高 785t，提高幅度达到 19.89%。

(2) 随着越南贵沙矿配比提高，虽然高炉综合入炉品位有所降低，但高炉燃料比反而下降了 9.6kg/t，表明高炉运行状况得到了改善。

(3) 高炉生产水平提高了 19.89%，逐步带动红钢炼钢和轧钢工序生产水平提高 20%~30%，企业的经营状况和经济效益也随之大幅度改善。

4.2.4.6 一项烧结技术改变了一个企业的命运

昆钢红河生产基地通过开展 $260m^2$ 烧结机配加高结晶水越南褐铁矿的试验研究，系统性地对烧结相关工艺技术参数进行了优化重整，取得了越南贵沙矿配比达到 67%、烧结矿 16~40mm 粒级提高 14% 的良好效果。在此基础上，红钢 $1350m^3$ 高炉主要技术经济指标刷新了历史纪录，取得了产量提高 19.98%、燃料比下降 9.5kg/t 显著成绩。在炼铁工序技术进步的带动下，红钢炼钢和轧钢工序的技术经济指标也取得了长足的进步，企业经营状况明显改善。一项烧结技术，改变了一个钢铁联合企业的命运，这在国内外的钢铁发展史上，也属于一段难得的佳话。

4.3 改善球团矿质量的研究与实践

昆钢第一条 120 万吨链箅机-回转窑氧化球团生产线于 2004 年 7 月建成投产，第二条 120 万吨链箅机-回转窑氧化球团生产线于 2008 年 8 月建成投产。此举不但结束了昆钢没有氧化球团生产线的历史，而且大大缓解了昆钢高炉用料结构中缺乏优质酸性矿的矛盾。随着两条 120 万吨链箅机-回转窑氧化球团生产线的建成投产，昆钢高炉“以高碱度烧结矿为主，配加适量酸性球团矿和少量天然块矿”的炉料结构基本形成。

4.3.1 昆钢氧化球团生产线面临的主要问题

昆钢氧化球团生产线建成投产以后，影响生产顺行和球团矿质量提高的矛盾主要有两个方面。

（1）成球率较低，生球质量较差。

（2）回转窑多次结圈，严重影响生产的正常进行。

昆钢球团生产线正是在提高成球率攻关和结圈治理取得成功以后，才实现了顺产、达产和提高球团矿产质量的目标。

4.3.2 昆钢球团生产线提高成球率的研究与实践

酸性球团矿配加高碱度烧结矿及少量天然块矿是公认的比较合理的高炉炉料结构[1~4]。为进一步优化高炉炉料结构，提高入炉品位，降低冶炼成本，替代昂贵的进口球团，昆钢于2004年7月22日建成投产了第一条120万吨链箅机-回转窑氧化球团生产线。受原料条件、设计缺陷、设备故障、经验贫乏等因素影响，投产初期成球率仅达30%左右，严重制约了产量水平。为此，昆钢联合中南大学开展了大量的实验研究和现场调研工作，并先后组织开展了4个阶段的工艺改造和技术攻关，取得了明显成效，昆钢球团生产线的生球成球率提高到了60%以上，并顺利达产。

4.3.2.1 成球率低的原因分析

A 单矿种造球实验研究

经中南大学烧结球团研究所造球实验测定，昆钢球团生产线所使用的几种物料的静态成球性指数均较低，属于弱成球性或无成球性物料，见表4-51。

表4-51 昆钢球团生产线铁精矿静态成球性能

铁精矿	最大毛细水/%	最大分子水/%	毛细水迁移速率/mm · min^{-1}	K值
巴西矿	16.29	1.19	10.40	0.08
铜尾矿	15.63	1.29	2.61	0.09
曼南坎矿	15.68	4.34	4.05	0.38
大红山矿	14.06	2.11	2.82	0.18
小红山矿	14.09	3.32	1.94	0.31
再磨矿	16.18	2.24	3.58	0.16
疆锋矿	15.86	4.66	8.22	0.42

昆钢球团生产线设计用料结构为“30%大红山铁精矿+70%巴西MBR球团精粉”，但由于受外部资源和运输条件的限制，投产后大部分时间的实际用料结构为“25%~33%巴西MBR球团精粉+67%~75%省内混合精矿”，其中省内混合精

矿的构成比较复杂，主要由大红山精矿、曼南坎精矿、易门铜精矿浮选厂的含铁尾矿以及其他粗颗粒精矿经二次磨矿后的产品等几种原料构成。易门选厂浮选铜矿后的副产品受浮选药剂的影响，成球性较差；巴西 MBR 球团精粉粒度组成比较均匀、细粒级含量少，也属于难成球物料；其他省内精矿粒度均较粗，小于 0.074mm 粒级含量只有 50%左右，成球性能也不理想。

B 现场混合料造球实验研究

在实验室条件下进行造球实验，研究生产原料条件下的造球性能和提高生产成球率的技术措施。主要精矿样品有预配精矿（生产中没有经过高压辊磨的铁精矿）、辊磨精矿（生产中经过高压辊磨处理后的铁精矿）、强混精矿（生产中经强力混合机处理后的铁精矿，已经混合有一定量的膨润土）。造球实验结果见表 4-52。

表 4-52 混合料造球实验条件与结果

矿种	实验条件			实验结果			
	膨润土用量/%	造球水分/%	造球时间/min	落下强度(0.5m)/次	落下强度(1m)/次	单球抗压强度/N	爆裂温度/℃
预配精矿	2.5	9.0	10	3.4	0.6	11.8	437
辊磨精矿	2.0	8.6	14	3.0	0.5	13.7	535
强混精矿	2.5	8.0	10	3.6	0.2	14.5	418

研究表明，经过不同种类混合铁精矿的合理搭配以后，单种铁精矿造球性能的不足之处能够得到一定程度的弥补。预精矿和强混精矿的膨润土用量只有达到 2.5%以上时生球于 0.5m 落下强度才能达到 3.0 次以上；辊磨精矿的膨润土用量只有达到 2.0%以上时生球于 0.5m 落下强度才能达到 3.0 次以上。

C 不同精矿预处理方式的造球实验研究

在相同原料条件下，预精矿分别经过高压辊磨、强力混合、润磨后的造球实验结果见表 4-53。

表 4-53 不同精矿预处理方式的造球实验比较

原料	实验条件				实验结果			
	膨润土种类	膨润土用量/%	造球水分/%	造球时间/min	落下强度(0.5m)/次	落下强度(1m)/次	单球抗压强度/N	爆裂温度/℃
预配精矿	KN_2	2.0	8.8	10	2.4	0.3	10.3	444
辊磨精矿	KN_2	2.0	9.6	10	3.3	0.6	11.0	547
强混精矿	KN_2	2.0	9.4	10	4.4	0.7	10.6	424
润磨精矿	KN_2	2.0	8.6	10	9.7	1.9	12.2	374

实验过程中膨润土的用量为2.0%，造球时间为10min。铁精矿经过高压辊磨、强力混合、润磨后，生球的落下强度均有不同程度的提高。相比较而言，采用润磨预处理方式对提高生球落下强度的作用较好，但会对生球的爆裂温度产生一定影响。

D 生产工艺流程考查

昆钢球团生产线的成球率按单位时间内的球团成品矿量除以球盘投料量进行计算，国内其他企业一般按球盘出球量除以球盘投料量计，两者大约相差30%。因此，昆钢球团成球率不但与原料的物理化学性质、准备方法、物料的表面性质和亲水性、造球设备及工艺参数、生球质量等密切有关，而且与生球的转运次数、转运高度、链箅机-回转窑热工制度等同样关系密切[12~14]。在实验研究的基础上，昆钢和中南大学又组织专人重点考查了造球机→链箅机转运过程中的生球粒度、强度的变化，以及预热球、焙烧球质量。根据考查结果，导致昆钢球团生产线成球率较低的主要原因有：

（1）铁精矿成球性能差（如巴西矿、铜尾精矿等），导致造球过程中混合料成球、长大困难。

（2）造球水分过高（10.5%），导致造球过程中球团发生兼并长大，从而使生球落下强度、抗压强度、爆裂温度较低。

（3）造球机内刮刀位置、加水位置与加水方式不当，导致球盘内球团分级不明显。

（4）生产工艺中生球的转运次数多、转运点落差大，导致强度本来不佳的合格生球在运输过程中发生二次破碎。

（5）链箅机操作参数不合理，抽风干燥Ⅰ、Ⅱ段的风温、风速过高，料层透气性差，造成干燥过程中的生球爆裂量大。

4.3.2.2 提高生球成球率的生产实践

A 优化原料结构

由于原料供应情况的变化，球团原料结构先后进行了多次调整，见表4-54。

表4-54 球团用料结构对比 （%）

序号	巴西矿	大红山矿	优精矿	曼南坎矿	罗精矿
1	33.65	32.21	34.14	—	—
2	24.58	32.16	32.22	11.04	—
3	26.32	26.60	21.25	25.83	—
4	5.35	81.54	5.75	6.22	1.14

单种铁精矿的造球性能一般不是最理想的，必须经过配矿，使原料结构获得

优化。根据昆钢铁矿资源造球性能、焙烧性能的研究结果，在生产实践中对铁精矿的配比进行调整。第一阶段的用料结构基本上是采用了巴西矿、大红山矿和优精矿各1/3的用料模式。第二阶段的用料结构中逐步增加造球实验效果较好的省内曼南坎铁精矿用量，总用料种类达到了4种。第三阶段进一步增加省内曼南坎铁精矿用量，适当降低大红山矿和优精矿的配比。第四阶段的主要特点是提升自产大红山矿的用量，逐步停止昂贵的巴西铁精矿的使用，省内自产精矿的使用量达到90%~100%，总用料种类一度达到创纪录的5种。

除了原料结构发生变化以外，省内铁精矿的质量也逐步得到改善，球团用铁精矿主要物化性质见表4-55。

表4-55 球团用精矿的物化性质

品名	取样次数	TFe/%	SiO_2/%	H_2O/%	-200目/%	-320目/%
大红山矿	1	63.18	7.81	7.56	64.01	—
	2	63.76	7.28	7.57	77.15	—
	3	64.49	5.90	8.84	89.39	—
	4	62.85	7.23	9.03	90.42	87.80
优精矿	1	60.89	7.39	9.99	84.36	—
	2	61.54	7.78	9.67	92.10	—
	3	60.12	7.63	9.40	85.81	—
	4	62.20	7.72	9.52	88.60	—
巴西矿	1	66.79	1.45	6.97	88.40	60.75
	2	67.40	1.55	8.35	88.36	60.39
	3	67.14	1.81	8.46	85.39	59.12
	4	67.13	1.80	9.10	84.68	58.12
曼南坎矿	1	61.60	5.64	9.30	71.80	—
	2	61.60	8.58	9.20	71.80	57.40
	3	61.11	7.10	9.30	75.50	58.90
	4	59.50	7.20	9.60	76.40	60.40

B 降低生球转运冲击

(1) 降生球转运落差。利用检修停机先后对生球转运胶带机进行多次降落差改造：D101皮带头轮降低约50mm，并增加溜料板降低生球跌落速度；D102皮带头轮降低约100mm；D103皮带头轮降低约100mm；通过减小摆式布料皮带头轮直径降低落差约200mm；D102至D103、宽皮带至小球辊筛、小球辊筛至链箅机等落点增加溜料板。

(2) 降胶带机转速。降低皮带转速，可以改变生球抛落轨迹，降低抛落速度，减小生球跌落冲击力，从而减少生球破裂。先后把 D101B ~ H 等胶带电机（1450r/min）更换成低转速电机（960r/min），皮带转速从 1.2m/s 降至 0.8m/s。

（3）胶带机托辊加密。对 D103 皮带上托辊进行了加密，每两组托辊之间增加一组托辊，相当于托辊密度增加了一倍。托辊增加后，生球在皮带上的堆积更稳定，减少了生球之间的相对运动，从而降低了生球破坏量，提高了成球率。

（4）定期清筛制度。为提高辊式筛分机的筛分效率，保证合格生球不进入返球中，制定了相关的操作维护制度。

1）造球工要适时清理筛辊间的积料，保持辊子间隙畅通，避免合格生球从大球辊筛进入大球中或粉末从小球辊筛进入链箅机。

2）定期检查辊筛间隙变化程度，当因辊子磨损严重或辊子轴承座位移引起间隙变大时应视情况进行调整或更换辊子。

C 优化造球工艺制度

（1）倾角与转速调整。造球盘的倾角和转速会直接影响混合料在盘内的运行轨迹和停留时间，而不同性质的原料适宜的转速和倾角也不同。昆钢球团造球盘的转速是通过更换不同直径的传动皮带轮来调整的，投产初期仅能选择四种转速：7.0r/min、7.5r/min、8.0r/min、8.5r/min。通过生产实践，确定 7.5r/min 为适宜值。然后调整倾角与转速匹配。四个阶段的生产实践证明，造球盘内生球粒度周期性地变大变小时必须调整倾角，改变混合料在盘内的运行轨迹和成球时间，使物料在母球区、长球区的分配更加合理，稳定生球粒度和出球量。尽管原料变化频繁、变化幅度大，但通过调整倾角都能避免粉末出盘、造出合格生球，稳步提高成球率。

（2）刮刀结构与位置调整。针对造球机存在的盘面运转不平稳、盘底粗糙且分台、电动边刮刀磨损严重且所在位置不利于物料在球盘内合理分区等问题，将电动底刮刀改用耐磨陶瓷刀头并增大其与盘面的接触面积。另外由于旋转边刮刀安装位置不太合理（钟表的 1∶30 左右位置），起不到分流和导流的作用，研究后取消了旋转边刮刀，在圆盘正上方位置增加固定边刮刀，刮刀与盘边角度可调，盘内物料运行轨迹和分布更加合理了，母球区、长球区物料的分配也更适宜，球盘出粉明显减少、生球量和生球质量有明显提高。

（3）球盘边高调整。昆钢氧化球团生产线投产初期，受原料条件及高压辊磨机效果差的影响，混合料粒度及粒度组成较差，其小于 0.074mm 粒级和小于 0.045mm 粒级的含量仅达 70% 和 40%。为延长混合料成球时间，提高成球率，2005 年将造球盘边高从 600mm 增至 700mm。改造后，出盘粉末明显减少，生球强度明显提高。

（4）加水管形状与位置调整。实际生产中，造球盘的倾角、转速、边高及刮刀是相对固定的，改变加水管形状及加水位置成为改善生球质量、提高成球率的主要手段。通过考察学习，试验不同长度、不同管径、不同出水孔径、不同出水孔密度的加水管，试验用三通管把压缩空气和水混合形成雾化水加入造球盘，试验把几个加水管放在不同位置组合等等，取得了一些宝贵的实践经验。但结果表明，不同配矿方案、不同原料条件都需要适当调整加水管位置甚至更换不同形状的加水管。为方便调整，日常应备有三种以上不同形状的加水管，且加水管位置未固定。

(5) 加料方式调整。通过长期观察和试验，在向球盘输送物料的拖料秤头部增加松料装置，同时降低拖料秤上物料的堆高，使物料呈松散状布到造球盘内，可在一定程度上实现由线布料向面布料的调整，增大了新料与母球的接触面积，进一步提高了成球速度。

D 热工制度的优化

根据生产情况，对热工制度进行优化，具体调整情况见表4-56。

表4-56 球团生产热工制度的调整 (℃)

序号	鼓干段温度	抽干Ⅰ段温度	抽干Ⅱ段温度	预热段	窑头
1	299.83	349.20	594.90	974.90	1017.60
2	334.48	366.10	580.55	945.84	1147.68
3	348.09	358.06	585.72	961.05	1067.90
4	358.33	359.02	579.20	923.32	932.46

从第二阶段开始逐步降低抽风干燥Ⅰ、Ⅱ段的温度水平，第四阶段又适当下调预热段和窑头的温度水平。

E 加强原料的预处理

为了充分发挥高压辊磨对原料预处理的作用，降低高压辊磨机进料量和进料水分，消除膨润土和预热球对高压辊磨机的影响，在第二阶段对返球系统进行了改造。改造后，返球和粉尘不再进入高压辊磨机，进料量降至200t/h左右，进料水分降至8.5%~9.0%，膨润土和预热球对高压辊磨机的影响也随之消除。德国专家进行现场调试，辊磨机工作压力和工作电流分别提高至约6MPa和400A，达到额定参数。改造和调试完成后，辊磨效果与混合料成球性明显提高，精矿小于0.074mm粒级和小于0.045mm粒级的质量可提高5%~8%，成球率提高约5%。

F 其他工艺参数的优化

除了对原料结构、热工制度进行优化外，其他工艺参数的调整见表4-57。

表 4-57 过程参数调整情况

序号	混合料		过程参数生球		链箅机料高 /mm	作业率 /%	成球率 /%
	H_2O /%	-0.074mm /%	H_2O /%	落下强度 /次·个$^{-1}$			
1	8.94	79.01	10.50	8	200	61.04	34.32
2	9.07	83.57	10.02	10	161	74.80	50.58
3	8.93	86.42	9.91	9	161	73.55	57.16
4	8.60	94.06	9.91	9	161	88.64	66.32

从表 4-57 可以看出，由于原料结构的调整以及省内精矿细度的提高，混合料中小于 0.074mm 粒级的含量明显增加，生球水分也逐步降低，为提高生球质量以及后续工序的优化提供了条件。另外，考虑到生球水分偏大、链箅机鼓风干燥温度偏高、料层透气性不理想等实际情况，2005 年 5 月利用检修，将链箅机侧板高度从 200mm 降低到 160mm。

G 实施效果

昆钢 120 万吨氧化球团生产线各个阶段成球率的变化情况如图 4-27 所示。

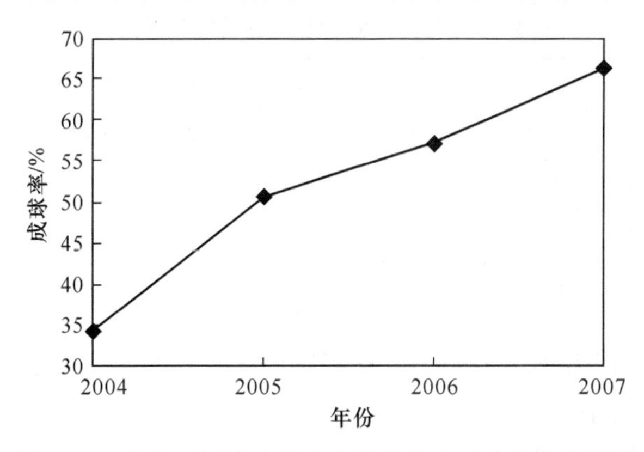

图 4-27 昆钢球团生产线各个阶段的成球率的变化情况

从图 4-27 可以看出，由于试验研究充分、原因分析准确、整改措施有力，昆钢 120 万吨氧化球团生产线的实际成球率从投产初期的 34.32%提高到了第四阶段的 66.32%，提高了 32%，提高幅度为 93.24%。

现场工艺考查以及试验研究结果表明，造成昆钢 120 万吨氧化球团生产线投产初期成球率偏低的主要原因是原料结构不合理、单种铁料造球性能差、造球工艺制度不合理、生球转运落差过大以及预热焙烧制度欠优化等。通过 4 个阶段的技术改造和生产实践，这些问题绝大部分得到了整改落实，昆钢 120 万吨氧化球团生产线的实际成球率从投产初期的 34.32%提高到了 66.32%，平均提高了 32%，提高幅度达到 93.24%。

4.3.3 昆钢球团回转窑结圈机理研究及预防控制

回转窑结圈是链算机-回转窑法氧化球团生产的常见故障之一，如果预防和处理不及时，将造成停产或减产事故，处理时还将消耗大量劳动力，甚至损坏回转窑或环冷机的耐火材料[1~6]。昆钢第一条120万吨链箅机-回转窑氧化球团生产线自投产以后，回转窑多次结圈，严重影响生产的正常进行。为此，昆钢联合中南大学，从原料性能、生球质量、热工制度、开停机制度、结圈物的性状、化学成分及矿相组成等方面进行研究，找到了回转窑结圈产生的原因以及结圈物的固结机理，并有针对性地采取相应的措施，最终使回转窑结圈基本得到控制。

4.3.3.1 昆钢回转窑结圈物特性的研究

采用X-射线衍射分析（XRD）、显微图像分析仪和显微鉴定分析等测试技术和手段，昆钢联合中南大学研究了昆钢回转窑结圈物的基本特性，包括回转窑结圈物的化学成分、物相组成、显微结构、结晶形态、软熔性能等。

A 化学成分

不同位置回转窑结圈物的化学成分分析见表4-58。

表4-58 窑内结圈物及成品球的化学成分 （%）

化学成分	TFe	FeO	SiO_2	CaO	MgO	Al_2O_3	K	Na
窑头圈	62.43	0.49	8.58	0.37	0.20	2.01	0.136	0.404
窑中圈	62.53	0.47	8.32	0.38	0.22	2.13	0.157	0.439
窑尾圈	62.63	0.53	7.45	0.42	0.23	1.77	0.107	0.246
成品球	62.61	0.45	7.30	0.32	0.27	1.88	0.115	0.370

从表4-58可以看出，不同位置结圈物的化学成分基本一致，并且与成品球团矿的差别也比较小。

B 物相组成

由显微鉴定分析所得回转窑结圈物样品的具体矿物含量见表4-59。

表4-59 不同位置回转窑结圈物的物相组成 （%）

结圈物位置	赤铁矿	磁铁矿	橄榄石	铁酸镁	石英	玻璃质
窑头	85.73	1.44	3.26	1.10	6.13	2.34
窑中	82.36	2.16	4.55	1.64	4.92	4.37
窑尾	85.92	0.96	3.13	1.05	6.34	2.60

研究表明，回转窑不同位置的结圈物矿相组成主要为赤铁矿（Fe_2O_3），其含量为85%左右，其余为少量高温石英（方石英和柯石英，SiO_2）、橄榄石

($2FeO \cdot SiO_2$, $CaO \cdot FeO \cdot SiO_2$)、磁铁矿($Fe_3O_4$)、玻璃相及其他物相。比较而言，窑中结圈物样品中橄榄石和玻璃质的含量较高，而窑头和窑尾样品的石英含量较高。

C 显微结构

不同位置回转窑结圈物的显微结构分析结果见表4-60。

表4-60 不同位置结圈物显微结构比较

结圈物位置	Fe_2O_3 结晶状况	橄榄石结晶状况
窑头	线条状的微晶，开始互连，晶粒大小0.03~0.05mm	呈淡黄色，细小颗粒状较多，一般粒度为0.08~0.10mm
窑中	晶形更粗大，互连程度更好	深灰色，晶形更粗大
窑尾	结晶大部分不互连，呈粒状或短条状	逐渐减少，越来越不明显，浅黄色，粒状

对于回转窑结圈物而言，在结晶构造上，虽然不同位置上所形成的结圈物中均有低熔点黏结相（主要橄榄石）生成，但是其固结形式主要是 Fe_2O_3 再结晶，并且 Fe_2O_3 结晶使得结圈物具有良好的强度。

D 软熔性能

不同位置回转窑结圈物的变形和软化温度测定结果见表4-61。

表4-61 不同位置结圈物的变形和软化温度 (℃)

结圈物位置	变形温度	软化温度
窑头	1472	1486
窑中	1482	1488
窑尾	1468	1493

结圈物的变形温度在1460℃以上，软化温度在1480℃以上，远远高于氧化球团回转窑生产操作实际温度，而且回转窑轴向上不同位置结圈物的变形温度之间、软化温度之间相差不大。这充分说明，在回转窑正常操作制度下，结圈物难以产生变形、软化，焙烧过程中其产生液相的可能性也非常小。

4.3.3.2 回转窑结圈物的形成及固结机理研究

结圈物软熔温度基本上都大于1460℃，而回转窑中最高温度段的焙烧温度通常不会超过1350℃，因此在此温度下不足以使大量物料产生软熔，即使回转窑操作制度控制不好，一般情况下也不容易导致大量液相生成。由此可以判断回转窑结圈物的形成机理主要是靠固相固结。

A 粉末固相固结对回转窑结圈的影响

采用压团-焙烧的方法模拟结圈形成条件，研究各种因素对粉末固结的影响。

具体方法如下：粉末以8MPa的压力压制成高1.2cm、横截面积为1cm^{2}的圆柱形团块；团块预先在100℃下恒温干燥，直到完全脱去水分；干团块的焙烧采用卧式管炉，经预热、焙烧后检测团块的抗压强度，抗压强度越大，表明粉末之间固结得越好。

a 粉末粒度的影响

固定配矿方案的条件下，固定固结条件为900℃下预热10min、1250℃下焙烧10min，粉末粒度对固结强度的影响见表4-62。

表4-62 粉末粒度对固结强度的影响

粒度组成/%			固结强度/N
+0.074mm	0.045~0.074mm	-0.045mm	
14.3	13.5	72.2	3071
2.8	14.6	83.6	4691
1.0	10.6	88.4	5366

从表4-62可以看出，粉末粒度和团块固结强度呈较强的负相关关系，随着粉末当中-0.045mm的比例从72.2%提高到88.4%，团块的固结强度从3071N提高到了5366N，提高幅度达到74.7%。

b 固结条件的影响

固结条件对粉末固结强度的影响见表4-63。试验预热温度为900℃，焙烧温度为1250℃。

表4-63 固结时间对粉末固结强度的影响

预热、焙烧时间/min	2、2	4、4	6、6	8、8	10、10
团块强度/N	1092	2000	2239	2358	3500

由表4-63可知，粉末之间产生固结，并具有一定强度所需的时间非常短。另外，随着固结时间的延长，团块强度快速增大，表明粉末之间的固结越来越好。

c 脉石成分的影响

在回转窑操作制度下，脉石成分及含量的变化难以导致混合料发生软熔或生成大量液相并致使回转窑发生结圈。这里主要研究脉石成分及含量对粉末固结强度的影响。试验中固定固结条件为预热温度900℃、预热时间10min、焙烧温度1250℃、焙烧时间10min。试验结果见表4-64。

研究表明，不同脉石成分对团块固结强度的影响不完全一致，CaO、K_2O和Na_2O促进粉末固结，增大团块强度；MgO对粉末固结过程无明显影响；Al_2O_3阻止粉末固结，明显降低团块强度。

表 4-64 脉石成分对粉末固结的影响

脉石成分	添加量/%	固结强度/N
CaO	2.0	5848
	4.0	7639
	6.0	9000
MgO	2.0	2729
	4.0	2745
	6.0	2771
Al_2O_3	3.0	1841
	5.0	1657
	7.0	1613
K_2O	0.5	3585
	1.0	3735
	1.5	3329
Na_2O	0.5	3365
	1.0	3895
	1.5	4474

B 结圈机理分析

a 结圈原因

昆钢回转窑结圈的原因可以总结为：粉末是回转窑结圈的物质基础[14~16]；操作制度的波动是回转窑高温结圈的直接诱因；碱金属促进结圈物的形成和发展。

b 结圈物的形成

在回转窑正常操作温度下，结圈物不会发生软熔；在氧化球团回转窑操作制度下，粉末之间可以发生固相反应，使颗粒与颗粒连接并固结，导致回转窑结圈的发生。

c 固结机理

回转窑结圈物特性的研究结果表明，结圈物的固结机理是以 Fe_2O_3 再结晶固相固结为主，由低熔点物质的液相固结起辅助作用，与普通球团矿的固结机理基本一致。

4.3.3.3 回转窑结圈的控制

A 优化原料结构

在昆钢球团生产原料中，优精矿成球性能较差、Na_2O 含量较高，应尽可能少用；小红山、罗茨精矿中碱金属含量较高，可适当少配加；国产铁精矿中 SiO_2 含量均明显要高于巴西铁精矿，可考虑通过强化选矿，达到降硅提铁的目的。球团主要用料结构对比见表 4-54。

B 增加生球产量

经研究，在二期工程圆盘造球机预留位置上新增加了 2 台 φ6m 圆盘造球机，形成 7 台 φ6m 圆盘造球机（6 用 1 备）对应 120 万吨氧化球团生产线的格局，造球能力完全能满足后道工序的要求，为链箅机-回转窑-环冷机系统工作在合理的参数范围内，保证足够的预热球强度创造了条件。

C 降低入窑粉末

降低入窑粉末主要从以下几个方面着手开展工作：降低造球水分以提高生球爆裂温度，改善料层透气性；适当降低抽风干燥Ⅰ、Ⅱ段的热风温度和风速；当生球水分过高时，适当降低料层高度。

D 稳定回转窑高温区

由于链箅机各段长度设置与回热风机能力不协调，为确保昆钢球团生产线安全运行，2 号回热风机能力受到很大限制，造成中央烧嘴火焰由于引力不足而过短，窑内高温区过于集中。针对这一现状，采取了一系列措施减少 2 号回热风机引风量，尽可能提高窑内的负压水平，并对中央烧嘴结构进行重新设计，促使中央烧嘴火焰分布均匀，避免窑内高温区过于集中。

E 规范开停机操作制度

（1）长时间停机后的开机。开机链箅机预热段温度达到 800℃以上，干燥段达到 350℃以上，呈上升趋势时开机生产，料厚控制在（160+5）mm，机速控制在 1.0m/min 以下，链箅机蓄热充足，温度正常后再逐步恢复正常机速。

（2）故障停机后的开机。故障停机，根据时间长短调整操作，短时间停机（30min 以内）适量减煤气降低链箅机温度。恢复生产先恢复煤气量，再组织开机，并根据链箅机温度控制机速。较长时间停机，温度下降较多，机速 1m/min，料厚（160+5）mm；温度正常后再逐步恢复机速、料厚（先恢复机速，后恢复料厚）。保证入窑球质量合格。开机过程随时注意链箅机、回转窑焙烧球状况，发现问题及时调整操作。

（3）严格开机热工调整。链箅机开始布料后，如发现链箅机干燥段温度降低，应开大抽风干燥和鼓风干燥排风量，并适量加大回转窑煤气量，保证生球的充分干燥预热和回转窑的焙烧温度。待环冷机一冷段风温度达 800℃、二冷段风温度达 400℃以上时，应密切关注窑尾及链箅机预热段温度。当二者温度超过 1100℃时，必须降低煤气量，确保该工序的温度满足要求。

F 控制效果

经过综合治理，昆钢氧化球团生产线回转窑结圈停机处理时间逐步降低，进入第三阶段以后，结圈周期与正常检修周期同步，没有再出现回转窑异常结圈影响球团生产的情况。也正是从这个时候开始，昆钢第一条 120 万吨链箅机-回转窑氧化球团生产线实现了全面达产。

4.3.3.4 球团生产线回转窑结圈防治小结

(1) 研究结果表明，昆钢回转窑结圈物的固结机理是以 Fe_2O_3 再结晶的固相固结为主，以低熔点物质的液相固结为辅，与普通球团矿的固结机理基本一致，在回转窑正常操作温度下，结圈物不会发生软熔。

(2) 研究表明，粉末是昆钢回转窑结圈的物质基础，操作制度波动是回转窑结圈的直接诱因，而碱金属又促进了结圈物的发展。

(3) 通过调整原料结构、强化造球改善生球质量、优化预热焙烧操作以及规范开停机制度等，昆钢氧化球团生产线因回转窑结圈停机处理的时间逐步降低，进入第三阶段以后，基本没有再出现回转窑异常结圈影响球团生产的情况，顺利达产。

4.4 优化高炉炉料结构的研究与实践

4.4.1 优质酸性炉料供应不足

在球团生产线建成投产之前，优质酸性炉料不足一直是制约昆钢高炉炉料结构优化调整的主要矛盾。为了缓解这个矛盾，昆钢曾经做过很多努力：

(1) 建设专门的块矿洗选筛分生产线。

(2) 生产低碱度酸性烧结矿供高炉使用。

(3) 大幅度降低烧结矿碱度，以减少酸性炉料的使用量。

(4) 进口高价球团矿和块矿供给高炉使用。

但是只有到两条120万吨氧化球团生产线建成投产以后，昆钢“以高碱度烧结矿为主+适量酸性球团矿+少量优质块矿”的炉料结构才基本固化下来，高炉的主要技术经济指标才取得了长足的进步和发展。

4.4.2 烧结矿的碱度不宜低于1.9倍

在优质酸性矿匮乏的年代，高炉需要频繁地调整烧结矿碱度以适应高炉用料结构的平衡，烧结矿碱度曾经在1.5~2.5倍之间来回调整。通过试验研究和生产实践发现，烧结矿碱度一旦低于1.9，烧结矿的冷态强度与冶金性能就很难适应高炉强化冶炼和组织高水平生产的要求。所以昆钢确定了烧结矿碱度不宜低于1.9倍的工艺纪律。并且随着各个基地高炉生产水平的提高，烧结矿碱度的下限值还有进一步提高的趋势。

4.4.3 烧结矿产能不足影响炉料结构优化

烧结矿碱度的确定，除了要考虑与酸性炉料的搭配以外，还要兼顾烧结矿的产能。随着高炉强化冶炼水平的不断提升，昆钢“烧不保铁”的矛盾日益突出，个别高炉的烧结矿碱度甚至达到了2.5倍，制约了高炉生产水平的进一步提升。昆钢在评价高炉炉料结构的合理性时，打破常规地引入烧结矿产能富余率这一指标，就是想逐步扭转昆钢“烧不保铁”的局面。从系统设计的角度考量，出现“烧不保铁”的情况，一方面是传统的高炉单位炉容所需要的烧结机面积取值偏低，另一方面其实是在设计阶段没有充分体现出“以高炉为中心”理念。随着优质富矿粉资源的减少，烧结用料结构中铁精矿的占比越来越高已经是一个不可逆转的大趋势，这势必会对烧结机的利用系数产生一定影响。加之高炉强化冶炼技术不断取得进步和发展，对烧结矿的产量和质量都提出了新的更高要求。这个时候如果烧结的设计理念跟不上这种新的变化，就必然会出现“烧不保铁”的局面。高炉和烧结，应该成为相辅相成的合作伙伴，而不应该成为相互掣肘的难兄难弟。

4.4.4 适当配加块矿不会影响高炉主要技术经济指标

传统的精料理念非常强调“高熟料率”这一要求，但是自从宝钢提出适量配加块矿不会影响高炉主要技术经济指标的观点之后，昆钢也进行了相应的研究和实践，结果表明，在15%的范围以内，适当配加优质块矿确实对高炉生产影响不大。

4.5 铁焦烧矿一体化管控体系的构建与实践

4.5.1 “四分焦炭、三分矿石、三分操作管理”模式的确立

昆钢铁前系统通过多年的研究与实践，将“七分原料、三分操作”的理念逐步分解细化为“四分焦炭、三分矿石、三分操作管理”的管控模式，并构建了矿石质量综合评价体系、焦炭质量综合评价体系、操作管理综合评价体系。每一个具体的评价体系都有若干项关键指标，配套相应的权重和量化打分细则，这样就能综合且量化地评判某一板块的具体工作，并通过失分项的指引开展对标找差工作和持续改进的PDCA循环。

4.5.2 建立用炼铁成本评价矿石性价比的数学模型

以往的配料计算和经济性评估都是分工序独立开展的。久而久之就会出现烧结的自评结果高炉并不认同、矿山的评价结果与炼铁的追求不一致的情况。为了解决这个问题，昆钢技术中心通过20多年的努力，终于打通了炼铁和烧结、球团以及矿山之间的工艺界面，构建起了采用炼铁成本评价单种矿石性价比的数学模型，并在生产实践中得到了较好的应用。利用该数学模型测算昆钢某基地常用矿种性价比的结果见表4-65。

表 4-65 昆钢某基地常用铁矿石性价比测算结果

名称	铁料品位/%	铁料P/%	铁料单价/元·t^{-1}	矿二元碱度	入炉品位/%	矿石单耗/t·t^{-1}	煤比/kg·t^{-1}	喷吹煤单价/元·t^{-1}	焦炭灰分/%	焦比/kg·t^{-1}	焦炭单价/元·t^{-1}	富氧率/%	风温/℃	品位影响产量/%	铁水P/%	生铁成本/元·t^{-1}	排序
60 粉矿	60.31	0.05	465.56	1.42	54.20	1.76	158	1054.14	13.5	383	2219.8	3.2	1127.00	-0.74	0.09	2131.66	1
钒钛精矿	55.23	0.01	366.36	1.54	50.55	1.89	139	1054.14	13.5	425	2219.8	3.2	1127.00	-8.05	0.03	2158.88	2
63 精矿	63.42	0.01	643.45	1.52	58.25	1.64	178	1054.14	13.5	337	2219.8	3.2	1127.00	7.36	0.04	2258.45	3
自治矿	64.05	0.01	678.64	1.60	59.61	1.60	185	1054.14	13.5	321	2219.8	3.2	1127.00	10.07	0.03	2262.12	4
管道精矿	62.91	0.02	616.97	1.42	55.21	1.73	163	1054.14	13.5	372	2219.8	3.2	1127.00	1.28	0.05	2316.41	5
南非粉矿	63.42	0.06	710.71	1.49	57.95	1.64	177	1054.14	13.5	340	2219.8	3.2	1127.00	6.76	0.10	2317.60	6
巴西粉矿	65.57	0.07	818.08	1.91	61.54	1.55	194	1054.14	13.5	299	2219.8	3.2	1127.00	13.94	0.11	2339.44	7

该数学模型既考虑了矿石的化学成分，又考虑了矿石的烧结性能，还兼顾了高炉和转炉的冶炼效果，以"单烧单炼"的方式，用吨铁成本的高低来评价单一矿种的经济性和性价比，在指导高炉调整用料结构，实现低成本炼铁方面具有较高的实际应用价值：

(1) 可以按照矿种的性价比进行优化组合，兼顾高水平生产和低成本炼铁的目标。

(2) 对采购部新开发的矿种，可以利用该数学模型提供定价基准，为其开展商务谈判提供支持。

(3) 化学成分好的矿种并不一定能烧出质量优良的烧结矿，在考虑矿种的取舍和组合搭配时，该模型还兼顾了各基地高炉的强化冶炼水平以及烧结产能的富余率，以实现系统价值最大化的目标，这是其他配矿模型难以比拟的独特优势。

4.5.3 建立用炼铁成本评价焦炭性价比的数学模型

受矿石性价比评估数学模型成功应用的启发，昆钢技术中心又开发了焦炭性价比评估数学模型。在固定用矿结构和其他操作参数的前提下，通过吨铁焦炭成本的变化来定量评估焦炭的经济性和性价比，在昆钢优化外购焦品种结构、实现系统成本最低的工作实践中发挥了重要作用。利用该数学模型测算昆钢某基地常用焦炭品种性价比的结果见表 4-66。

表 4-66 昆钢某基地常用焦炭品种性价比测算结果

名称	水分/%	灰分/%	硫分/%	M_{40}/%	M_{10}/%	CRI/%	CSR/%	焦炭价格/元·t^{-1}	吨铁焦炭成本/元·t^{-1}	性价比排序
宏盛焦	5.66	14.25	0.66	88.43	4.93	28.27	64.17	2256.64	884.02	1
天能干熄焦	0.59	13.62	0.63	89.82	4.52	27.86	66.02	2405.40	886.31	2
泰通德龙焦	6.16	14.23	0.50	92.48	4.33	28.47	63.55	2415.08	900.06	3
云南能投焦	5.90	13.92	0.41	85.37	5.33	27.03	65.79	2295.87	900.71	4

从表 4-66 可以看出：

(1) 宏盛焦以适中的冷热态指标以及最低的价格在综合性价比排序中名列第一。

(2) 天能焦冷热态指标均较好，但价格较高，只能屈居第二。

(3) 泰通德龙焦冷态指标卓越，热态指标略逊，价格最高，只能排名第三。

(4) 云南能投焦热态指标较好，价格适中，但是冷态指标最差，排名末位。

昆钢焦炭性价比评估数学模型中采用的各种校正系数，选取的都是业界公认的标准取值，但会根据高炉的实际应用结果进行一定程度修正，目的是让理论计算结果和生产实际应用效果更加吻合。

4.5.4 以高炉体检统领铁焦烧矿一体化模式的构建

昆钢高炉体检强调“四分焦炭、三分矿石、三分操作管理”。除了构建起焦炭质量综合评价体系、矿石质量综合评价体系以及高炉操作管理综合评价体系之外，昆钢还建立了用炼铁成本评价矿石和焦炭性价比的数学模型。这样，围绕以高炉为中心组织高水平经济稳定生产的目标，昆钢就能够精准地调控焦炭质量、矿石质量，并能系统优化高炉的操作技术参数。这就要求炼铁工作者不仅要懂原料、懂技术，而且还要懂财务和价值链的管理。从结果和目标出发，在抓具体工作时就能够落细、落小、落实。

要实现铁、焦、烧、矿一体化的目标，高炉体检是目前最佳管控模式。除了技术和财务指标以外，通过高炉体检，更重要的是要构建起以高炉为中心的一整套体制机制，通过整个公司这台大机器的有效运转，确保铁、焦、烧、矿一体化的管控模式能够落地、生根、见效。只有做好了铁、焦、烧、矿一体化这篇大文章，才能够最终实现钢铁产业链价值最大化的目标。价值共同体的背后，更重要的是要处理好利益共同体的关系。一方面要打破铁、焦、烧、矿不同工艺之间的工序隔离墙，另一方面还要确保每一个环节的价值和利益得到充分保障和共享。有了这样的体制机制作为支撑，高炉体检才具有可持续性，也才能够取得实效。

4.6 对标宝武，追求卓越

宝钢的精料首先强调的是稳定性，这方面昆钢还有很大差距。尽管宝钢高炉综合管理水平很高，且全部使用进口矿，但其主要技术经济指标达到世界一流水平也是在综合入炉品位大幅度提高以后才实现的。宝钢高炉利用系数、燃料比指标与烧结矿品位之间的关系见表 4-67。

表 4-67 宝钢烧结矿品位与高炉利用系数和燃料比的关系

年份	1994	1995	1996	1997	1998	1999	2000	2001	2002	2003	2004
烧结矿品位 /%	56.4	56.7	56.6	56.6	57.7	58.8	58.9	59.2	58.8	58.7	58.6
高炉利用系数 $/t \cdot (m^3 \cdot d)^{-1}$	1.45	1.70	2.08	1.95	2.0	2.30	2.30	2.31	2.32	2.35	2.42
燃料比 $/kg \cdot t^{-1}$	499	525	520	507	507	502	497	498	494	493	497

从表 4-67 可以看出：

(1) 1994~1998年期间，宝钢烧结矿品位一直在56%~57%之间徘徊，高炉的利用系数也一直未能突破2.0t/(m^3·d)大关，燃料比也一直未能实现“破五见四”的目标。

(2) 1999~2004年期间，宝钢烧结矿品位提升到了58.6%~59.2%之间，高炉的利用系数达到了2.3t/(m^3·d)以上，燃料比指标稳定达到了500kg/t以下，真正开启了宝钢高炉创建世界一流水平的新征程。

七分原料、三分操作，真正的功夫其实应该花在高炉之外。因为高炉是典型的竖炉，所以控制原燃料粒度组成、改善料柱透气性，是永恒的主题。2015年马钢开始对入炉块矿进行烘干和筛分，这个动态看似不起眼，但是值得我们关注和学习。昆钢红河生产基地1350m^3高炉在料场取用块矿时，只取料堆上方2/3的块矿供高炉使用，底下1/3的块矿用装载机转运到料堆尾部继续堆存。这样在雨季时就可以有效避免块矿含水和含泥量变化对高炉冶炼的影响，可谓是小方法解决了大问题。古人云“食不厌精、脍不厌细”，对人如此，对高炉同样如此。只有真正把高炉当做“人”来看待，你才会知道应该怎样抓好精料管控工作。

世界各国都非常重视大型高炉入炉有害元素的控制。相比较而言，宝钢已经吃过Zn富集的苦头，所以他们痛定思痛，对碱金属负荷和锌负荷的控制非常严格，要求碱金属负荷小于2kg/t、锌负荷小于0.15kg/t。昆钢2000m^3级以上大型高炉目前的碱金属负荷大约为4.4kg/t，锌负荷高达1~1.4kg/t，是宝钢的6~9倍。全球部分钢铁企业高炉入炉有害元素含量对比见表4-68。

表4-68 全球部分钢铁企业高炉入炉有害元素含量对比 (kg/t)

奥钢联		霍戈文		宝钢		昆钢2000m^3		昆钢2500m^3	
K_2O+Na_2O	Zn	K_2O+Na_2O	Zn	K_2O+Na_2O	Zn	K_2O+Na_2O	Zn	K_2O+Na_2O	Zn
4.50	0.08	2.0	1.95	<2.0	<0.15	4.42	1.39	4.41	1.02

从表4-68可以看出：

(1) 昆钢2000m^3、2500m^3高炉的Zn负荷远远高于奥钢联、霍戈文、宝钢等著名企业的水平，所以昆钢大型高炉的Zn黏结问题比其他企业要突出得多。

(2) 与历史数据比较，昆钢大型高炉降低碱金属负荷的工作取得了一些成效，而Zn负荷却有不降反升的趋势，表明昆钢高炉降Zn工作仍然任重而道远。

昆钢地处有色金属王国，使用的进口矿比例低，加之对有害元素控制重视程度不够，因此其与宝钢相比有着非常大的差距。对了标，也找了差，最关键的是要缩小与标杆企业的差距。首先要统一思想，高度重视。其次要千方百计多使用有害元素含量低的矿石，逐步降低高炉有害元素的入炉负荷。第三是要想办法切断有害元素的体外循环和体内循环，降低其循环富集的倍率，减少其危害。最后一点是无论昆钢怎么努力，也达不到宝钢高炉的有害元素控制水平，在这种情况下，就需要因地制宜地逐步构建起具有昆钢特色的高炉强化冶炼技术体系，找到与有害元素和平共处的办法。昆钢要更加关注高炉中部炉墙结厚以及“渣皮不稳”的问题。具体怎么做，到目前为止，除了马钢的“高炉体检”以外，业界还没有找到更好的办法。把高炉当“人”来看，定期进行体检，对症下药，早发现、早治疗，不把“结节”拖成“肿瘤”。可以预见，如果在对付渣皮不稳方面找到一套行之有效的办法，昆钢高炉顺行的质量和水平还会迈上新的台阶。关于这一点，我们是很有信心的。

参 考 文 献

[1] 朱仁良．宝钢大型高炉操作与管理 [M]．北京：冶金工业出版社，2018.
[2] 周传典．高炉炼铁生产技术手册 [M]．北京：冶金工业出版社，2003.
[3] 成兰伯．高炉炼铁工艺技术手册 [M]．北京：冶金工业出版社，1991.
[4] 安朝俊．首钢炼铁三十年 [M]．北京：首都钢铁公司，1983.
[5] 杨杰康．昆钢炼铁焦炭的热态性能分析 [J]．炼铁，1999(12)：40~41.
[6] 崔平，钱湛芬，杨俊和．冶金焦炭质量的评价 [J]．钢铁，2000，35(2)：5~7.
[7] 杨俊和，冯安祖，杜鹤桂．矿物质催化指数与焦炭反应性关系 [J]．钢铁，2001，36(6)：5~9.
[8] 朱子宗，苗铁铃，邢建通，等．改善安钢焦炭热性能工业性试验 [J]．钢铁，2004，39(2)：5~7.
[9] 石烟翠．烧结矿 FeO 含量的研究 [J]．烧结球团，2004，29(3)：19~22.
[10] 史国宪，张士军．新兴铸管公司提高烧结矿强度的实践 [J]．烧结球团，2004，29(5)：48~50.
[11] 谷金赞，李景书．FeO 对烧结矿强度和高炉冶炼的影响及改进措施 [C] //2005 年度全国烧结球团技术交流年会论文集．2005，5：147~150.
[12] 徐廷秋，蒋新华．邯钢 200 万 t/a 球团生产线的改进 [J]．球团技术，2007，24(3)：30~34.
[13] 范晓慧，陈许玲，姜涛．链篦机-回转窑氧化球团生产新技术 [J]．球团技术，2007(4)：9~16.
[14] 张化明，曾才兵，张磊晶．邯钢 200 万 t/a 链篦机-回转窑投产初期生球爆裂的原因及解决方案 [J]．烧结球团，2006，31(3)：42~44.
[15] 马福辉，杨晓源，宁加明，等．昆钢球团回转窑结圈研究与预防 [J]．烧结球团，2006，31(5)：19~22.
[16] 傅菊英，白国华，王培忠，等．鞍钢弓矿链算机-回转窑结圈研究 [J]．球团技术，2004(3)：2~5.

5 具有地域特色的炉底砖衬上涨和风口上翘治理

昆钢2000m³ 高炉采用了无料钟炉顶、纯水密闭循环冷却系统、密集式铜冷却板等多项先进的炼铁技术，其中高炉的炉缸炉底采用了改进型的“半石墨化低气孔率自焙炭块+复合棕刚玉砖”的陶瓷杯结构，一代炉龄设计为10年。昆钢2000m³ 高炉1998年12月25日点火开炉以后3个月即顺利达产，此后一直保持较高的生产水平。然而，其在2002年以后相继出现了炉缸炉底砖衬上涨和风口上翘的异常情况，给高炉继续组织高水平生产造成了较大威胁。为此，公司组织开展专项调查，要求查清风口上翘原因，并提出相应的解决办法。调查组通过对昆钢2000m³ 高炉砖衬上涨和风口上翘情况进行长期跟踪实测，对从高炉风口中取出的风口组合砖、耐火填料、风口焦、金属及异常物等进行分析检测，以及对炉缸炉底砖衬热电偶温度进行综合分析，认为以Zn为主的有害元素对风口组合砖的侵蚀是造成风口上翘的主要原因，并结合昆钢的实际情况提出了相应的解决办法，使高炉继续保持安全稳定的生产。1999~2008年昆钢2000m³ 高炉主要技术经济指标见表5-1。

表5-1 1999~2008年昆钢2000m³ 高炉主要技术经济指标

年份	利用系数 /t·(m³·d)$^{-1}$	焦比 /kg·t^{-1}	煤比 /kg·t^{-1}	燃料比 /kg·t^{-1}	休风率 /%	坐料次数	入炉品位 /%	风温 /℃
1999	1.777	534	6	540	3.74	47	55.94	982
2000	2.067	425	101	526	2.77	39	55.96	1085
2001	2.040	401	121	522	2.51	69	56.05	1105
2002	2.113	390	130	520	2.66	38	56.81	1127
2003	1.912	464	82	546	2.00	84	57.81	1040
2004	1.895	475	53	528	5.09	48	56.64	1089
2005	2.265	414	106	520	0.27	0	56.92	1090
2006	2.325	397	135	532	1.48	1	56.46	1076
2007	2.271	400	130	530	3.04	11	55.90	1054
2008	2.198	421	136	557	0.26	4	54.54	1013

在“低铁高灰”的原燃料条件下，昆钢2000m³高炉的年度最佳燃料比指标曾经达到520kg/t的水平，第一代炉役年度最高利用系数也突破了2.3t/(m³·d)的大关。在21世纪之初，取得这样的成绩确实来之不易。但由于是第一次操作管理2000m³级别的大型高炉，昆钢炼铁工作者付出了相当程度的代价。具体表现为对大型高炉操作冶炼规律的掌握还不够成熟，高炉的稳定性与先进企业相比差距较大；对与大型高炉相匹配的精料技术研究不够透彻，识别主要矛盾和矛盾主要方面的能力不足；对K、Na、Pb、Zn等有害元素循环富集产生的危害，尤其是这种危害在中小型高炉和大型高炉上表现出来的差异认识不到位，应对处理办法不多。

5.1 风口上翘原因分析

5.1.1 风口焦取样分析

利用高炉检修机会采集了4个不同方向的风口焦样，其化学成分分析和反应性及反应后强度试验结果见表5-2。

表5-2 昆钢2000m³高炉风口焦检测结果 (%)

项目	挥发分	灰分	硫分	固定碳	Pb	Zn	K_2O	Na_2O	CRI	CSR
入炉焦	0.95	13.72	0.39	85.04	<0.01	<0.01	0.178	0.048	29.20	64.55
1号风口焦	1.10	38.10	0.20	60.37	0.94	3.74	0.93	0.11	41.50	51.28
2号风口焦	2.18	46.76	0.22	50.70	1.22	11.83	1.17	0.13	38.50	50.00
3号风口焦	0.50	30.21	0.14	69.02	0.82	0.41	0.31	0.088	45.00	47.27
4号风口焦	0.87	35.89	0.24	62.88	1.01	0.24	0.59	0.15	37.50	52.00

从表5-2可以看出：

(1) 风口焦中K_2O、Na_2O、Pb、Zn的富集相当严重，最高富集倍率分别为6.6倍、3.1倍、>122倍、>1183倍，其中Zn的富集率最高。

(2) 和入炉焦比较，风口焦反应性上升8.3%~15.8%，反应后强度下降12.55~17.28%。

K、Na、Pb、Zn等有害元素的循环富集，不但侵蚀和损害炉缸炉底的砖衬，而且对炉缸风口区焦炭质量造成影响，势必危及高炉高水平安全稳定的生产运行。

5.1.2 风口组合砖取样分析

采集了高炉4个方向的风口组合砖样进行化学成分分析，结果见表5-3。

表 5-3 昆钢 2000m³ 高炉风口组合砖成分分析 (%)

风口	Fe	Pb	Zn	K_2O	Na_2O	C	Ti	Al_2O_3
5 号	1.33	8.24	2.04	3.63	0.32	1.27	0.63	65.31
6 号	1.51	1.58	0.97	0.14	0.066	3.01	0.94	76.51
7 号	1.38	2.02	0.41	0.33	0.12	2.60	0.87	76.28
8 号	1.38	3.04	1.31	4.28	0.28	2.13	0.77	69.68

从表 5-3 可以看出：

(1) 所取试样含 Al_2O_3 高达 65.31%~76.51%，含碳量却很低，说明砖样确为风口棕刚玉组合砖。

(2) 不同砖样均含有相当数量的 Fe、Pb、Zn、K_2O、Na_2O 等成分，说明风口组合砖已不同程度受到上述物质的侵蚀。

(3) 风口组合砖样品中 Pb 含量较高，达到 1.58%~8.24%，这与风口大中小套和组合砖之间存在较多缝隙有关，也与 Pb 主要通过高炉内的各种气隙进行渗透的机理相吻合。

(4) 风口组合砖中含有一定数量的 Fe、Ti、C，表明在砖样表面的渣壳当中含有一定数量的 TiC，钒钛矿护炉的作用确实存在。

5.1.3 风口异常物

高炉检修时发现的风口异常物主要有从砖缝中流出的液态金属、风口堆积物、风口异常燃烧物等，分析结果见表 5-4。

表 5-4 昆钢 2000m³ 高炉风口异常物成分分析 (%)

风口	Fe	SiO_2	Pb	Zn	K_2O	Na_2O	CaO	MgO	Al_2O_3	FeO	MFe
9 号	10.44	16.98	6.99	20.49	2.96	0.25	5.03	1.09	6.65	8.62	6.70
10 号	20.43	8.70	10.37	22.98	3.23	0.19	7.12	1.37	3.72	20.34	4.61
11 号	0.13	—	98.90	—	<0.01	<0.010	—	—	—	—	—
12 号	0.415	—	49.86	24.08	14.07Bi，0.703As						

从表 5-4 可以看出：

(1) 风口砖缝中渗出的液态金属以 Pb 、Zn 为主。

(2) 部分风口异常物能够在风口前端燃烧，产生蓝白色火焰，冷却后有较多黄白色粉末状物体析出，从成分上看 Zn 含量高达 20.49%和 22.98%，分析为 Zn 燃烧生成 ZnO 所产生的现象。

(3) 部分风口异常物 Al_2O_3 含量较高，Al_2O_3/SiO_2 远远超出正常炉渣的范围，说明风口周围的棕刚玉砖已受到侵蚀，Al_2O_3 开始进入渣铁堆积物中。

5.1.4 风口砖样扫描电镜检测结果

根据砖样化学成分分析结果，选择部分有代表性的风口组合砖样进行扫描电镜分析，其典型结果见图 5-1 和表 5-5。

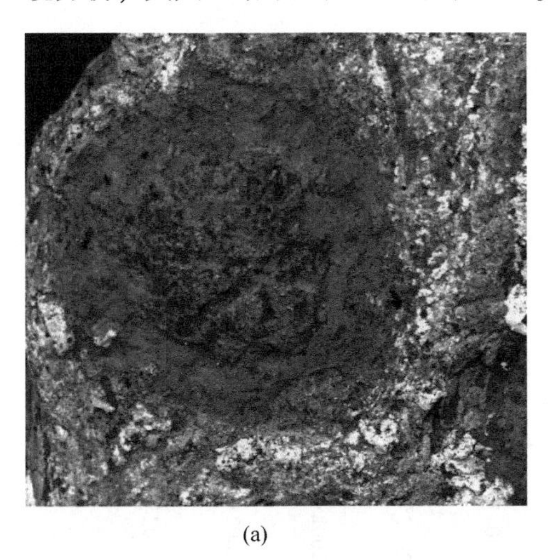

(a)

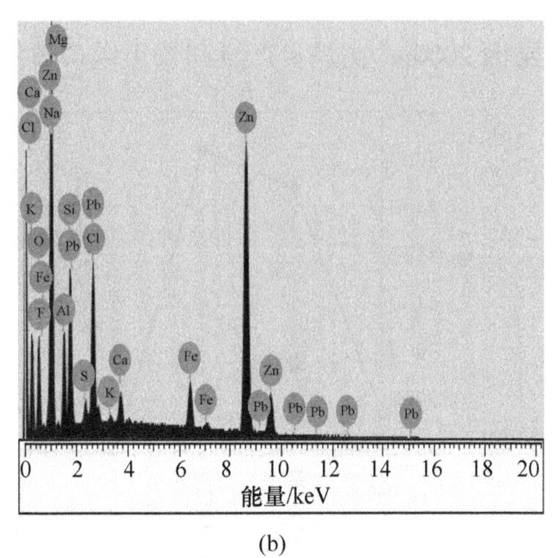

(b)

图 5-1 风口砖肿瘤状侵蚀带中心电镜分析结果

表 5-5 风口砖肿瘤状侵蚀带中心电镜分析结果 (%)

元素	O (K)	F (K)	Na (K)	Mg (K)	Al (K)	Si (K)	S (K)	Cl (K)	K (K)	Fe (K)	Zn (K)	Pb (K)	合计
重量	10.68	0.48	3.32	0.41	4.66	6.50	0.59	5.91	0.21	3.62	61.53	0.91	100
原子量	26.82	1.01	5.80	0.68	6.94	9.30	0.74	6.69	0.22	2.61	37.83	0.18	

注：括号中的 K 表示 K 激发。

从图 5-1 和表 5-5 可以看到，侵蚀严重的砖样，砖体疏松膨胀，逐步发展形成为肿瘤状侵蚀体，侵蚀体的核心部分主要是 Zn 单质及其氧化物，K、Na、Pb 等其他有害元素含量并不高。

5.1.5 风口上翘原因分析小结

通过综合调查分析认为，造成昆钢 $2000m^3$ 高炉风口上翘的原因可以分为物理作用和化学作用。物理作用是指金属 Pb、Zn 析出在风口中套周围充当了“金属衬垫”；化学作用主要是指 K、Na、Zn、Pb 等有害元素对风口组合砖的侵蚀破坏作用。就昆钢 $2000m^3$ 高炉的实际情况来看，风口上翘原因以化学作用为主，物理作用为辅。而化学作用当中又以 Zn 的危害为主，K、Na、Zn、Pb 的综合侵蚀和叠加效应为辅。

5.2 风口上翘的治理措施

5.2.1 定期校正风口中套

昆钢 2000m³ 高炉日产量和校正风口数量的关系如图 5-2 所示。

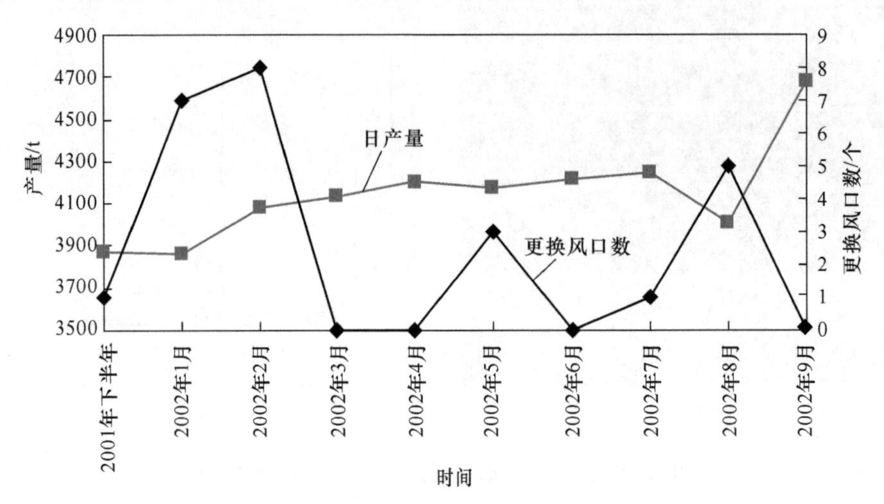

图 5-2 高炉日产量与校正风口数目的关系

首先对高炉风口中套安装尺寸进行动态跟踪测量，然后利用高炉计划检修的时机定期有针对性地校正风口。校正风口就是将风口中套拉出来，把中套下边突起的填料和砖衬削平以后再重新安装好。平均每次校正 6~8 个风口中套，3~4 次就可以把所有风口中套校正一遍。此举对于任何原因造成的风口上翘都直接而且有效。从图 5-2 可以看出，几乎每一次大规模校正风口之后都会带来高炉产量的提升；相反若较长时间不校正风口，高炉产量则会逐渐萎缩。

5.2.2 调整高炉送风制度

昆钢 2000m³ 高炉炉型设计的主要特点之一就是深炉缸，高度达到 4.4m，比国内 2500m³ 的高炉还要深，与 3200m³ 的高炉接近[4]。这个特点比较适合昆钢高原气象特征和入炉品位偏低、渣量较大的情况。较深的炉缸要求风口有一定的倾角，并且鼓风动能要较使用直风口的高炉更高一些，这样炉缸工作才能保持均匀活跃。风口上翘的直接危害就是部分抵消了斜风口的功效，导致炉缸深部的活跃性不足，炉缸边缘容易堆积，严重时还会导致风口烧损，频繁休风[5]。所以，风口上翘的高炉要继续维持炉况稳定顺行就必须对送风制度进行调整。首先要缩小风口直径，提高鼓风动能；其次要适当加大风口倾角。通过较长时间的摸索调整，昆钢 $2000m^3$ 高炉的风口进风面积从 $0.35m^2$ 逐步缩小到 $0.295m^2$，炉况顺行好转以后又逐步恢复到 $0.306m^2$，风口角度逐步从 0°增加到 5°，然后又调整为 7°，在生产实践中取得了比较好的应用效果。对于炉体上涨和风口上翘的高炉，通过缩小进风面积和使用斜风口来优化送风制度，已经成为一个共同的趋势。

5.2.3 强化主动护炉

对昆钢 $2000m^3$ 高炉炉缸炉底的温度场进行调查分析发现，总体上炉缸炉底温度比较正常，炉缸炉底砖衬并未受到异常侵蚀。但是，进入 2002 年以后，炉缸炉底各层温度变化较大，说明在此期间炉缸炉底受到的侵蚀比较严重，这也和砖衬上涨、风口上翘的时间基本吻合。因此，有必要在不影响高炉顺行的情况下，适当增加铁水 [Ti] 含量，以在炉缸炉底形成含一定量 Ti(C、N) 的保护层[8,9]，阻止有害元素进一步侵蚀砖衬，抑制砖衬上涨和风口上翘。调查组建议将铁水 [Ti] 含量控制在 0.08%~0.12%。昆钢按此要求适当增加了含 TiO_2 的勐桥精矿在混匀料堆中的配入量，收到了较好效果。

5.2.4 降低有害元素的入炉量

在昆钢地处祖国内陆深处，并且缺乏稳定优质的自产矿作为支撑的条件下，要实现精料和大幅度提高入炉品位，并不是一朝一夕的事。但是，自从发生 $2000m^3$ 高炉风口上翘之后，昆钢在降低 K、Na、Zn、Pb 等有害元素的入炉量方面做了大量的工作，并收到了明显成效。1999~2004 年昆钢 $2000m^3$ 高炉入炉有害元素负荷变化情况见表 5-6。

表 5-6 昆钢 $2000m^3$ 高炉有害元素入炉量变化情况 (kg/t)

年份	碱负荷	铅负荷	锌负荷
1999	4.75	0.328	0.831
2000	4.58	0.345	0.748
2001	4.79	0.339	0.786
2002	4.60	0.251	0.835
2003	4.41	0.176	0.885
2004	4.36	0.156	0.764

从表 5-5 可以看出，经过不懈努力，昆钢 $2000m^3$ 高炉的碱金属和铅的入炉量都得到了有效控制，2004 年和 1999 年相比降低幅度分别达到了 8.2%和 52.44%。虽然危害最大的锌的入炉量还没有明显下降，但碱金属和铅入炉量的降低，也会削弱 K、Na、Zn、Pb 几种有害元素的叠加效应，使 Zn 对高炉砖衬的破坏作用受到抑制。

5.3 风口上翘的治理效果

5.3.1 风口上翘幅度对比

将2002年1月和2004年10月项目组实测得到的昆钢2000m³高炉风口上翘情况进行对比，结果见表5-7。昆钢2000m³高炉所有26个风口2002年上翘幅度为2.4°~8.26°，平均为5.79°，2004年的上翘幅度为0~3.78°，平均为1.31°。与2002年相比，2004年的风口平均上翘角度减少了4.48°，相当于下降了77.37%。这说明昆钢2000m³高炉采取的治理措施是非常有效的。

表5-7 昆钢6号高炉风口上翘角度 (°)

年份	1号	2号	3号	4号	5号	6号	7号	8号	9号	10号	11号	12号	13号
2002	6.25	4.53	3.63	7.1	6.03	6.1	8.26	4.98	5.7	2.4	5.8	6.8	4.3
2004	3.78	0	0.76	1.51	0	2.27	3.02	1.51	0.76	1.13	1.51	1.51	2.27
年份	14号	15号	16号	17号	18号	19号	20号	21号	22号	23号	24号	25号	26号
2002	6.7	5.2	7.52	7.14	7.96	6.92	3.32	4.53	5.2	5.5	7.2	5.7	5.66
2004	0	1.51	3.4	0.76	0.76	0.76	1.89	3.02	0.76	0.76	0	0	0.38

5.3.2 风口上翘速度对比

若风口中套安装到位且未发生变形，则其后端面与大套法兰边缘的距离基本一致。但实际生产过程中，这个距离会发生不同程度的变化。我们分上下左右4点分别对昆钢2000m³高炉风口中套位移情况进行了跟踪实测，据此衡量风口上翘角度及变化速度，结果见表5-8。

表5-8 昆钢2000m³高炉风口中套变化情况对比 (mm)

年份	下测点位移量	上下测点的差值	下测点最大值	校正风口的效果
2002	30~60	60~120	868	明显
2003	15~30	30~50	832	一般
2004	10~25	20~45	834	较小

从表5-7可以看出：

(1) 2002年以前风口中套上下测点距离大套的差值一般为60~120mm，2004年上下测点的差值平均为20~45mm，变化幅度明显减小。

(2) 2002年以前下测点位移量为30~60mm，而2004年以来的平均水平只有10~25mm，表明风口上翘速度明显减缓。

(3) 2002 年以前风口中套下测点深度大部分在 830mm 以上，2004 年则大部分在 815mm 以内，最大值仅为 834mm，下测点位移量也明显减少。

(4) 2002 年以前校正风口对高炉生产的影响比较明显，而 2003 年以后校正风口的作用逐步减小，说明风口上翘速度呈逐步减缓的趋势。

5.4 高炉风口上翘治理小结

大型高炉风口集中发生严重上翘的情况在国内外都是比较少见的。昆钢通过综合调查分析，不但找到了造成风口上翘的主要原因，而且结合自身实际提出了若干有针对性的治理措施。通过综合治理，昆钢 2000m^3 高炉风口上翘情况得到了有效控制，风口上翘幅度和速度都明显降低，高炉继续保持安全稳定的生产。

参考文献

[1] 杨雪峰. 昆钢 2000m^3 高炉开炉达产实践 [J]. 炼铁，2000(19) 5：36~41.

[2] 苏立江. 昆钢 6 号高炉工艺装备特点 [J]. 炼铁，2002(S21)：36~41.

[3] 朱大复. 高炉中的有害元素——锌的危害及防治 [A]. 高炉有害元素汇编，水钢科技情报室编，1983，11：54~58.

[4] 张寿荣. 武钢 3200m^3 高炉的建设——我国高炉炼铁走向可持续发展的一次尝试 [J]. 炼铁，2001(S20)：2~7.

[5] 成田贵一. 碱及锌对炉衬侵蚀和风口上翘的影响 [A]. 司徒福炳，译. 钢铁译文集，1982，17(7)：8~12.

[6] 王西鑫. 锌在高炉中的危害机理分析及防治 [J]. 钢铁研究，1992，3：36~41.

[7] 李肇毅. 宝钢高炉的锌危害及其抑制 [J]. 宝钢技术，2002，6：18~20.

[8] 陶中明. 梅山 2 号高炉（第二代）生产实践 [J]. 炼铁，1999，2(18)：1~5.

[9] 赵黎明，陈濂. 湘钢高炉酿成“钛害”的教训 [J]. 炼铁，1999，4(18)：8~11.

6 昆钢 $2000m^3$ 高炉不明原因的炉况失常及应对措施

$2000m^3$ 的6号高炉，是昆钢历史上第一座现代化大型高炉[1,2]。在1998年6号高炉投产之前，昆钢最大的5号高炉容积只有 $620m^3$。一下子从全部使用国产装备的中小高炉跨越到具有国际先进水平的大型高炉，昆钢炼铁工作者经历了从依葫芦画瓢到形成自身技术特色的蜕变。在这个过程中，$2000m^3$ 的6号高炉先后经历了几次“原因不明”的炉况失常，当时由于认知水平的局限，对于炉况失常的原因一直没有形成定论[1~6]。现在回头看，就是为了把零散的经验进行加工提炼，从理论的高度对大型高炉的冶炼规律进行分析总结，为逐步形成具有昆钢特色的高炉强化冶炼技术体系提供支持。

6.1 2003年3次原因不明的炉况失常

6.1.1 1~2月炉况失常

2002年是昆钢 $2000m^3$ 高炉生产水平较高的一年，在平均入炉品位只有56.81%、焦炭灰分为14.0%的条件下（均为国内同类高炉的最差水平），取得了利用系数2.113t/(m^3·d)、燃料比520kg/t的较好成绩。1999~2005年昆钢 $2000m^3$ 高炉主要技术经济指标变化情况见表6-1。

表6-1 1999~2005年昆钢 $2000m^3$ 高炉主要技术经济指标变化情况

年份	利用系数 /t·(m^3·d)$^{-1}$	焦比 /kg·t^{-1}	煤比 /kg·t^{-1}	燃料比 /kg·t^{-1}	休风率 /%	坐料次数	入炉品位 /%
1999	1.777	534	6	540	3.74	47	55.94
2000	2.067	425	101	526	2.77	39	55.96
2001	2.040	401	121	522	2.51	69	56.05
2002	2.113	390	130	520	2.66	38	56.81
2003	1.912	464	82	546	2.00	84	57.81
2004	1.895	475	53	528	5.09	48	56.64
2005	2.265	414	106	520	0.27	0	56.92

然而2003年1月8日昆钢2000m³高炉却在事先没有任何征兆的情况下突然失常，经反复调整仍未好转，从而拉开了长达半年多炉况起伏不定的序幕。2003年1月8日7点28分昆钢2000m³高炉慢风处理槽下微机程序故障，后倾动溜槽不能正常布料，被迫于8点40分休风325min处理，复风后恢复过程中发生炉况失常。如果没有倾动溜槽故障，也许就不会有这次炉况失常，至少不会发生在2003年1月8日。所以说，炉顶设备故障引起休慢风是这次炉况失常的诱因。但是一次本来比较正常的休风和比较正常的炉况处理却持续了近2个月才基本恢复，搞过高炉操作的人都知道这已经不可能是单纯的操作问题，而是另有其他原因。球团矿停用、二烧提碱度、炉料结构的调整都可能是原因之一，但最重要的原因应当是焦炭热态性能指标下滑，以及高炉中部炉墙发生黏结。2003年1月8日前后焦炭的反应性和反应后强度分别为33.00%左右和59.00%左右，已经很难适应大型高炉的操作要求。中部炉墙的黏结有一个量变到质变的转化过程，2002年昆钢2000m³高炉就发生了炉体上涨和风口上翘的情况，表明有害元素的循环富集已经到了临界点；同时高炉在“低铁高灰”的原燃料条件下创造出了520kg/t的燃料比，这已经明显偏离国内外同级别大型高炉燃料比的“合理区间”，表明高炉有边缘气流过重的迹象。1月8日的休风，只是压垮骆驼的最后一根稻草而已。

6.1.2 3~5月炉况失常

昆钢2000m³高炉炉况于2003年3月初基本恢复正常，3月份日均产铁3934t，创当年最好水平，但炉况稳定性仍然比较差，3~5月共发生崩料11次、坐料30次，并且处理崩挂料的难度成倍增加，动辄堵风口、缩矿批、退负荷、集中加焦，生产蒙受巨大损失。分析这段时间的高炉生产，焦炭质量已有改观，矿石质量基本保持稳定，使用巴西球团矿后，炉料结构更趋合理，应该说原燃料质量已经不是导致炉况失常的主要原因。中部炉墙黏结的根子尚未完全消除、高炉操作调剂制度与操作炉型不规则的特点不适应是炉况频繁失常的主要矛盾。这段时间炉况失常最突出的一个特点就是始终无法解决边缘气流的合理分布问题。众所周知，高炉只有保持中心和边缘两道煤气流合理分布，才能保持炉况稳定顺行。而这段时间边缘气流受中部炉墙黏结未完全消除因素的影响而难以保持稳定合理，只能主要靠发展中心气流。一旦受外界条件影响发生崩挂料，中心气流受阻，整个高炉的气流分布制度就崩溃，炉况马上陷于失常。这段时间炉况的典型特征就是气流紊乱、顶温较高、焦比上升、下料时有阻滞。当时如果适当加大边缘布焦角度，保持适当强度的边缘气流，维持中等冶炼强度进行洗炉，避免急于进攻而引发炉况出现反复，估计炉况恢复的效果就会好很多。

6.1.3 7月份炉况失常

昆钢2000m³ 高炉于2003年6月7~9日进行了喷补造衬，并更换了布料倾动溜槽和校正了8个风口中套，复风后炉况恢复较好，日产量很快达到了4500t左右。这也从另外一个侧面验证了前期炉况失常的主要原因就是炉墙发生黏结导致正常的操作炉型遭到破坏。但是昆钢2000m³ 高炉于7月2日和7月20日又相继发生了两次炉况失常，共加焦950t，损失产量10000t左右。分析7月份的炉况失常，操作制度与喷补以后的操作炉型不相适应是主要原因。昆钢2000m³ 高炉喷补造衬以后炉况恢复顺利，但煤气流分布方面一个比较明显的变化就是中心气流突然非常旺盛，十字测温中心温度一度达到600~700℃（正常情况下为200~300℃）。为此昆钢多次调整高炉布料矩阵，过程当中在边缘气流尚未稳定的情况下，抑制中心气流，终于导致炉况失常，后因气流调整不当再次引起中部炉墙结厚。最后通过一段时间的洗炉操作，气流分布渐趋合理，炉顶温度下降到正常水平，焦比也逐步下降，高炉操作又呈现出了良好向上的势头。

总的来说，需要把操作炉型的维护与管理提升到高炉日常操作的核心地位，并且高炉喷补以后要根据炉型和炉容的变化情况，制定出一套能与之相匹配的操作制度，这样才能确保高炉在操作炉型修复以后能维持长周期稳定顺行。

6.2 我国一些大型高炉炉况失常和处理的经验教训

6.2.1 A公司5500m³ 高炉炉况失常和处理的经验教训

A公司5500m³ 高炉于2010年7月发生炉况失常，持续时间长，损失比较大。究其原因，都不是什么大的问题，比如高炉发生设备故障、炼焦压缩结焦时间等。其中有两点与昆钢高炉的炉况失常极度相似：煤气流分布的基础情况是长期边缘过重，中部炉墙发生黏结，中心过吹；炉况失常前期判断和处理有误，以堵风口、加风量活跃炉缸为主，从而错过了最佳的处理时机，小病拖成大病。对于5500m³ 的大型高炉，大家首先想到的是容易发生炉缸吹不透和中心受阻，而实际情况反而是因为边缘过重和炉墙黏结引发炉况失常。可见大型高炉发生中部炉墙黏结是业界通病，由于操作管理理念跟不上，在炉况失常初期往往因为辨症不明、处置失当而错失战机。最典型的毛病就是没有判断清楚炉况失常的根子是中部炉墙黏结，没有相应发展边缘气流，也没耐下心来进行洗炉，而是采取退负荷、缩矿批、堵风口等常规措施，并且在恢复风量上急于求成，最终造成炉况二次失常，中部炉墙黏结越结越厚，高炉炉况积重难返。

6.2.2 M公司4000m^{3}高炉炉况失常和处理的经验教训

M公司4000m^{3}高炉在2013年8~10月期间，开始为期50天的干熄焦年修，年修期间改用水熄焦，尽管采取了退负荷等措施，但是还是出现了炉况波动，最终在2014年2月发生炉况严重失常。这也可以算是一起“原因不明”的失常，与昆钢2000m^{3}高炉当初的情况非常类似。分析炉况失常的原因同样主要是两条：一是边缘气流长期过重导致炉墙发生黏结；二是处理炉况初期采取了堵风口、吹活炉缸的常规措施，没有对症下药，从而贻误了处理时机。干熄焦的检修只是一个表面现象，只是压垮骆驼的最后一根稻草而已。可见同样的问题，不仅昆钢出现，在业内大型高炉的生产实践中，也是具有相当普遍性的。根据宝钢的生产实践经验，这是高炉大型化以后最容易出现的通病，不治愈“腰疼病”，大型高炉是没有办法实现长周期高水平稳定顺行的。

6.2.3 S公司5800m^{3}高炉炉况失常和处理的经验教训

S公司5800m^{3}高炉是全国最大的高炉。该高炉在2016年2月也发生了一次损失非常巨大的炉况失常，最终是通过较长时间用锰矿洗炉才解决问题。该高炉炉况失常的根源，同样来自于边缘气流长期过重，以及中部炉墙发生黏结。其实比炉况失常危害更大的是大家对中部炉墙黏结普遍缺乏防范意识，并且处理炉况失常时第一反应基本上都是堵风口和加焦炭，直到常规措施用尽而炉况还未恢复正常的时候，才会怀疑高炉炉墙结厚。这样一来势必造成炉况失常的处理周期长、损失大。宝钢炼铁专家认为这是由于国内企业对于大型高炉的操作规律认识不足、对煤气流的合理分布观念落后所造成的。根据宝钢的经验，在处理大型高炉“原因不明”的炉况失常时，千万不能忘记评估炉墙黏结的可能性，对于煤气流合理分布的认识，大型高炉不同于中小高炉，无料钟炉顶不同于钟式炉顶。只有在平时的工作中加强对合理操作炉型的维护与管控，并与“高炉体检”结合起来，做到早发现、早治疗、治未病，才能达到防患于未然和长治久安。

6.2.4 宝钢高炉历史上几次典型的炉况失常和处理的经验教训

宝钢大型高炉几次典型的炉况失常及处理情况见表6-2。

表6-2 宝钢高炉典型炉况失常及应对情况

序号	高炉	炉容	失常时间	失常情况	失常原因	处理措施
1	1号高炉	4063m^3	1990年8月	炉腹、炉腰黏结	边缘过重，炉况失常初期处理应对不当，急于恢复风量	花1个月减产洗炉，疏松边缘

续表 6-2

序号	高炉	炉容	失常时间	失常情况	失常原因	处理措施
2	1 号高炉	4063m³	1996 年 3~6 月	炉身上部 Zn 黏结，历时 3 个月多次悬料	烧结回收使用炼钢高 Zn 除尘灰，高炉 Zn 负荷超标	提高炉温，降低入炉 Zn 负荷，疏松边缘，降低冷却强度
3	3 号高炉	4350m³	1996 年 10~12 月	连续 5 次大凉，有炉缸冻结危险	边缘过重，操作炉型不合理	疏松边缘，减小布矿角度 2°

从表 6-2 可以看出，宝钢大型高炉几次典型的炉况失常均与边缘气流过重、炉墙黏结有关[7]。在处理应对方面，宝钢在初期也碰到了炉况失常原因分析不明，急于恢复风量，导致失常周期长达 1~4 个月的问题。直到最终探明炉况失常的根由系煤气流分布不合理，并有针对性地采取减小布矿角度 2°之后，宝钢高炉才真正走上了长周期稳定顺行的道路。

6.3 昆钢 2000m³ 高炉与国内其他大型高炉炉况失常的共同点

（1）初次失常原因不明。所谓“原因不明”，是指风起于青萍之末，一些看似不起眼的小问题，最终导致大型高炉炉况突然严重失常。比如昆钢 2000m³ 高炉的炉顶布料溜槽故障、M 公司 4000m³ 高炉的干湿焦切换以及 A 公司 5500m³ 高炉炼焦压缩结焦时间等，都是高炉工长非常熟悉的日常操作，一般人不会意料到在这样的情况下炉况会突然失常。

（2）常规处理措施往往难以奏效。也正因为“原因不明”，所以常规处理措施往往缺乏针对性，一击不中之后反复试错，最终将小毛病拖成大疾病。时间一长，高炉的元气受到损伤，各种各样的并发症就会相继出现，高炉就将陷入旷日持久的艰难调整恢复期。

（3）缺乏基础数据的积累，不容易发现中部炉墙结厚迹象。高炉中部炉墙结厚是一个日积月累的缓慢过程，初期还可能出现高炉燃料比逐步降低的良好现象，不容易引起操作者的关注。并且如果比较的时间周期不够长，很有可能发现不了炉墙温度逐步下降的蛛丝马迹，甚至在分析炉况时还早早就排除了炉墙结厚的可能性。这样就很可能会错过处理炉况的最佳时机。

（4）炉况得到恢复的具体原因难以界定。由于炉况失常时间很长，加之各种并发症都有，因此高炉被迫开始狠抓焦炭质量、矿石质量和操作管理，久而久之总有一两招是对症的，炉况也就慢慢恢复了。事后进行分析总结时，估计也会分析出若干条原因，但真正的敌人仍然没有找到。它仍然会潜伏在某个角落里，等到时机成熟时再次出来兴风作浪。

6.4 处理大型高炉炉况失常应该遵循的共同原则

6.4.1 要将操作炉型的管理放在首位

昆钢针对大型高炉容易发生炉墙黏结的实际，强调在平时的生产组织过程中要树立将管理和维护操作炉型放在第一位的思想。操作制度的制定、工艺参数的控制及炉况的调整处理等都要首先考虑是否有利于维持合理的操作炉型，并寻找部分比较敏感的炉墙热电偶温度作为控制目标，将这些温度值控制在一个相对比较合理的范围内。以昆钢 2000m^3 高炉为例，通常以炉身下部和炉腰最低 4 点热电偶温度的平均值作为控制目标，将这两处的温度分别控制在 90~120℃和 110~140℃的范围内，这样有利于保持软熔带根部渣皮的稳定、形成合理的操作炉型和保持炉况稳定顺行。同样以昆钢 2000m^3 高炉 2003 年的炉况失常为例，当时高炉中部区域炉墙温度普遍低于正常水平。进一步分析发现，高炉中部炉墙温度的降低，首先发生在炉身下部，然后随着时间的推移，2 个月以后传递到炉腰，3 个月以后才蔓延到炉腹。由此可见，中部炉墙的黏结，首先是粉末+有害元素的固相烧结，然后才逐步与软熔带根部的渣皮连为一体，并非像人们想象的那样，由于软熔带根部上下移动而产生的黏结。如果对高炉操作炉型监管到位，高炉操作者是有足够的时间和机会去有效防治中部炉墙结厚的。昆钢 2000m^3 高炉中部炉墙温度变化情况见表 6-3。

表 6-3 昆钢 2000m^3 高炉中部炉墙温度变化情况 （℃）

时间	炉身下部最低4点温度平均	炉身下部8点温度平均	炉腰最低4点温度	炉腰8点温度平均	炉腹温度
1999 年	143	186	130	170	186
2000 年	140	229	128	196	147
2001 年	107	164	117	165	128
2002 年	103	147	121	152	116
2003 年 1 月	81	119	119	136	119
2003 年 2 月	98	121	144	163	132
2003 年 3 月	88	141	100	117	108
2003 年 4 月	84	147	107	113	88
2003 年 5 月	80	96	100	111	98
2003 年 6 月	80	103	90	99	96
2003 年 7 月	84	114	105	113	109

从昆钢 2000m^3 高炉炉身下部和炉腰温度变化情况来看，高炉冶炼大体可以分为三个阶段：

（1）1999~2000 年为高炉冶炼基础期，炉墙温度较高并且相对稳定，高炉利用系数和燃料比指标保持在设计能力水平附近（昆钢 2000m^3 高炉设计利用系数为 1.89t/(m^3 · d)）。

（2）2001~2002 年为高炉冶炼强化期，主要技术经济指标远超设计能力，利用系数逐步提高，燃料比逐步下降，炉身下部温度和炉腰温度也呈现出逐步下降的趋势。这时如果能在高炉燃料比逐步偏离“合理区间”的时候踩一下刹车，采取适当发展边缘气流的操作制度，也许高炉的炉况失常即可避免。

（3）2003 年为高炉炉况失常期，炉身下部、炉腰和炉腹温度都明显低于基础期和强化冶炼期。相对而言，炉身下部温度最为敏感，炉腰温度次之，炉腹温度敏感性则相对较差。

6.4.2 要大胆调整布料矩阵，适当放开边缘气流

稳定合理的煤气流分布是高炉顺行的基础，针对大型高炉容易发生炉墙黏结的特点，平时操作中不应过分抑制边缘气流。如果发现高炉燃料比突然原因不明地低于正常水平、煤气利用率连续超上限指标，应引起高度戒备，尽快疏松边缘、降低负荷，而不应盲目乐观，丧失警惕性。处理炉况轻度失常时，除常规技术手段之外，还要适当疏松边缘，注意调整冷却强度，将中部炉墙温度和热流强度控制在合理区间，不能盲目依赖无料钟炉顶的深空料料线补偿机制。对大型高炉合理煤气流分布的控制，一定要摆脱“钟式中小高炉”思维模式的桎梏，通过布料溜槽的灵活倾动来控制高炉径向和圆周方向的矿焦负荷分布，在中心气流有保证的基础上适当发展边缘气流。与“钟式中小高炉”所不同的是，对大型无料钟高炉而言，适当发展边缘气流并不一定会导致燃料消耗大幅度上升。这是因为大型高炉适当放开边缘气流，目的是使高炉径向和周向的矿焦分布更加均匀合理，这样煤气的热能和化学能反而利用得更加充分，效果完全不同于中小高炉的“小矿批倒装”模式。大型高炉只有在边缘气流长期过度发展的情况下，才会导致燃料比指标大幅度升高。对于有过钟式中小高炉操作经验的人来说，要打破这样的操作惯性确实需要一个过程。

6.4.3 要更加重视“中部调剂”承上启下的作用

说到高炉的“中部调剂”，历来存在一些争议。有些人认为要高度重视、加强管理，让它发挥承上启下的作用。也有些人认为“中部调剂”会影响高炉的使用寿命，搞不好会打乱上下部调剂的节奏，从而产生事与愿违的结果。作者认为应该辩证地看问题，应该用发展的眼光看问题。要加强高炉合理操作炉型的维

护与管理，中部调剂就是绕不开的话题。通过加强中部调剂，高炉的操作炉型得到了维护，高炉的长寿和顺行实现了和谐的统一[7~10]。而从发展的角度来看，高炉中部炉墙容易结厚、无料钟炉顶深空料补偿角度不够等问题，是高炉大型化以后普遍出现的现象，与时俱进地加强高炉中部调剂，无疑是一种科学而且实事求是的态度。

关于中部调剂的风向标，炉墙温度最为敏感，尤其是炉身下部的炉墙温度，热流强度次之，而水温差的反应往往是最慢的。很多高炉操作者往往是根据看水工、配管工向其反应的水温差变化来判断，但这个时候如果没有偶然因素的影响，高炉还会表现出一种燃料比不断降低的繁荣假象。他不知道的是此时炉墙的黏结已经是冰冻三尺非一日之寒了。这个时候高炉的失常，已经从偶然变成了必然。如果炉况失常以后还是没有这根筋，那就需要等无数次试错之后才能找到正确的应对措施，巨大的损失也就难以避免了。

6.4.4 要搞好喷补及喷补后的操作

喷补造衬是高炉中后期修复操作炉型和延长高炉寿命的有力措施。但是高炉在喷补前后实际容积和操作炉型都会有很大的改变，如果操作制度不配套或不适应，也有可能会引发炉况失常。昆钢 2000m^3 高炉在 2003 年 6 月份喷补以后就发生了一次炉况失常。因为是全冷却板冷却结构高炉，喷补料附着层较厚，所以 2000m^3 高炉在完成喷补以后，实际炉容一下子就缩小了 100~200m^3。这时继续沿用喷补以前的操作制度，就会出现高炉中心气流过分发展的现象，由于应对处理不及时，煤气流的正常分布被打乱，造成高炉炉墙黏结，最后不得不退负荷洗炉才使炉况逐步恢复。因此在喷补之前和喷补以后对高炉操作炉型的变化情况进行评估，并有针对性地适时调整高炉操作制度是很有必要的。

6.4.5 要进一步提升高炉的精料管控水平

高炉中部炉墙黏结发端于粉末聚集和 Zn 等有害元素的黏结作用。这个时候的精料策略首先是减少粉末，其次是降低有害元素摄入量，最后是改善焦炭质量增强高炉的抵抗力。对于昆钢高炉而言，提高高炉入炉品位可以说是一举多得，既降低了渣量，又降低了有害元素的入炉量，具有“双向调节”作用。改善焦炭质量，尤其是提高炉缸焦炭死料柱“炉芯”中的焦炭强度，保持炉缸工作的活跃性，一方面有利于炉况恢复，另一方面也会降低操作者大面积堵风口吹活炉缸的冲动。降低高炉入炉粉末的工作同样重要，此举有利于改善高炉的透气性，有利于增强高炉的稳定性，有利于炉况的顺利恢复。

6.4.6 不要轻易大面积堵风口操作

缩矿批、退负荷、堵风口乃至大量加焦，都是处理特殊炉况的常规手段。如果高炉中部炉墙发生黏结，炉况失常，贸然大面积堵风口，不但不利于炉况恢复，而且有可能会加剧炉墙黏结，导致炉况恢复的难度增加。之所以很多高炉操作者会出现误判，就是因为炉墙黏结以后，高炉的受风情况会逐步恶化，如果焦炭质量再不好，就会出现种种炉缸不活跃和中心堆积的迹象。高炉操作者很有可能会把炉况失常的原因归咎于鼓风动能不足，他们在呼吁改善焦炭质量的同时，也会采取大面积堵风口提高鼓风动能企图吹活炉缸的调剂措施。其实这个时候适当堵风口是必须的，但目的是为了降低冶炼强度退负荷洗炉，而不是为了提高鼓风动能强行吹活炉缸。一念之差，处理炉况的实际效果就会天差地别。在这个时候，关于中部调剂和合理操作炉型维护管理的基础工作就非常重要了。如果有了平时的积累，此时不难判断高炉中部炉墙有没有发生黏结，也就更容易做到对症下药、精准施策了。

参考文献

[1] 杨雪峰．昆钢 2000m³ 高炉开炉达产实践［J］．炼铁，2000，5(19)：36~41.

[2] 苏立江．昆钢 6 号高炉工艺装备特点［J］．炼铁，2002(S21)：36~41.

[3] 杨光景，杨武态，杨雪峰．昆钢 2000m³ 高炉十年生产技术进步［J］．昆钢科技，2008(S)：1~6.

[4] 董建坤，栗玉川．昆钢 2000m³ 高炉 2007 年 11 月炉况失常处理［J］．昆钢科技，2008(S)：45~49.

[5] 王涛，汪勤峰，王亚力，等．昆钢 2000m³ 高炉炉缸炉底破盾情况调查［J］．昆钢科技，2014，2：1~8.

[6] 董建坤．昆钢 2000m³ 高炉单系统生产实践［J］．昆钢科技，2019，1：14~17.

[7] 朱仁良．宝钢大型高炉操作与管理［M］．北京：冶金工业出版社，2018.

[8] 周传典．高炉炼铁生产技术手册［M］．北京：冶金工业出版社，2003.

[9] 成兰伯．高炉炼铁工艺技术手册［M］．北京：冶金工业出版社，1991.

[10] 安朝俊．首钢炼铁三十年［M］．北京：首都钢铁公司，1983.

7　昆钢 2500m³ 高炉强化冶炼实践

昆钢 2500m³ 高炉于 2012 年 6 月 26 日投产以来，经过不断的摸索调整，充分利用低硅冶炼、高压操作、高风温、富氧喷煤等强化冶炼措施，各项经济技术指标逐年持续提高和改善[1~6]。尤其是 2017 年以后，高炉的日均产量超过 7000t，月平均利用系数一度达到 2.9t/(m³·d)，年平均利用系数也在 2019 年达到了 2.70t/(m³·d) 的水平[3~6]。更加令人惊奇的是，这样的利用系数和冶炼强度居然是在全国最低入炉品位和最高焦炭灰分的“低铁高灰”原燃料条件下取得的[1~6]。到昆钢参观、考察的兄弟企业和专家学者都觉得不可思议，纷纷建议昆钢对 2500m³ 高炉“低铁高灰”条件下的极限强化冶炼技术进行分析总结，供业界同行参考借鉴。

7.1　在全国同类高炉中矿石入炉品位最低、焦炭灰分最高

昆钢新区 2500m³ 高炉矿石综合入炉品位变化情况见表 7-1，焦炭质量指标见表 7-2。

表 7-1　昆钢新区 2500m³ 高炉矿石综合入炉品位

年份	2014	2015	2016	2017	2018	2019	2020
入炉品位/%	51.38	53.77	54.18	55.06	56.35	56.30	54.74

表 7-2　昆钢新区 2500m³ 高炉焦炭质量指标

投产时间/年	灰分/%	硫分/%	M_{40}/%	M_{10}/%	反应性/%	反应后强度/%	平均粒度/mm	均匀系数
1	14.09	0.60	88.66	4.95	28.16	64.10	55.27	2.30
2	14.05	0.58	87.41	5.19	27.44	64.75	56.56	2.13
3	14.24	0.58	88.94	4.75	27.83	64.71	53.98	2.64
4	13.98	0.60	88.36	4.88	27.46	65.08	52.44	1.59
5	13.96	0.58	88.23	5.15	26.66	66.51	55.48	2.45
6	13.81	0.59	89.21	5.06	27.09	64.37	52.44	2.35
平均	14.03	0.59	88.44	4.99	27.50	64.91	54.48	2.20

从表 7-1、表 7-2 可以看出，2014~2020 年 7 年间昆钢新区 2500m³ 高炉矿石综合入炉品位为 51.38%~56.35%，在全国同类高炉中处于最低水平；昆钢新区 2500m³ 高炉焦炭灰分平均为 14.03%，处于全国同类高炉的最高水平。

7.2 创造全国同类高炉利用系数最高纪录

昆钢新区 2500m³ 高炉主要技术经济指标见表 7-3。

表 7-3 昆钢新区 2500m³ 高炉主要技术经济指标变化情况

年份	入炉品位 /%	利用系数 /t·(m³·d)⁻¹	焦比 /kg·t⁻¹	焦丁比 /kg·t⁻¹	燃料比 /kg·t⁻¹	休风率 /%
2013	52.4	2.11	365	22.1	548	5.5
2014	51.4	2.10	383	19.6	558	3.0
2015	53.9	2.32	359	16.9	526	2.8
2016	54.2	2.39	346	17.6	519	1.9
2017	55.0	2.49	347	22.8	531	3.0
2018	56.3	2.67	358	23.8	533	2.2
2019	56.3	2.70	362	21.2	533	2.3
2020	54.7	2.52	359	21.6	532	3.0

从表 7-3 可以看出，2018 年、2019 年昆钢新区 2500m³ 高炉的利用系数及冶炼强度指标均创国内同类高炉的新纪录，但综合入炉品位属于全国最低、焦炭灰分属于全国最高，在“低铁高灰”的原燃料条件下能够取得如此亮眼的技术经济指标，殊为难能可贵。如果将昆钢新区 2500m³ 高炉综合入炉品位提高到 58%以上，焦炭灰分降低到 12%以内，按照业界公认的补偿系数进行计算，则昆钢新区 2500m³ 高炉的利用系数将达到 3.0t/(m³·d) 以上，燃料比将低于 495kg/t，堪称世界超一流水平。

7.3 治理高炉中部炉墙结厚初见成效

(1) 适当发展边缘气流。在上部装料制度上，昆钢新区 2500m³ 高炉确定了“稳定中心气流，适当发展边缘气流，不追求过低燃料比”的操作方针[7-12]。通过炉顶热成像仪定性观察，配合炉墙温度、热流强度的定量监测，综合判断高炉边缘煤气流强度是否合适。根据需要灵活调整高炉布料矩阵，控制好高炉径向和圆周方向的矿焦负荷分布，确保煤气流分布稳定合理。如果遇到煤气利用率不明原因的突然升高，应及时调整矿焦负荷，适当疏松边缘，不追求过低的燃料比。在高炉休复风和深空料作业过程中，注意适当疏松边缘气流，不过分依赖无料钟炉顶的料线补偿机制。昆钢新区 2500m³ 高炉的燃料比在 2016 年达到了 519kg/t，创历史最好水平，但是当年的综合入炉品位只有 54.2%，比历史最高水平低 2.1%。可见导致昆钢新区 2500m³ 高炉综合燃料比创历史最好水平的主要因素并不是综合入炉品位，而是装料制度和煤气利用率。由于频繁发生中部炉墙黏结，昆钢新区 2500m³ 高炉不得不放弃了追求过低燃料比的装料制度，将燃料比控制在 530kg/t 左右的合理水平，并且更加注重中心和边缘两道煤气流分布的平衡[8~12]。正是解决了煤气流合理分布的问题，昆钢新区 2500m³ 高炉才真正实现了冶炼强度的新突破，创造了年平均利用系数 2.70t/(m³·d) 的历史最好水平。

（2）保证中部炉墙温度落在合理区间。选择最为敏感的炉身下部、炉腰和炉腹温度进行跟踪监测，确保各个位置的热电偶温度都处于合理区间。一旦某个部位的温度低于控制标准，必须向厂级领导报告，并采取相应措施。

（3）加强中部调剂。平时注意监测高炉敏感部位的热流强度，并与控制标准进行比较。如果某个部位的热流强度低于控制标准，在向厂级领导报告以后，应及时调整该部位水量、进水温度和水温差。如果热流强度仍然未回归到正常水平，应果断发展高炉边缘气流，乃至实施洗炉。

（4）降料面清除炉墙黏结。在确认高炉发生黏结以后，根据昆钢 2500m³ 高炉的生产实践经验，可以组织休风，利用休风后炉体冷却壁壁体温度变化引发的热胀冷缩应力，使黏结物和炉墙发生分离脱落。在复风过程中注意控制好赶料节奏和高炉的热平衡。这样在高炉的操作炉型得到修复以后炉况很快就能转顺[9~12]。

（5）改善原燃料质量。昆钢 2500m³ 高炉在平时的操作中特别重视焦炭反应性和反应后强度指标的控制，并通过加强槽下筛分管理，千方百计降低高炉入炉粉末。在外部矿石综合质量难以彻底改观的前提下，将高炉布袋除尘灰外销给炼 Zn 企业作为原料，并将含 Zn 量相对较低的重力除尘灰投入到专门的浮-重联合选矿流程进行分选，在实现 Fe、C 分离的同时，也能脱除 70%以上的有害元素。这些措施在很大程度上降低了 K、Na、Pb、Zn 等有害元素对高炉冶炼的危害。

7.4 炉缸工作状态研究独具特色

昆钢 2500m³ 高炉是昆钢历史上最大的高炉，炉缸直径为 11.6m、炉缸深度达到 4.6m。在“低铁高灰”的原燃料条件下，能不能保持大型高炉炉缸工作活跃，一直是昆钢炼铁工作者关注的焦点问题之一。除了效仿 2000m³ 高炉逐步缩小进风面积，保持比较高的鼓风动能以外，高炉工作者也在思考，应该用什么指标体系来评价高炉炉缸的活跃程度。传统的方法是用风口回旋区长度与炉缸直径的比值来评价炉缸工作的活跃程度，但这种方法因为风口回旋区长度难以直接测量而缺乏可操作性。也有人认为可以用高炉炉底中心温度与炉缸侧壁温度的比值来判断炉缸工作的活跃程度，但这种方法也因为炉缸炉底温度存在一定的滞后性而不够敏感。所以昆钢炼铁工作者的最终思路是，充分学习借鉴宝钢、首钢等大型高炉的实践经验[14~16]，再结合昆钢自身实际，对影响炉缸工作状态的诸多要素进行综合量化打分，然后用加权平均分数量化评价炉缸的活跃程度。

7.4.1 首钢5000m³ 高炉炉缸活跃性指数与风口焦质量的关系

7.4.1.1 首钢炉缸活跃性指数表达式

首钢5000m³ 高炉炉缸活跃性指标计算公式见式（7-1）[17,18]。

$$ACT = \frac{C}{\xi} = C \cdot \frac{\left(\frac{d_p}{d_0}\right)^2 \cdot \varepsilon^3}{\frac{\mu}{\mu_0} \cdot (1 - \varepsilon)^2} \tag{7-1}$$

式中，ACT 为炉缸活跃性指数；C 为常数，$C=1.0\times10^5$，设置常数 C 的主要目的是为了提高炉缸活跃性指数的量级，便于高炉操作人员使用；ξ 为无量纲化的渣铁流过焦炭料柱时的阻力系数；d_0 为特征粒径，表示入炉焦炭的平均粒径，mm；d_p 为炉缸内焦炭平均粒径，mm；ε 为焦炭料柱的孔隙度；μ_0 为特征黏度，根据 $CaO-SiO_2$ 二元渣系黏度和温度之间的关系，当温度为1500℃、碱度为1.2时，$\mu_0=0.35Pa\cdot s$；μ 为渣铁的动力黏度，Pa·s，表示渣铁的流动特性。

由式（7-1）可知，首钢高炉是使用死料柱的透液性、透气性来评价炉缸工作活跃程度的。换句话说，首钢高炉主要通过鼓风动能和死料柱中的焦炭粒度来评价炉缸的活跃程度。死料柱透气性和透液性的背后，隐藏着“炉芯”温度高低这项指标，“炉芯”温度高一些，表明鼓风穿透死料柱的能力更强，死料柱中的渣铁流动性就会更好。

7.4.1.2 炉缸活跃性指数与下部压差的关系

首钢5000m³ 高炉炉缸活跃性指数与下部压差的关系如图7-1、图7-2所示。

首钢5000m³ 级高炉的炉缸活跃性指数与高炉下部压差的相关性非常强[17,18]，这一方面表明用炉缸死料柱的透气性和透液性为主要内容来表征高炉炉缸的活跃性是合理的，另一方面也表明日常操作中可以通过上下部压差的差异来区分高炉透气性不好是块状带的问题还是炉缸工作欠活跃的问题。

7.4.1.3 风口焦粒度与炉缸活跃性指数的关系

首钢5000m³ 高炉风口焦粒度与炉缸活跃性指数的关系如图7-3所示。

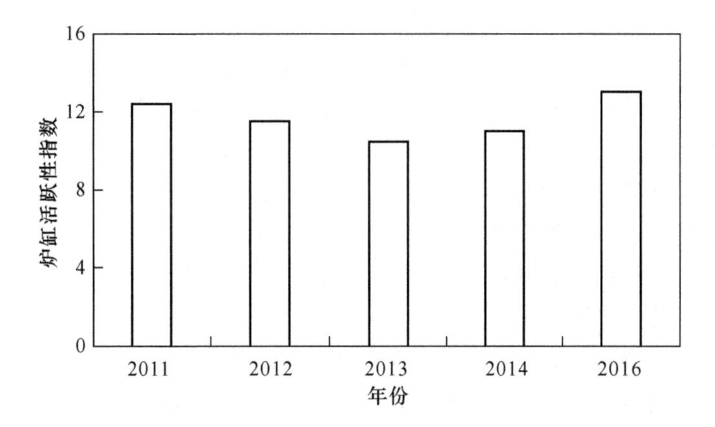

图 7-1 首钢京唐 2 号高炉炉缸活跃性指数

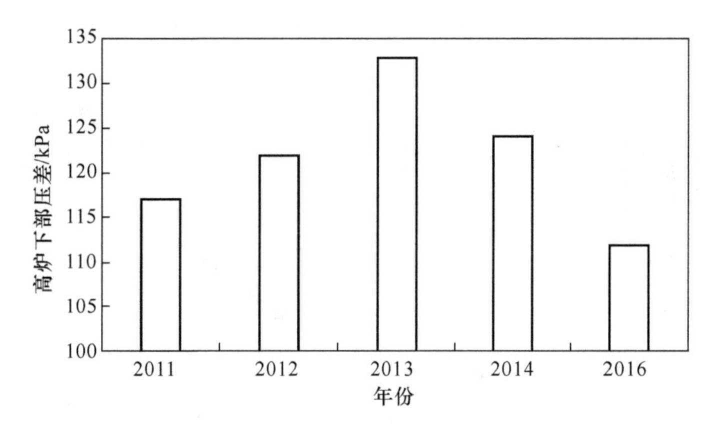

图 7-2 首钢京唐 2 号高炉下部压差情况

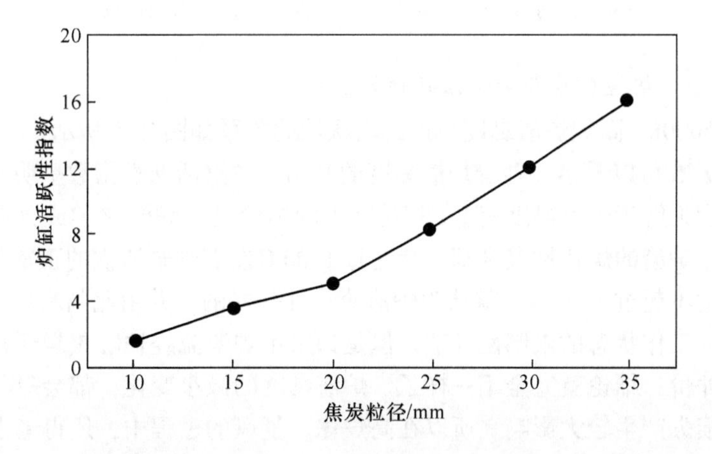

图 7-3 首钢 5000m³ 高炉风口焦粒度对炉缸活跃性指数的影响

从图 7-3 可以看出，炉缸焦炭平均粒径与高炉炉缸活跃性指数的相关性非常强，死料柱中焦炭粒径越大，炉缸活跃性指数越高[17,18]。这个道理看上去非常浅显，但是在具体分析炉况时，却很少有人能够做到清晰而准确。比如某座高炉因为炉缸工作欠佳而出现了一些异常现象，绝大多数人首先想到的是如何停风堵风口提高鼓风动能，只会有极少数的人想到要从改善焦炭质量的方面入手。采用提高焦炭质量的方法来改善炉缸的活跃状态，时间滞后性非常长，确实有远水不解近渴之嫌。而这恰恰提醒我们，抓焦炭质量一定要早，最佳途径就是组织好日常的“高炉体检”工作。

7.4.1.4　风口焦孔隙度与炉缸活跃性指数的关系

首钢 5000m³ 高炉风口焦孔隙度与炉缸活跃性指数的关系如图 7-4 所示。从图 7-4 可以看出，首钢 5000m³ 高炉炉缸活跃性指数与死料柱焦炭的孔隙度之间有很强的相关性，焦炭孔隙度越高，炉缸活跃性指数也越高[17,18]。焦炭的孔隙度主要取决于焦炭粒度，焦炭粒度又主要取决于焦炭强度，尤其是热态强度。

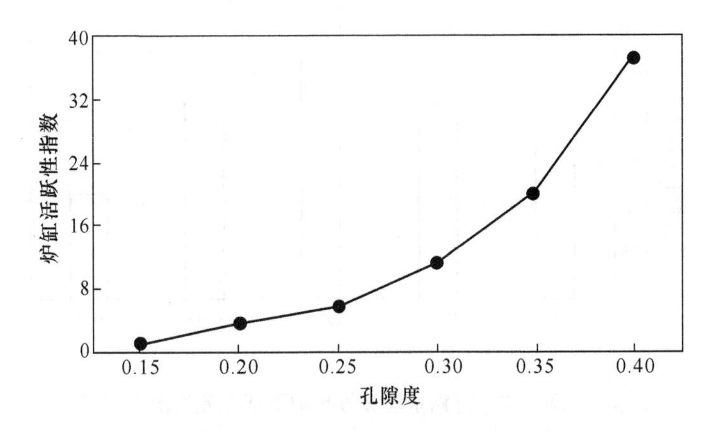

图 7-4　首钢 5000m³ 高炉料柱孔隙度对炉缸活跃性指数的影响

7.4.1.5　炉渣黏度与炉缸活跃性的关系

首钢 5000m³ 高炉炉渣黏度与炉缸活跃性的关系如图 7-5 所示。

从图 7-5 可以看出，随着炉渣黏度的升高，炉缸活跃性指数呈明显下降的趋势。传统理论解读炉渣黏度-温度曲线得出的结论是，炉渣化学成分在一定范围内变化时，炉渣的熔化性温度都不会超过 1500℃ 左右炉缸渣铁的正常温度，只要炉渣的黏度不超过 1Pa · s，就认为炉渣流动性是好的，并由此判断炉渣黏度不会是影响炉缸工作状态的限制性环节。但是如果用炉渣流经炉缸焦炭死料柱的阻力损失进行评价，结论就完全不一样了。炉渣黏度的微小变化，都会对其在死料柱中的阻力损失产生较大影响。所以在高炉休、复风的过程中，还得老老实实地操作，该提炉温提炉温，该降碱度降碱度，切莫因为觉得影响不大而放松警惕。要

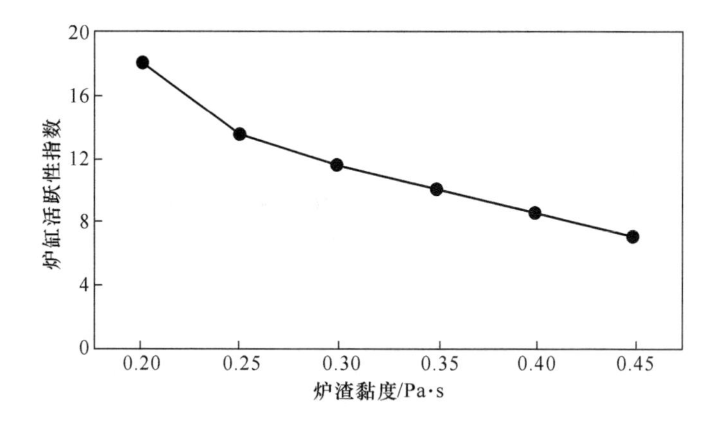

图 7-5 首钢 5000m³ 高炉炉渣黏度对炉缸活跃性指数的影响

降低炉渣的黏度，一方面需要对高炉渣相进行系统优化，另一方面需要保证炉缸渣铁具有相当程度的过热度，二者缺一不可。

7.4.2 宝钢 4000m³ 高炉炉缸活跃性指数与风口焦质量的关系

7.4.2.1 宝钢高炉炉缸活跃性指数表达式

宝钢推荐的第一个炉缸活跃性指数见式（7-2）[13,19,20]。

$$L = \frac{1}{H} + Q^2 \tag{7-2}$$

式中，H 为炉缸死料柱的阻力损失，与式（7-1）中的阻力系数物理意义基本一致；Q 为炉缸的温度强度，即炉缸渣铁温度与炉渣熔化性温度的比值。

宝钢推荐的第二个炉缸活跃性指数见式（7-3）[13,19,20]。

$$\begin{aligned} \mathrm{DMT} = {} & (0.165 \times T_{\mathrm{f}} \times V_{\mathrm{bosh}})/D_{\mathrm{H}} + 2.445(\mathrm{FR} - 483) + 2.91(\Delta T - 107) - \\ & 11.2(\eta_{\mathrm{CO}} - 27.2) + 28.09(D_{\mathrm{pcoke}} - 25.8) + 326 \end{aligned} \tag{7-3}$$

式中，DMT 为死料柱温度，℃；T_{f} 为理论燃烧温度，℃；V_{bosh} 为炉腹煤气量，m³/min；D_{H} 为炉缸直径，m；FR 为燃料比，kg/t；T 为炉渣流动性指数，℃；η_{CO} 为炉身探针测得的炉中心 CO 利用率，%；D_{pcoke} 为死料柱焦炭尺寸，mm；ΔT 为炉缸渣铁的过热度。

式（7-3）表明，如果用死料柱温度表征炉缸的活跃性，则其与理论燃烧温度、炉腹煤气量、燃料比、渣铁过热度、中心气流发展程度、死料柱焦炭粒度等指标正相关，而与炉缸直径负相关。

无独有偶，宝钢也是通过“炉芯”温度与死料柱的阻力损失来评价炉缸工作状态的，也同样聚焦于鼓风动能和死料柱中的焦炭粒度。

7.4.2.2 风口焦孔隙度与距风口距离的关系

宝钢高炉风口焦孔隙度与距风口距离的关系如图 7-6 所示。

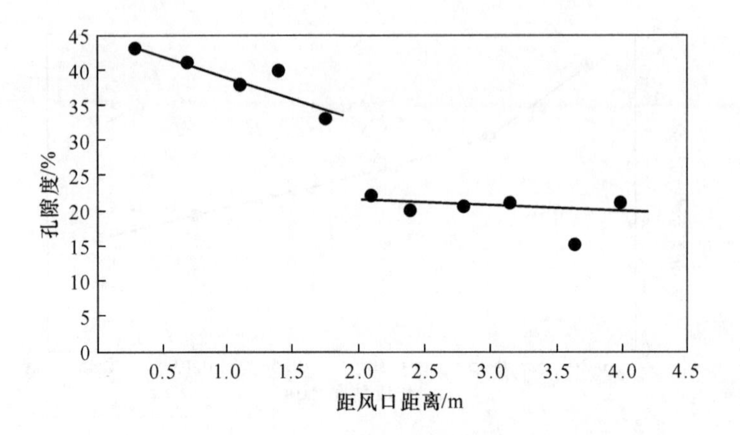

图 7-6　宝钢 2 号高炉风口焦孔隙度与距风口距离的关系

从图 7-6 可以看出，宝钢高炉炉缸焦炭的孔隙度呈明显的阶梯状分布：在风口回旋区之内，焦炭的孔隙度在 0.3～0.4 之间；而超出回旋区之后，焦炭孔隙度急剧下降，只有 0.2 左右[13,19,20]，下降幅度高达 30%～50%。表明风口回旋区内的焦炭更新速度比较快，质量也相对要好一些，而死料柱中焦炭的质量要差得多。因此不能直接用风口回旋区的焦炭粒度表征“炉芯”焦炭的粒度组成，二者具有明显的差异。

7.4.2.3　风口焦粒度与炉缸压差的关系

宝钢高炉风口焦粒度与炉缸压差的关系如图 7-7 所示。从图 7-7 可以看出，炉缸焦炭料柱的透气性阻力损失随着炉缸焦炭粒度的下降而上升，当焦炭粒度小于 15mm 时，阻力损失上升的斜率急剧升高，因此一定要努力想办法减少炉缸焦炭小于 15mm 的占比[13,19,20]。要做到这一点，唯一的办法就是控制好入炉焦炭质

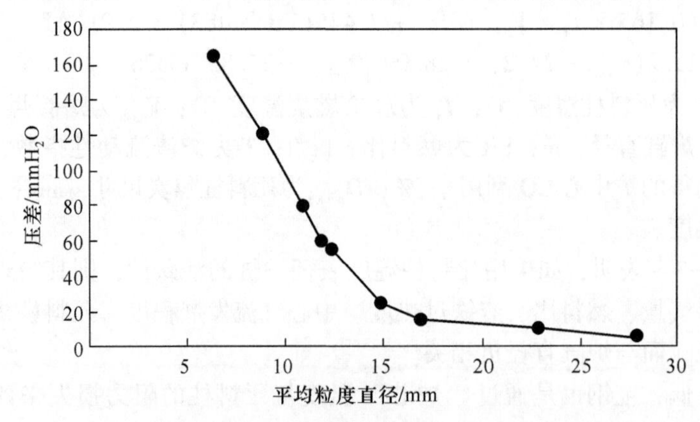

图 7-7　宝钢 2 号高炉风口焦粒度与炉缸压差的关系

($1mmH_2O=9.8Pa$)

量，千方百计改善焦炭的热态性能指标。对于高炉强化冶炼的要求而言，焦炭热态性能指标只有努力追求更高更强，并不存在质量过剩之说。

7.4.2.4 风口焦粒度与含渣率关系

宝钢高炉风口焦粒度与含渣率关系如图 7-8 所示。

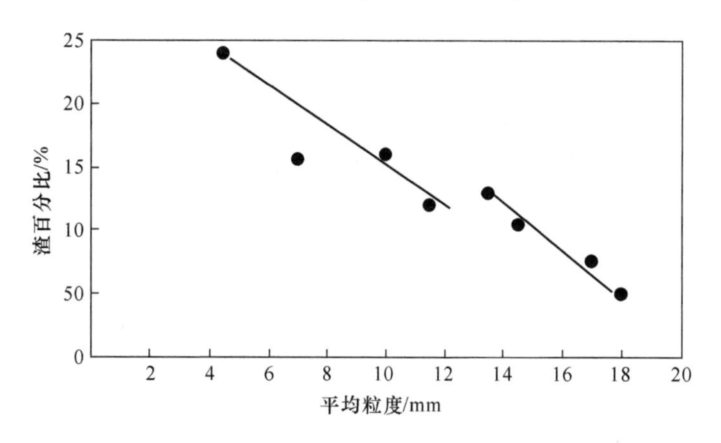

图 7-8 宝钢高炉风口焦粒度与含渣率关系

从图 7-8 可以看出，随着炉缸焦炭平均粒度下降，炉缸死料柱中残渣滞留量明显上升，拐点区域的焦炭粒径在 13mm 附近[13,19,20]。由此可见，如果焦炭质量持续下降，炉缸风口回旋区以外的焦炭粒度小于 13mm 的话，就会造成炉缸死料柱中的渣铁滞留量上升，从而引发高炉不接受风量，发生崩、挂料，乃至发生风口烧坏、炉凉等恶性事故。

7.4.2.5 风口焦粒度与距风口前距离的关系

宝钢高炉风口焦粒度与距风口前距离的关系如图 7-9 所示。

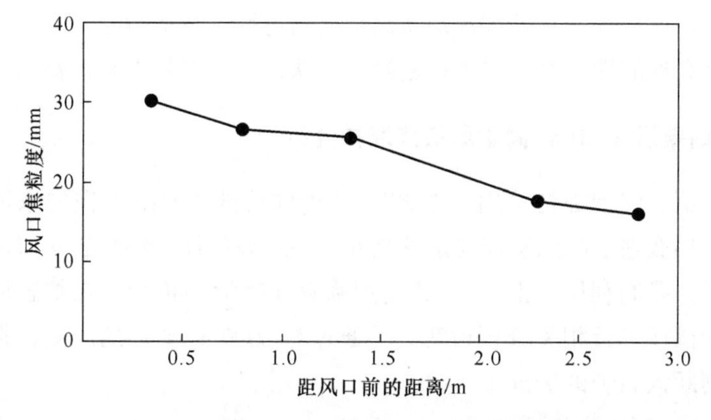

图 7-9 宝钢 4000m^3 煤比与风口焦炭粒度的关系

从图 7-9 可以看出：宝钢高炉风口前沿的焦炭粒度在 30mm 左右，与同类高炉相比，属于比较高的水平；宝钢的实测结果表明，距离风口前端越远，炉缸焦炭粒径越小，超过风口回旋区的深度以后，死料柱中焦炭的平均粒径只有 10~18mm，这会对炉缸死料柱的透气性和透液性造成非常大的影响[13,19,20]，因此在比较风口焦粒度组成时，应将风口回旋区焦炭和死料柱焦炭区分开来。

7.4.2.6 炉缸活跃性指数与富氧率的关系

宝钢高炉炉缸活跃性指数与富氧率的关系如图 7-10 所示。

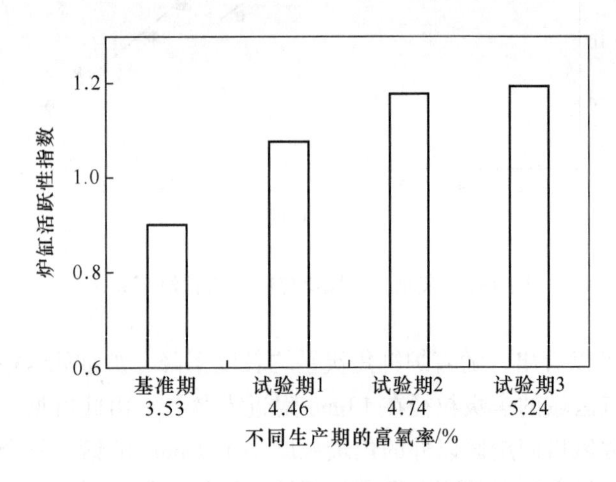

图 7-10 宝钢高炉炉缸活跃性指数与富氧率的关系

从图 7-10 可以看出，炉缸的活跃性指数与高炉的富氧率相关性非常强，在一定范围内提高富氧率有利于保持炉缸工作活跃以及提高高炉的冶炼强度[13,19,20]。由此可知，在处理高炉特殊炉况的过程中，适当富氧有利于改善死料柱的透气性和透液性，对于尽早打通风口与铁口的通道是大有裨益的。

7.4.3 昆钢新区 2500m³ 高炉风口焦取样分析

既然首钢、宝钢都是采用“炉芯”温度与死料柱的阻力损失来评价炉缸工作状态的，那么除了鼓风动能要足够之外，还应该更加关注炉缸焦炭的强度和粒度组成情况。我们利用昆钢 2500m³ 高炉降料面喷涂的机会，在炉缸风口周围采集若干焦炭试样进行相关分析检测，并通过与 2000m³ 高炉的历史数据进行对比分析，来判断该高炉的炉缸工作状态。

7.4.3.1 风口焦粒度组成

昆钢 2500m³ 高炉风口焦粒度组成见表 7-4。

表 7-4 新区高炉风口焦粒度与六高炉历史数据对比

样品名	>80mm /%	60~80mm /%	40~60mm /%	25~40mm /%	10~25mm /%	<10mm /%	平均粒度 /mm	均匀系数
2000m³ 高炉 1 号	0	0	13.11	36.72	35.08	15.08	25.39	0.18
2000m³ 高炉 3 号	0	2.17	19.02	28.80	26.63	23.37	26.22	0.38
2000m³ 高炉 4 号	0	1.29	15.88	36.91	31.33	14.59	27.05	0.25
2000m³ 高炉 5 号	0	0	15.00	25.00	42.50	17.50	23.94	0.22
2000m³ 高炉平均	0	3.06	19.64	30.78	28.85	17.67	25.65	0.47
2500m³ 高炉	—	6.72	11.37	45.58	24.22	12.11	28.91	0.26

从表 7-4 可以看出：

（1）昆钢 2000m³ 高炉风口焦粒度大于 60mm 的占比较少，10~40mm 粒级的占比较高，<10mm 的粒级占比在 14.59%~23.37%之间。

（2）昆钢 2000m³ 高炉风口焦平均粒度为 23.94~27.05mm，均值为 25.65mm。

（3）昆钢 2500m³ 高炉在停炉降料面后所取风口焦的平均粒度为 28.91mm。

首钢、宝钢风口焦粒度对比见表 7-5。

表 7-5 首钢、宝钢风口焦炭粒度对比

项目	京唐 1 号 BF	京唐 2 号 BF	宝钢 1 号 BF	宝钢 2 号 BF
炉容/m³	5500	5500	4966	4062
时间	2012-04-25	2011-10-11		2001
煤比/kg·t⁻¹	148	162	170~180	173
碱负荷/kg·t⁻¹	3.4	3.3	<2.0	
入炉焦炭粒径/mm	55	55	52	52
风口焦炭粒径/mm	16.00	18.30	25.00	24.42

从表 7-5 可以看出：

（1）首钢高炉风口焦平均粒度小于宝钢高炉，表明宝钢高炉更加重视焦炭热态强度与炉缸活跃性的相关性研究。

（2）昆钢 2000m³ 高炉风口焦平均粒度与宝钢高炉风口焦平均粒度值接近，但因为昆钢 2000m³ 高炉取样深度不够，而宝钢高炉风口前端的焦炭粒度可以达到 30mm 左右，因此可以判断昆钢 2000m³ 高炉整体风口焦质量不如宝钢高炉。

（3）昆钢新区 2500m³ 高炉风口焦取样次数少，本次所取样本因为是洒水停炉降料面以后采集的试样，所以不能直接与正常运行高炉的风口焦进行对比分析。

7.4.3.2 风口焦化学成分

昆钢 2500m³ 风口焦化学成分分析结果见表 7-6。

表 7-6 昆钢 2500m³ 高炉风口焦成分与 2000m³ 高炉历史数据对比

样品名	灰分/%	硫分/%	Pb/%	Zn/%	K_2O/%	Na_2O/%	K_2O+Na_2O/%
2000m³ 高炉 1 号	38.1	0.2	0.94	3.74	0.93	0.11	1.040
2000m³ 高炉 3 号	30.21	0.14	0.82	0.41	0.31	0.088	0.398
2000m³ 高炉 4 号	35.89	0.24	1.01	0.24	0.59	0.15	0.740
2000m³ 高炉 5 号	28.42	0.23	1.19	3.99	2.48	0.22	2.700
2000m³ 高炉平均	35.88	0.21	1.04	4.04	1.10	0.14	1.240
2500m³ 高炉	28.52	0.98	<0.010	<0.010	1.91	0.56	2.470

从表 7-6 可以看出，昆钢 2500m³ 高炉风口焦与 2000m³ 高炉风口焦分析结果差异较大，这进一步验证了 2500m³ 高炉风口焦大部分属于停炉盖面焦降落到炉缸的产物，并非真正意义上的炉缸死料柱焦炭。

7.4.3.3 风口焦热态性能

昆钢 2500m³ 高炉风口焦热态强度检测结果见表 7-7。

表 7-7 2500m³ 高炉风口焦热态强度与 2000m³ 高炉历史数据对比

样品名	反应性/%	反应后强度/%
2000m³ 高炉 1 号	41.50	51.28
2000m³ 高炉 3 号	45.00	47.27
2000m³ 高炉 4 号	37.50	52.00
2000m³ 高炉 5 号	53.50	37.63
2000m³ 高炉平均	43.20	47.64
2500m³ 高炉	50.60	33.70

从表 7-7 可以看出：

(1) 风口焦的反应性和反应后强度均较入炉焦有大幅度的劣化。

(2) 2500m³ 风口焦热态性能指标不如 2000m³ 高炉风口焦的历史数据好，估计与新区风口焦经打水强制冷却有关。

7.4.3.4 炉缸活跃性评价小结

(1) 建立炉缸活跃性指数非常重要，这有利于动态监控炉缸的工作状态，为调整进风面积和优化下部调剂的工艺技术参数提供依据。参考首钢和宝钢高炉的经验，炉缸活跃性指数主要与炉缸焦炭平均粒径、炉芯温度有关。

(2) 昆钢 2000m³ 高炉风口焦平均粒度与宝钢高炉风口焦平均粒度值接近，但因为昆钢 2000m³ 高炉取样深度不够，而宝钢高炉风口前端的焦炭粒度可以达到 30mm 左右，因此可以判断昆钢 2000m³ 高炉整体风口焦质量不如宝钢高炉。

（3）昆钢 2500m³ 高炉风口焦取样次数少，洒水停炉降料面以后采集的试样不能直接与正常运行高炉的风口焦进行对比分析，今后还需要积累更多数据，以更好地开展横向对标分析。

7.4.4 构建具有昆钢特色的炉缸工作活跃性指数

参考首钢、宝钢主要用炉芯温度和死料柱的阻力损失来评价炉缸活跃性的经验[17~20]，结合自身实际制定出昆钢 2500m³ 高炉炉缸活跃指数的构成为：炉缸温度指数（炉底中心温度与炉缸侧壁温度比值）占 44%、鼓风动能占 33%、铁量差占 19%、理论燃烧温度占 6%。打分细则为：

（1）理论燃烧温度以 2400℃ 为满分 100 分，每升高或降低 1℃ 扣减 1 分。

（2）鼓风动能以 10500kg · m/s 为满分 100 分，每升高或降低 100kg · m/s 扣减 5 分。

（3）炉缸温度指数不低于 1.15 为满分 100 分，每降低 0.1 扣减 10 分。

（4）每天铁量差不高于 100t 为满分 100 分，每增加 1t 扣减 0.5 分。

昆钢 2500m³ 高炉炉缸活跃指数计算结果见表 7-8。从表 7-8 可以看出：

（1）昆钢 2500m³ 高炉炉缸活跃性指数构成当中，炉缸温度指数占 44%，鼓风动能占 31%，充分突出了炉芯温度和鼓风动能的重要性。

（2）炉缸温度指数与高炉生产水平的相关性较高，但与鼓风动能相比，存在一定的滞后性。

（3）采用铁量差来评价炉缸死料柱的透气性和透液性，主要是基于可操作性的考量，但该指标的数据采集需要进一步加强管理。

表 7-8 2500m³ 炉缸活跃性指数计算结果

序号	理论燃烧温度（占 6%）		鼓风动能（占 31%）		炉缸温度指数（占 44%）		铁量差（占 19%）		炉缸活跃指数
	℃	得分	kg · m/s	得分	倍	得分	t	得分	
1	2416	84.00	10513	99.35	1.12	97.00	139.55	80.23	93.76
2	2416	84.00	9958	72.90	1.09	94.00	225.74	37.13	76.05
3	2402	98.00	9734	61.70	1.01	86.00	173.98	63.01	74.82
4	2422	78.00	10431	96.55	0.96	81.00	144.25	77.88	85.05
5	2416	84.00	10349	92.45	1.02	87.00	40.46	100.00	90.98
6	2394	94.00	10495	99.75	0.97	82.00	326.15	0.00	72.64
平均	2411	87.00	10247	87.12	1.03	87.83	161.54	59.71	82.22

7.5 装料制度调整探索实践

新区 2500m³ 高炉是昆钢四座高炉中冶炼水平最高的高炉，但是也是四个基地当中挂料和坐炉次数最多的高炉。这表明高炉顺行的质量和水平还有许多需要改进和提升的地方。从装料制度调整优化的角度来讲，目前的主要矛盾是控制边缘气流和炉墙反复黏结之间的矛盾。不适当抑制边缘气流，高炉的消耗水平难以达到最佳状态；而边缘负荷过重以后，则又容易发生炉墙黏结，结果得不偿失。

高炉主要技术经济指标当中与装料制度关系最密切的就是燃料比和煤气利用率这两项指标。昆钢 2500m³ 高炉曾经在 2016 年创造了 519kg/t 燃料比的历史最好水平，这一指标在全国 2500m³ 的同类高炉中也属于先进水平。但是随后的 2017 年，虽然高炉入炉品位提高了 0.7%，但是高炉燃料比不降反升，原因就是炉墙发生了黏结，被迫适当放开边缘气流和牺牲燃料比。2017 年之后，不管高炉入炉品位如何起起落落，高炉的燃料比始终在 530~535kg/t 之间徘徊。也就是说昆钢 2500m³ 高炉在治“腰疼病”的过程中，经历了一个相对发展中心气流、追求极致燃料比，到适当放开边缘气流、牺牲燃料比，防治炉墙黏结的转变。从国内大型高炉的普遍规律来看，这样的调整与转变是必须的，也是合理的。

昆钢 2500m³ 高炉 2016 年布料矩阵及燃料比见表 7-9。

表 7-9 昆钢 2500m³ 高炉 2016 年布料矩阵及燃料比

布料矩阵	矿石平均角度 /(°)	焦炭平均角度 /(°)	矿焦角差 /(°)	中心加焦率 /%	综合入炉品位 /%	燃料比 /kg · t⁻¹
$C_{3\,2\,2\,2\,1\,3}^{9\,8\,7\,6\,5\,2}$ $O_{1.5\,3\,2\,2}^{8\,7\,6\,5}$	36.44	30.23	6.21	23	54.24	519
$C_{3\,2\,2\,2\,1\,3}^{9\,8\,7\,6\,5\,2}$ $O_{2\,3\,2\,2}^{8\,7\,6\,5}$	36.72	30.23	6.49	23		

从表 7-9 可以看出：

(1) 昆钢 2500m³ 高炉的布料矩阵独具自身特色，为了精准布料，第 8 挡的矿石采用了非整数 1.5 环的独特布料模式，并且中心加焦没有采用传统的第 1 挡，而是采用第 2 挡（第 2 挡的溜槽倾角为 16.5°，焦炭可以直接加入到高炉中心位置）。

（2）昆钢 2500m³ 高炉 2016 年布料矩阵的主要特点是，矿焦角差较大，为 6.21°~6.49°，中心加焦比例较高，达到 23%，焦炭布料矩阵保持稳定，矿石矩阵最外一挡在 1.5~2 环之间微调，充分体现出了发展中心气流、追求较低燃料比的布料思路。

昆钢 2500m³ 高炉 2020 年布料矩阵及燃料比见表 7-10。

表 7-10　昆钢 2500m³ 高炉 2020 年布料矩阵及燃料比

布料矩阵	矿石平均角度 /(°)	焦炭平均角度 /(°)	矿焦角差 /(°)	中心加焦率 /%	综合入炉品位 /%	燃料比 /kg · t⁻¹
$C_{3\ 2\ 2\ 2\ 1\ 3}^{9\ 8\ 7\ 6\ 5\ 2}$ $O_{1.5\ 3\ 2\ 2}^{8\ \ 7\ 6\ 5}$	36.44	32.75	3.69	16.67	54.74	532
$C_{3\ 2\ 2\ 2\ 1\ 3}^{9\ 8\ 7\ 6\ 5\ 2}$ $O_{2\ 3\ 2\ 2}^{8\ 7\ 6\ 5}$	36.13	32.75	3.38	16.67		

从表 7-10 可以看出，与 2016 年相比，2020 年昆钢 2500m³ 高炉布料矩阵的主要特点为：

（1）矿石平均布料角度减小，焦炭平均布料角度增大，矿焦角差从 6.21°~6.49°缩小到 3.38°~3.69°，缩小幅度为 45%左右。

（2）中心加焦比例从 23%下降到 16.67%，下降幅度为 27.5%。

（3）在综合入炉品位上升 0.5%的条件下，燃料比指标反而上升了 13kg/t，充分体现出昆钢 2500m³ 高炉为了治疗“腰疼病”，不得不适当发展边缘气流、牺牲燃料比的内在规律。

如果要探讨昆钢 2500m³ 高炉燃料比有没有进一步降低的可能性，作者认为还是有的。那就是在原燃料质量进一步改善和高炉防治中部炉墙黏结的技术水平有了新的提升以后，可以考虑取消中心加焦，适当控制边缘气流的发展，进一步提高高炉煤气利用率，那时高炉的燃料比应该可以控制在 515kg/t 左右。

7.6　制约昆钢 2500m³ 高炉生产再创新高的短板

7.6.1　烧不保铁导致入炉粉末偏高

昆钢新区烧结矿冷态强度方面存在的主要问题是烧结矿入炉率和入炉粉末均

处于四个基地当中的最差水平，表明新区烧结矿综合质量需要提升一个台阶，才能与全国最高的高炉冶炼强度相匹配。一台 300m² 烧结机搭配一座 2500m³ 高炉本身就很紧张，再加上高炉的实际利用系数远远超过设计水平，“烧不保铁”的矛盾就更加突出。在“吃不饱”的大前提下，想要“吃得好”，很多时候就顾此失彼了。尽管将烧结矿碱度提升到了 2.5 倍，同时实施了很多提质增效的技改项目，但是昆钢新区烧结矿综合质量欠佳的矛盾仍未得到根本解决。

7.6.2 外购焦质量参差不齐制约高炉进一步强化

昆钢 2500m³ 高炉大量使用外购焦，最多的时候外购焦的供货厂家多达 9 家之多，加上昆钢本部焦炭，总的焦炭品种多达 11 种。不同厂家的焦炭质量参差不齐，加上焦炭在转运过程中会发生一定程度的“劣化”，这就造成 2500m³ 高炉的主要技术经济指标波动很大，好的时候能够一再刷新历史新纪录，不好的时候又会长期在低谷徘徊。昆钢 2500m³ 高炉单品种焦炭质量对比见表 7-11。

表 7-11 昆钢 2500m³ 高炉单品种焦炭质量

焦种	灰分 /%	硫分 /%	M_{40} /%	M_{10} /%	反应性 /%	反应后强度 /%	平均粒度 /mm	均匀系数	CQI	CQI 排名
曲煤焦化	13.55	0.52	89.17	4.37	26.83	66.03	58.05	4.01	93.22	1
浩华云岭焦	13.34	0.43	91.54	4.19	27.19	64.63	63.07	1.62	85.00	2
天能干熄焦	13.51	0.63	88.88	4.70	26.99	65.76	52.86	1.82	83.22	3
宏盛焦	14.35	0.61	87.57	4.97	27.27	66.04	53.39	2.01	78.94	4
云南能投	14.35	0.58	87.41	4.75	27.39	65.31	55.42	2.12	75.74	5
本部干熄焦	13.85	0.58	88.50	5.62	27.08	64.41	54.48	2.42	69.28	6
浩华德峰焦	13.68	0.55	91.74	4.31	27.93	64.27	58.21	2.90	68.60	7
浩华德龙焦	14.32	0.58	91.43	4.05	28.43	63.47	59.56	2.27	53.60	8
本部水熄焦	14.03	0.58	85.30	6.35	27.43	64.48	57.04	2.07	49.28	9
天能水熄焦	13.77	0.71	88.17	4.59	28.75	63.64	—	—	—	—
师宗焦	14.54	0.60	87.43	5.44	28.92	63.01	—	—	—	—

从表 7-11 可以看出：

（1）昆钢 2500m³ 高炉使用的焦炭品种多，不同品种的焦炭质量差异很大，焦炭灰分的波动范围为 13.34%～14.54%，M_{40}的波动范围为 85.30%～91.74%，M_{10}的波动范围为 4.19%～6.35%，CSR 的波动范围为 63.01%～66.04%。

（2）采用焦炭综合质量指数 CQI 对昆钢 2500m³ 高炉使用的焦炭质量进行量化打分和排序，曲煤焦化焦炭的 CQI 得分为 93.22 分，属于“优秀”级别，而本部水熄焦的 CQI 得分只有 49.28 分，属于“非常差”的水平，可见采用 CQI 评价焦炭的综合质量，比任何单一指标都要更加敏感、更加科学合理。

（3）焦炭质量在影响高炉生产的诸多要素当中占据40%的比例，昆钢 $2500m^3$ 高炉使用的焦炭品种较多，不同品种的焦炭质量差异很大，这已经成为高炉进一步强化冶炼的一个限制性环节。

7.6.3 综合入炉品位处于全国最低水平

受地域条件限制，昆钢 $2500m^3$ 高炉无法大量使用进口矿组织生产。省内矿又受付款条件等因素影响也难以获得较好的资源。所以昆钢 $2500m^3$ 高炉自2012年投产以来就属于全国综合入炉品位最低的 $2500m^3$ 级高炉。入炉品位上不去，高炉在同样冶炼强度下就难以获得更好的技术经济指标。更为严重的是，由于综合入炉品位长期在56%以内徘徊，高炉的K、Na、Pb、Zn等有害元素入炉量一直居高不下。不但高炉中部炉墙反复黏结的“腰疼病”难以治愈，而且高炉的长寿及稳定运行也受到较大影响。

参 考 文 献

[1] 李淼，李晓东，孔维桔．昆钢 $2500m^3$ 高炉低品位矿冶炼生产实践［J］．昆钢科技，2014，2：16~20.

[2] 李信平，金友祥，李淼，等．昆钢 $2500m^3$ 高炉经济最低入炉品位研究实践［J］．昆钢科技，2016，5：23~26.

[3] 仇友金，马杰全，王强．昆钢 $2500m^3$ 高炉低燃料比生产实践［J］．昆钢科技，2016，4：25~30.

[4] 马杰全，李淼．昆钢 $2500m^3$ 高炉提高产能生产实践［J］．昆钢科技，2019，3：1~5.

[5] 贺压柱，仇友金，麻德铭．炉腹煤气指数在昆钢 $2500m^3$ 高炉的应用［J］．昆钢科技，2016，5：5~9.

[6] 王亚力，胡兴康．昆钢 $2500m^3$ 高炉产能提升理论与实践实践［J］．昆钢科技，2019，3：1~5.

[7] 杨开智，王华兵，汪勤峰，等．昆钢新区 $2500m^3$ 高炉炉型结构探讨［J］．昆钢科技，2019，4：10~14.

[8] 卢郑汀，张志明，李淼．昆钢 $2500m^3$ 高炉炉型维护探索［J］．昆钢科技，2017，2：21~28.

[9] 王楠，张品贵．昆钢 $2500m^3$ 高炉炉墙结厚处理实践［J］．昆钢科技，2016，5：13~17.

[10] 余祥顺，李淼．昆钢 $2500m^3$ 高炉处理炉墙上部黏结操作实践［J］．昆钢科技，2019，1：7~9.

[11] 郭永祥，杨继红．昆钢 $2500m^3$ 高炉降料面消除炉身黏结及恢复实践［J］．昆钢科技，2019，1：35~39.

[12] 张品贵，李晓东．昆钢 $2500m^3$ 高炉失常炉况的处理［J］．昆钢科技，2019，1：1~6.

[13] 朱仁良. 宝钢大型高炉操作与管理 [M]. 北京：冶金工业出版社，2018.
[14] 周传典. 高炉炼铁生产技术手册 [M]. 北京：冶金工业出版社，2003.
[15] 成兰伯. 高炉炼铁工艺技术手册 [M]. 北京：冶金工业出版社，1991.
[16] 安朝俊. 首钢炼铁三十年 [M]. 北京：首都钢铁公司，1983（内部资料）.
[17] 张贺顺，马洪斌. 首钢2号高炉炉缸工作状态探析 [J]. 炼铁，2009，4：10~14.
[18] 陈辉，吴胜利，余晓波. 高炉炉缸活跃性评价的新认识 [J]. 钢铁，2007，10：12~16.
[19] 徐万仁，吴铿，朱仁良. 提高喷煤量对风口焦性质的影响 [J]. 钢铁，2005，2：11~14.
[20] 徐万仁，张永忠，吴铿，等. 高炉炉缸活跃性状态的表征及改善途径 [J]. 炼铁，2010，3：23~26.

8　昆钢高炉开停炉操作的特殊性

开停炉操作对于高炉生产组织非常重要。高炉处理极限失常炉况的思路主要来自于开炉的经验；对下一代炉役的设计优化，主要依据也是停炉以后获取的各种数据与信息[1~4]。昆钢高炉开炉习惯采用“填柴法”，而停炉则是采用传统的“洒水降料面”停炉法[5~7]。历史上昆钢的开停炉操作都非常顺利，但是在若干细节上还有进一步改进的空间。

8.1　关于高炉开炉的几个关键问题

8.1.1　处理特殊炉况集中加焦量与开炉料的关系

没有经历过开停炉的工长，还不能算是合格的高炉工长。高炉工作者在处理炉况失常的过程中，不可避免地会遇到需要“退守”的时候。那么“退守”的尺度和分寸有没有一个底线呢？业界普遍认为，退无可退的最后一道防线，对于高炉操作而言，就是开炉操作。

处理特殊炉况，最常用的手段就是集中加焦，那么加多少是一个极限呢？一般来说是炉缸体积的1~2倍，和开炉料的设置比较类似。另一种说法是加高炉体积的10%（此处指的是重量），计算下来也是炉缸体积的1~2倍。上述措施的理论根据就是开炉料的炉料结构，也就是说，无论炉况有多复杂，集中加焦量最多不过“重头再来”。当然，在1~2倍之间如何具体取舍，那就要靠经验的积累了。由于工作时长关系，不一定每一位高炉工长都会亲身经历开炉操作，但是每一位高炉工长都必须要关注和留意这个问题，起码要会算开炉料，而且不仅要知其然，而且还要知其所以然。

8.1.2　开炉出第一炉铁时间计算的准确性

如果高炉工长能把开炉第一炉铁的出铁时间计算准确了，那么对开炉关键技术的把握就算过关了。作者所参加过的高炉开炉，没有一次是开铁口开晚了的，几乎每一次都是开铁口开早了，要反复折腾三四次才能顺利出铁。背后的原因就是第一炉铁的理论出铁量没有计算准确。昆钢高炉开炉一般采用填柴法，炉缸使用木柴进行填充，木柴燃烧完以后，这个空间被焦炭置换掉，这个过程当中加入的料批数，是不能参与理论出铁量的计算的。木柴烧完以后加入的料批数，也不是每一批都能参与理论出铁量的计算，需要计算的是有几批正料到达炉缸了，计算它的出铁量，而不是计算加入料批数的出铁量。而这个时候高炉的料线往往又是空的，需要计算清楚高炉上下部的体积置换关系，如果事先不进行精心准备，往往是很难计算准确的。当然，还有一个因素就是死铁层的储铁量，也要考虑。

8.1.3 关于高炉开炉焦比与风口使用数量的考量

开炉焦比和开炉风口数目的确定，一直是开炉方案中的两大核心参数。关于这两个参数，作者都是持谨慎的态度，开炉风口数控制在50%~60%即可，填柴法开炉焦比控制在2.5~3.0之间较为适宜。我们都知道，开炉第一炉铁的顺利排放，是开炉成功的主要标志。关于这一句话的理解，作者想谈谈自己的看法。首先是它强调开炉第一次出铁是有风险和难度的，不能因为以往开炉顺利就放松对开炉风险及其危害性的评估。其次是开炉焦比的设置，不仅要考虑热平衡的需要，而且也要考虑透气性的需要，开炉料的安排要有利于开炉后料柱过湿层形成、软熔带形成阶段，以及第一炉铁因故未能及时排放等异常情况下高炉的稳定顺行。最后是影响高炉达产和消耗的决定性环节基本不在第一炉铁之前，而是在第一炉铁之后。常人最容易犯的错误就是讨论开炉方案时总想激进一些，而出了第一炉铁之后又总想保守一些。其实真正科学的做法应该是出铁之前足够谨慎、出铁以后大胆进取。

8.2 关于高炉停炉的几个关键问题

8.2.1 最后一次铁的安排非常关键

和高炉开炉的第一炉铁一样，如果对停炉之前最后一炉铁的出铁量计算不准确，那么准确的停炉时间也就很难计算清楚。从停炉以后炉缸焦炭的残存数量来看，昆钢绝大多数高炉停炉都是停早了，而不是停晚了。停炉过程中要计算炉缸风口水平线以上的焦炭是否烧完了，大家采用的依据主要是监测风量的累计消耗量以及炉顶煤气成分的变化。吨焦风量的计算因为平时缺乏积累，可靠的基础数据不多，临时取值往往偏差较大。使用炉顶煤气成分判断料线深浅时，化验速度和分析准确性也会在一定程度上影响指挥者的判断和决策。假如使用试管爆破试验判断煤气成分，其安全提前量太大，往往也会造成提前停炉，导致不必要的浪费。所以昆钢有经验的高炉炉长在指挥停炉作业时，特别强调要把握好最后一炉铁的出铁时间，确保死料柱在漂浮状态下尽可能被风口鼓风多燃烧一些，这样在出完铁死料柱沉坐在炉底以后，炉缸焦炭料面就会略比风口中心线低一些。

8.2.2 环保要求提高对降料面工作提出新的要求

高炉降料面是高炉生产必不可少的一项工作。其操作控制要求较高，且炉容越大操控难度越高，既要准确地把料面降到所要求的位置，又要使炉顶温度不超标。这项工作对延长高炉炉顶设备寿命有着十分重要的意义。昆钢高炉在停炉降料面方面做了诸多探索与实践，在大、中、小修高炉期间均有成功降料面的实例。高炉操作者在每次降料面前均针对高炉的具体情况，制定不同的方案和预案，确定一系列的高炉操作制度、安全制度、突发事件预案等，确保高炉安全、快速降料面停炉。尽管如此，停炉过程中仍然存在煤气放散量大、放散噪声扰民以及降料面过程中出铁次数和出铁量的安排不尽合理等问题。全国各大钢厂高炉情况不尽相同，降料面操作手法也各有所长，但高效、安全是空料线降料面的基本要求。在降料面过程中确定合理的操作参数是关键。随着环保要求日益提高，停炉降料面过程中控制煤气放散量和减少噪声扰民逐渐成为核心任务。

8.2.3 国内部分钢厂停炉经验对比

首钢通过对高炉停炉技术不断进行定量化研究，初步形成了首钢高炉降料面停炉技术的定量化原则与参数控制标准，在降料面过程中对风量水平进行主动控制，保持了降料面过程中煤气的稳定。鞍钢、宣钢和邯钢等部分厂家综合应用安全保护气技术、风水匹配控制、憋压出铁等技术，精确稳定控制降料面过程中风量、顶温等工艺参数，延长煤气回收时间，实现了降料面过程的安全、高效、环保。昆钢在安全停炉和减少煤气放散量方面也做了大量尝试，得益于综合管控能力的提升，2015 年以后几次停炉煤气放散时间和放散量都明显下降。

8.3 单系统高炉开停炉注意事项

昆钢在进行去产能和结构优化改革以后，四个生产基地均维持单高炉生产模式。单系统模式下，高炉的开停炉技术与常规技术有所不同。最大的挑战就是热风炉如何烘炉的问题。昆钢在单系统生产模式下，曾经采用过多种方式解决热风炉的烘炉问题。最开始是使用煤气发生炉产生的煤气烘烤热风炉。后来因为投资过大和资源浪费而不再使用这种方式，改为柴油燃烧器烘烤热风炉。此方式存在的问题是成本较高，以及热风炉的蓄热能力有限，影响高炉开炉时的送风温度。2015 年以后，昆钢单系统高炉开炉热风炉采用的是天然气微气站烘炉模式。在中缅油气管线投入使用以后，昆钢就具备了使用天然气烘热风炉的条件。这种烘炉模式能够满足热风炉的烘炉要求，同时也能够满足高炉开炉热风温度的保障要求。

在高炉开炉过程中，保障热风温度达到设定值非常重要。一方面风温高低会影响开炉焦比的确定，另一方面热风温度会在很大程度上影响高炉的鼓风动能，进而影响高炉的送风制度，包括风口数目、开炉风量的确定等。所以在单系统生产模式下，一定要确保送风温度不受影响。如果在高炉开炉过程中，送风温度大幅度下降，就会在很大程度上打乱高炉的操作制度和开炉节奏，造成不必要的损失。所以在开炉过程中一定要安排专人负责天然气站的稳定运行，做到万无一失。同时在高炉煤气系统储备足够的富余煤气之前，天然气站要随时处于待命状态。

单系统高炉停炉时，要注意平衡好上下道工序之间的生产能力搭配衔接，不要因为高炉停产影响其他工序的生产组织。另外单系统生产模式下，要注意高炉停炉对煤气系统的冲击和影响。既要做好煤气的平衡统筹工作，又要防止煤气成分变化对系统煤气的安全性产生影响，从而保证停炉过程安全顺利。

参考文献

[1] 朱仁良．宝钢大型高炉操作与管理［M］. 北京：冶金工业出版社，2018.
[2] 周传典．高炉炼铁生产技术手册［M］. 北京：冶金工业出版社，2003.
[3] 成兰伯．高炉炼铁工艺技术手册［M］. 北京：冶金工业出版社，1991.
[4] 安朝俊．首钢炼铁三十年［M］. 北京：首都钢铁公司，1983（内部资料）.
[5] 杨雪峰．昆钢 2000m³ 高炉开炉达产实践［J］. 炼铁，2000，5(19)：36~41.
[6] 杨光景，杨武态，杨雪峰．昆钢 2000m³ 高炉十年生产技术进步［J］. 昆钢科技，2008（S）：1~6.
[7] 董建坤．昆钢 2000m³ 高炉单系统生产实践［J］. 昆钢科技，2019，1：14~17.

9 具有昆钢特色的高炉强化冶炼技术

在强化冶炼方面，昆钢“低铁高灰”的原燃料条件总是绕不开的话题。粗粮细做、做出特色，也就成为了昆钢精料工作永恒的主题。在原燃料具体的质量指标上，既然不能齐头并进，那就存在有保有压的问题，这种取舍平衡的智慧，也就逐步成为了具有昆钢特色的技术体系。在高炉大型化过程碰到的若干技术问题当中，昆钢与宝钢类似之处是，在克服中部炉墙黏结问题的过程中，逐步形成了加强高炉操作炉型管理的理念与共识[1~4]。在有害元素的防治、高炉冶炼极限的探讨、高原气象条件下高炉强化冶炼技术以及铁焦烧矿一体化体制机制的构建等方面，昆钢则逐步形成了若干具有自身特色的理念。

9.1 采用物料平衡计算标定高炉实际入炉风量

受高原气象条件影响，昆钢高炉表计入炉风量与实际入炉风量相比，存在10%左右的差异。高炉入炉风量与高炉鼓风动能之间呈三次方的关系，也就是说高炉入炉风量存在的偏差，在计算鼓风动能的时候会被指数级的放大。这样昆钢高炉在与同行对标送风制度的关键参数的时候，可能就会得出错误乃至相反的结论。高炉鼓风动能 E 计算见式（9-1）。

$$E = 3.25 \times 10^{-8} \times (1.293 - 0.489F) \times (273 + t)^2 V_b^3 / [n^3 S^2 (101.325 + p_b)^2] \tag{9-1}$$

式中，F 为鼓风湿分，%；t 为热风温度，℃；V_b 为吨铁风量，m^3；n 为工作风口数目；S 为工作风口平均面积，m^2/个；p_b 为热风压力，kPa。

多年以来，人们对高炉炉缸活跃程度缺乏统一可量化的评价标准。这样一来，在高炉合理送风制度的选择以及适宜鼓风动能的安排等方面，就会发生仁者见仁、智者见智、莫衷一是的情况。因此搞清楚高炉的实际入炉风量，对于确定合理的高炉送风制度尤为重要。送风制度的确定，首先是要认识到高原气象条件下表计入炉风量和实际入炉风量之间存在差异这一客观事实，其次是通过物料平衡计算以及与同行对标来标定高炉实际入炉风量，最后是构建适合高炉自身特点的炉缸活跃性评价体系，实事求是地调整优化高炉的送风制度。

实事求是地说，绝大多数炼铁学教科书上关于高炉炉缸活跃性的评价标准及操作方法，都在不同程度上缺乏可操作性，实用性并不强。因此各钢铁企业结合自身实际开发出了若干具有自身特色的高炉炉缸活跃性指数以及相应的评价体系。综合来看，大家比较一致的观点是，高炉炉缸的活跃性与鼓风动能有关，同时也与炉缸焦炭死料柱的透气性和透液性有关。也就是说假如高炉炉缸的活跃程度不够，除了考虑增加鼓风动能之外，还要想办法改善炉缸死料柱中的焦炭质量。如果分不清主要矛盾和次要矛盾，只是一味地提高鼓风动能，可能会出现事与愿违的结果。

作者比较担心的是，很多高炉明明是焦炭质量出了问题，造成炉缸堆积，还要去堵风口和提高鼓风动能；明明是上部调剂不适应，还反复在下部调剂上做文章。考查分析 2010 年以来国内大型高炉炉况失常的案列，几乎无一例外地反映出这一特点：对高炉炉缸的活跃性缺乏系统全面的认识，平时缺少过硬过细的基础技术参数积累，关键时刻凭感觉和经验处理炉况，难免有失偏颇，从而错过了处理炉况的最佳时机，造成巨大的损失和浪费。而马钢推行的“高炉体检”技术，可以很好地避免类似情况的发生。它是收集与高炉运行状况密切相关的若干工艺技术参数，结合各个企业的特点确定每个参数的权重以及打分细则，综合起来对高炉的运行状况进行量化打分评价。在“班体检”和“日体检”的过程中，针对出现丢分的工艺技术参数，及时对症下药、精准施策、防患于未然。月分析和季度总结的时候，再把系统性的问题向上级和有关部门反映。久而久之，就会形成一套良性循环的运行机制，高炉炉况失常也就可以从事后处理转变成提前精准防治了。

9.2 适应“低铁高灰”原燃料条件的高炉设计

昆钢地处祖国西南内陆深处，不具备大量使用进口矿的条件，加之云贵地区的煤炭可选性普遍不好，过分降低洗精煤灰分经济性上并不划算，这样一来昆钢就形成了高炉原燃料“低铁高灰”的技术特色。昆钢 2500m^3 高炉多年来一直保持着国内同类型高炉当中综合入炉品位最低、焦炭灰分最高的这样一个“殊荣”[5,6]。如果按照传统的炼铁理论，昆钢大型高炉主要技术经济指标想要在国内同类型高炉中“出人头地”，几乎是不可能的。而事实恰恰相反，昆钢 2500m^3 高炉不但多年保持着国内同类型高炉利用系数的第一名，而且在消耗指标上也是名列前茅。这就不能不让人思考，具有昆钢特色的高炉强化冶炼技术，到底有何特殊之处？这个话题，正是作者所要探讨和研究的主题。这一节主要谈谈与“低铁高灰”原燃料条件相适应的高炉设计问题。“低铁高灰”是昆钢高炉原燃料条件的最大特色，也是长期以来很难改变的一个具体现状，所以昆钢在高炉设计阶段就作了一些有针对性的考量。

9.2.1 大体积深炉缸的设计

昆钢2000m^3 高炉的炉缸深度为4.4m、死铁层深度为1.95m，2500m^3 高炉的炉缸深度为4.6m、死铁层深度为2.2m，都是同类高炉当中最高的。这样一来昆钢高炉就能在炉缸直径与同类型高炉基本一致的情况下，获得更大的炉缸体积。大体积深炉缸的炉体结构，能够更好地适应高渣比的冶炼条件，为高炉强化创造条件。因为炉缸深度大，为了活跃高炉炉缸，昆钢高炉风口基本上都使用向下倾斜5°~7°的斜风口，高炉的鼓风动能也因此会比传统高炉高一些。昆钢2000m^3 高炉内型尺寸见表9-1。

表9-1 昆钢2000m^3 高炉内型尺寸

名称	符号	单位	数值
高炉有效容积	V_u	m^3	2000
炉缸直径	d	mm	10000
炉腰直径	D	mm	11200
炉喉直径	d_1	mm	7600
炉缸高度	h_1	mm	4400
炉腹高度	h_2	mm	3300
炉腰高度	h_3	mm	1800
炉身高度	h_4	mm	16000
炉喉高度	h_5	mm	2000
死铁层高度	h_0	mm	1950
有效高度	h_u	mm	27500
风口高度	h_f	mm	3900
炉腹角度	α	—	79°41′43″
炉身角度	β	—	83°34′52″
炉缸面积	A	m^2	78.54
高径比	H/D	—	2.455

9.2.2 探索多种有害元素并存条件下适宜的炉身倾角

昆钢在降低K、Na、Pb、Zn等多种有害元素的入炉量方面做了大量的工作，也取得了长足的进步和明显的成绩。但是无论怎么努力，都不可能将入炉有害元素的含量控制到使其不发生危害的程度。为此，昆钢在高炉炉身倾角和H/D值的设计方面也做了相应考虑，目的是尽可能降低高炉的H/D值，尽可能降低高炉冶炼的“空区”，降低炉内有害元素循环富集对高炉冶炼的危害。昆钢2000m^3

高炉的 H/D 值为 2.455，炉身倾角为 83°34′52″。2500m^3 高炉的 H/D 值为 2.25，炉身倾角为 82°2′13″，与 2000m^3 高炉相比改进很大，但是还有没有进一步改进和优化的空间，则还需要在生产实践中探索和总结。昆钢 2500m^3 高炉内型尺寸见表 9-2。

表 9-2 昆钢 2500m^3 高炉内型尺寸

名称	符号	单位	数值
高炉有效容积	V_u	m^3	2500
炉缸直径	d	mm	11400
炉腰直径	D	mm	12800
炉喉直径	d_1	mm	8100
炉缸高度	h_1	mm	4600
炉腹高度	h_2	mm	3400
炉腰高度	h_3	mm	2000
炉身高度	h_4	mm	16800
炉喉高度	h_5	mm	2000
死铁层高度	h_0	mm	2200
炉腹角度	α	—	78°2′12″
炉身角度	β	—	82°21′58″
高径比	H/D	—	2.25

9.2.3 高炉炉体冷却结构的优化与探索

昆钢 2000m^3 高炉第一代炉役采用了卢森堡 C 高炉的全冷却板冷却结构，2500m^3 高炉则结合国内技术状况选择了薄壁炉衬技术。从生产实际来看，薄壁炉衬技术更适应“低铁高灰”原燃料条件及多种有害元素综合叠加作用下的高炉冶炼，更有利于高炉强化冶炼。另外根据宝钢高炉的生产实践经验，全冷却板冷却结构的高炉更容易发生中部炉墙黏结和高炉炉体上涨，对高炉维护合理操作炉型以及实现长寿不利。昆钢 2500m^3 高炉冷却结构形式见表 9-3。

表 9-3 昆钢 2500m^3 高炉冷却结构形式

段数	部位	冷却壁结构	镶砖材质
第 1~3 段	炉缸、炉底	光面低铬铸铁冷却壁	—
第 4 段	风口带	光面球墨铸铁冷却壁	—
第 5~8 段	炉腹、炉腰、炉身下部	四通道镶砖铜冷却壁	Si_3N_4-SiC
第 9~10 段	炉身中部	双面镶砖球墨铸铁冷却壁	浸磷酸盐黏土砖
第 11~13 段	炉身上部	单面镶砖球墨铸铁冷却壁	Si_3N_4-SiC
第 14 段	炉身上部	单面镶砖球墨铸铁冷却壁	Si_3N_4-SiC

9.2.4 进一步提高高原气象条件下高炉风机的修正系数

传统设计认为高炉风机选型时需要考虑 0.726 的风机修正系数。但昆钢地处 1840~1910m 的云贵高原，其 2000m³ 高炉生产实践证明，这样选择高炉风机的能力还是偏小，一定程度上束缚了高炉冶炼水平的提高。所以 2010 年在筹建 2500m³ 高炉时，昆钢有意识地将风机型号放大了一个档次，选择了 AV-90 风机。实践证明这样的选择是成功的，昆钢 2500m³ 高炉在“低铁高灰”的原燃料条件下创造了国内同类高炉的最高冶炼强度。昆钢地区典型的气象条件见表 9-4。

表 9-4 昆钢地区气象条件

季节	大气温度/℃	大气压力/MPa	相对湿度/%	风量修正系数
夏季	23.9	0.08103	82.5	0.689
冬季	7.00	0.08128	52	0.757
年平均	14.7	0.08139	70.83	0.726

9.2.5 与高炉配套的烧结机面积进一步加大

传统的单位炉容烧结机面积设计参数，已经很难适应昆钢高炉的强化冶炼要求。昆钢在筹建 2500m³ 高炉的时候，有意识地将烧结机面积提高到 360m²，但后来碍于投资压力，又被迫将烧结机面积调整为 300m²。高炉投产以后的生产实践证明，“烧不保铁”的矛盾非常突出，烧结矿碱度一度高达 2.5 倍。烧结机能力偏小，已经成为昆钢新区 2500m³ 高炉进一步强化冶炼的限制性环节。昆钢四个生产基地高炉容积与烧结机面积对应关系见表 9-5。

表 9-5 昆钢四个生产基地高炉容积与烧结机面积对应关系

红钢		玉钢		本部		新区	
高炉容积/m³	烧结机面积/m²	高炉容积/m³	烧结机面积/m²	高炉容积/m³	烧结机面积/m²	高炉容积/m³	烧结机面积/m²
1350	260	1080	260	2000	300	2500	300

红钢的高炉体积比玉钢高炉大 270m³，而两个基地的烧结机面积都是 260m²，实际情况是玉钢烧结矿综合质量明显优于红钢，说明红钢的炉-机匹配关系有待进一步优化[7,8]；新区高炉体积比本部高炉大 500m³，而两个基地的烧结机面积都是 300m²，实际情况是本部烧结矿的综合质量明显优于新区，说明新区高炉烧结机面积的选择明显偏小，不利于高炉的强化冶炼。

9.2.6 更加突出强调改善焦炭的热态强度

昆钢的思路是，既然灰分偏高，那就尽可能通过热态强度来弥补，所以在设计焦炉加热温度、升温速度、结焦时间、焦饼中心温度、配合煤细度、配合煤水分等与焦炭热态强度相关的工艺技术参数时，都要围绕有利于稳定和改善焦炭热态强度这一目标来进行综合平衡和考虑。昆钢 3 号、4 号焦炉热工参数与焦炭质量的关系见表 9-6，1 号、2 号焦炉配合煤细度与焦炭质量的关系见表 9-7。

表 9-6 昆钢 3 号、4 号焦炉热工参数与焦炭质量的关系

结焦时间 /h	3 号焦炉加热温度/℃		4 号焦炉加热温度/℃		挥发分 /%	CRI /%	CSR /%
	机侧	焦侧	机侧	焦侧			
19	1285	1325	1305	1360	1.03	28.93	64.39
19	1290	1330	1303	1357	1.02	27.88	66.31
19	1285	1325	1300	1355	0.96	28.75	65.39
18	1285	1325	1305	1360	1.01	28.53	65.65
18	1280	1320	1310	1366	1.00	29.69	63.93
18	1290	1330	1315	1370	1.05	30.80	62.79
18.83	1275	1315	1300	1355	1.10	30.00	62.86
18.83	1265	1305	1295	1350	1.11	31.25	62.18
19.33	1255	1295	1285	1340	1.16	29.50	63.21

从表 9-6 可以看出，要想获得较好的焦炭热态性能指标，焦炉的结焦时间不宜太短，且焦炉加热温度应与结焦时间协调一致。

表 9-7 昆钢 1 号、2 号焦炉配合煤细度与焦炭质量的关系

配合煤细度/%			M_{40} /%	M_{10} /%
白班	中班	夜班		
84.0	84.5	83.9	80.0	7.2
83.4	86.3	85.5	79.7	7.8
86.0	87.1	88.4	79.0	7.8
78.8	82.8	81.0	80.2	7.4
79.7	74.0	77.2	81.6	6.8
78.1	76.6	73.0	81.8	6.6

从表 9-7 可以看出，配合煤细度太高和太低都会对焦炭质量产生一定影响。

9.3 具有“低铁高灰”特点的高炉精料技术

“低铁高灰”已经成为昆钢高炉原燃料条件的固有特点，短期之内很难改变。在这样的条件下如何粗粮细做、做出特色，就是昆钢高炉精料管理的主要工作。

9.3.1 烧结矿管理

关于烧结矿，昆钢着重强调烧结矿碱度要落在合理区间，烧结矿入炉粉末及 <10mm 的“准粉末”含量要低。烧结配料中的进口矿配比，则根据企业盈利状况确定高、中、低三个档次。当企业盈利状况较好时，采取“进攻策略”，进口矿配比维持高位；当企业盈利状况持平时，采取“防守策略”，进口矿配比维持中位；当企业经营亏损但还有边际贡献之时，采取“退守策略”，进口矿配比维持下限。这样采取灵活机动的配矿策略，既有利于高炉实现强化冶炼，又有利于企业实现系统价值最大化的目标。

9.3.2 球团矿管理

酸性球团矿的产量主要取决于高炉炉料结构平衡的需要，球团矿的质量主要取决于铁精矿粉的质量。昆钢球团生产线使用的主力矿种是自产大红山铁精矿，其品质主要取决于高炉的需求，以及系统成本最低的经济性测算要求。目前大红山铁矿生产线已经具备柔性化生产的能力，可以提供“点菜”式服务，为用户提供不同品级的铁矿石。2016~2021 年昆钢自产的大红山铁精矿化学成分变化情况见表 9-8。

表 9-8　2016~2021 年大红山铁矿化学成分变化情况　(%)

年份	TFe	SiO_2	CaO	TiO_2	H_2O	-74μm 粒级
2016	62.57	7.63	0.62	1.40	9.81	94.41
2017	62.90	7.24	0.45	1.15	9.48	94.00
2018	63.28	7.37	0.51	1.27	9.79	94.74
2019	64.24	6.45	0.31	1.03	9.54	95.80
2020	62.99	7.35	0.50	1.20	9.43	94.89
2021	62.75	7.50	0.51	1.26	9.45	94.62

从表 9-8 可以看出：昆钢大红山铁精矿的 SiO_2 含量较高，提铁降硅对后道工序既有提高 TFe 的贡献，又有降低 SiO_2 的价值，可以说是一举多得；虽然大红山铁矿具备柔性化生产的能力，但是“保产量还是保质量”的争论在昆钢一

直不绝于耳，加之矿山算出来的提铁降硅结果是亏损的，炼铁工序算出来的结果也是亏损的，所以昆钢大红山铁精矿的 TFe 和 SiO_2 含量也经历了反反复复的起落，始终未能达到顶级进口矿的质量水平。

9.3.3 焦炭管理

关于焦炭质量，昆钢着重于热态强度的稳定和改善，其他指标保持相对稳定合理就行。受煤资源禀赋条件的影响，长期以来昆钢焦炭质量一直有灰分很高、冷态强度指标很好的特点。根据对高炉的运行状况的长期跟踪研究和分析，我们发现与高炉运行情况关系最密切的就是焦炭的反应性和反应后强度指标。在对焦炭质量进行综合评价的过程中，作者给予了这两项指标 46%的权重占比。之所以对热态指标如此重视，是因为昆钢焦炭灰分很难进一步降低，其冷态强度保持在比较高的水平之上，已经不是影响高炉强化冶炼的薄弱环节了。但其热态性能指标并不稳定，并且经常会因为热态性能指标变化而引起高炉炉况出现波动。所以昆钢高炉工作者除了努力通过优化配煤结构改善焦炭热态性能指标之外，在利用部分矿物质元素钝化原理改善焦炭热态性能指标方面也进行了相应的研究与实践。这方面的内容前文中已作过详细介绍，在此不再赘述。

9.4 K、Na、Pb、Zn 综合作用下的高炉长寿技术

受用料结构和单种矿石质量的影响，昆钢高炉被迫长期在 K、Na、Pb、Zn 等多种有害元素入炉负荷较高的条件下组织生产，因此无论是高炉的强化冶炼研究，还是高炉的长寿技术研究，都不可避免地会受到 K、Na、Pb、Zn 等多种有害元素的综合作用和共同影响[9]。久病成医，昆钢在长期与多种有害元素作斗争的过程中，形成了一些行之有效的措施和办法。

9.4.1 碱金属的防控

昆钢中小型高炉在使用黏土砖炉缸炉底的年代，曾经发生过碱金属侵蚀硅铝质耐火材料，导致炉底烧穿的事故。自从使用碳质材料砌筑高炉炉缸炉底以后，就再也没有发生过类似的情况。目前碱金属对高炉冶炼的危害，主要表现在对碳素熔损反应的催化作用上。通过风口焦取样发现，焦炭中碱金属富集了 3~7 倍，焦炭的反应性上升 8%~16%，反应后强度下降 12%~18%。昆钢高炉焦炭热态性能指标本身就不好，在炉内富集有大量的碱金属之后，炉缸死料柱中的焦炭粒度还会进一步降低，从而影响高炉炉缸的活跃性以及高炉的强化冶炼水平。从长远来看，昆钢还要不遗余力地致力于高炉入炉碱金属负荷的进一步降低。

9.4.2 控 Pb 措施

昆钢对 Pb 在高炉内的渗透机理的研究，在业界同行中是有原创性的。正是基于这样的研究成果，昆钢在设计第二座 $2500m^3$ 高炉时，就果断取消了排铅孔的设计。在炉缸靠近炉壳的部位，改用小块碳砖砌筑，并在日常检修过程中注意定期进行炉体灌浆，以及时填补高炉内的各种气隙，千方百计切断 Pb 的流窜通道。这些措施在生产实践中都收到了较好的效果。

9.4.3 控 Zn 措施

现阶段对昆钢高炉强化冶炼和长寿运行影响最大的就是 Zn。Zn 的循环富集既是造成高炉中部炉墙结厚的首恶元凶，也是造成高炉炉体上涨、威胁高炉长寿的重要原因之一。关于 Zn 害的治理，昆钢首先是做好源头管控，其次是加强中间环节的调控，最后是做好末端治理。源头管控就是要千方百计优化用料结构，降低 Zn 的入炉量；中间调控就是要千方百计增大 Zn 的排出率，降低其循环富集的倍数；末端治理就是要想办法切断高 Zn 除尘灰直接返回烧结的渠道，将高 Zn 除尘灰直接外销，中 Zn 除尘灰进行浮选。同时，昆钢也要摸索在高 Zn 负荷条件下的高炉强化冶炼和长寿技术，找到与 Zn 和平共处而又降低其副作用和危害性的路径与方法。

9.5 关于 $2500m^3$ 高炉冶炼极限的探讨

之所以要探讨这个问题，是因为昆钢新区 $2500m^3$ 高炉在强化冶炼过程中，有人担心冶炼强度太高，影响高炉燃料比的进一步降低[10,11]。换而言之，就是新区高炉的冶炼强度是否已经接近理论极限点了？他们提出的主要支撑点就是炉腹煤气量超过了宝钢等企业提出的理论上限值。作者一直认为对这个问题大可不必过于担心，因为新区高炉的冶炼强度也是有起有落，并没有发现低冶炼强度期间燃料比有普遍降低的现象。但是不把这个问题说清楚，估计它或多或少会羁绊住高炉操作者的手脚。

为此，作者专门查阅了东北大学杜鹤桂老教授的论文集。杜先生可以说是新中国炼铁界的活化石，多次获得国家科技进步奖。他对高炉强化冶炼的认识是具有开创性的。他明确提出高炉强化分为三个阶段，分别是吹透强化、松动强化以及悬浮强化。我们原来探讨的冶炼极限问题，都是静态地在“吹透强化”阶段思考问题，没有提升到“松动强化”和“悬浮强化”阶段进行考量。在杜先生的文章里，作者查到了在“大炼钢铁”的年代，湖北麻城的黄继光高炉曾经创下了利用系数 $8.37t/(m^3 \cdot d)$、冶炼强度 $9.28t/(m^3 \cdot d)$ 的“吉尼斯”世界纪录。虽然会有浮夸的部分，但是这个案例从另外一个侧面说明，今天的高炉远远没有达到强化冶炼的极限点。使用“炉腹煤气量”来判断高炉强化冶炼极限的观点，并不完全适合昆钢 2500m^3 高炉的强化冶炼实践。昆钢 2500m^3 高炉在成功解决好中部炉墙反复黏结的这个“腰疼病”以后，高炉稳定顺行的质量和水平还会有新的突破，高炉的主要技术经济指标还能迈上新的台阶。

9.6 独具特色的中部炉墙结厚防治技术

9.6.1 宝钢和昆钢都碰到炉墙结厚问题

宝钢历史上的几次大的炉况失常，都与高炉中部黏结有关。其实昆钢也是如此，只是我们没有把它总结出来，解剖清楚而已。作者总结出中部炉墙黏结引发炉况失常可以分为以下三个阶段：第一阶段是炉温持续升高，工长持续不断地提负荷，这个时候如果放松警惕，就会为后来的事故埋下伏笔；第二阶段开始出现低炉温和崩滑料现象，此时如果判断不准确，处理不够果断，则事故不可避免；第三阶段是崩滑料不止，炉温骤降，常规措施起不到应有作用，炉况严重失常。宝钢炼铁专家认为处理大型高炉炉况失常除了提炉温等常规手段之外，还要有疏松边缘的技术措施，如果要从源头上进行管控，则还是要在开展高炉体检和维护好合理的操作炉型方面下功夫[1]。

宝钢 4000m^3 级高炉在投产前期的 11 年内，由于设备运转不稳定、炉墙结厚等技术问题没有解决，炉况不稳定、煤气利用率波动大、煤气利用率水平不高，很大程度上制约了高炉组织高水平、安全、稳定、经济的生产。后期在解决了管理、设备和技术等问题之后，高炉主要技术经济指标才达到了世界一流水平。要注意宝钢的这个提法，对炼铁生产而言，管理排第一，其次是硬件设备，第三才是具体的操作技术[1]。1985～2010 年宝钢高炉部分技术经济指标变化情况见表 9-9。

表 9-9 宝钢高炉部分技术经济指标的变化情况

年份	1985	1986	1987	1988	1989	1990	1991	1992	1993	1994	1995	1996	1997
煤气利用率/%	49.5	49.2	50.3	49.8	49.5	48.5	48.7	49.8	49.6	49.0	48.0	47.7	50.0
煤比/kg · t^{-1}	—	—	—	—	—	—	—	18	38	56	68	95	110
燃料比/kg · t^{-1}	552	495	485	485	485	482	488	487	489	499	525	520	507
年份	1998	1999	2000	2001	2002	2003	2004	2005	2006	2007	2008	2009	2010
煤气利用率/%	51.0	50.8	50.7	50.8	50.7	51.3	51.2	51.2	51.4	51.6	51.6	51.7	50.8
煤比/kg · t^{-1}	175	208	205	205	205	195	190	200	208	205	180	190	180
燃料比/kg · t^{-1}	507	502	497	498	494	493	497	498	497	497	496	488	490

从表9-9可以看出，宝钢高炉的煤气利用率在投产的第12年，才迈上了50%的台阶，这是管理、设备和技术工作综合作用的结果；随着煤气利用率迈上新台阶，高炉的燃料比指标逐步稳定在490kg/t附近，标志着宝钢高炉主要技术经济指标已经达到世界一流水平。

9.6.2 下部不活与渣皮不稳

关于“中部炉墙结厚”这个问题，宝钢称之为“下部不活”，而昆钢喜欢称之为“渣皮不稳”。一定要注意，渣皮只有太厚了才会不稳、才会脱落。如果渣皮只有5cm厚，加上热流强度适宜、操作炉型合理，高炉渣皮是能够保持稳定的。宝钢高炉炉墙挂渣厚度与边缘煤气温度及炉墙热流强度的关系如图9-1所示。

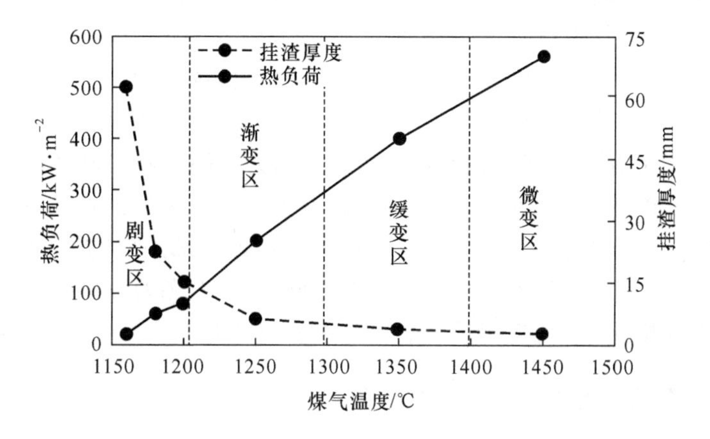

图9-1 宝钢高炉炉墙挂渣厚度与炉墙热流强度及边缘煤气温度的关系

对照图9-1，昆钢2000m³、2500m³高炉炉身下部的热流强度都有偏低的嫌疑，这样一方面会导致炉墙结厚，另一方面也会频繁发生“渣皮不稳”的现象[12~14]。要使“渣皮”或其他黏结物的厚度长期稳定在100mm以内，除了要适当发展边缘气流以外，必要的中部调剂也是不可或缺的。这就需要对大型高炉合理煤气流的分布进行重新认识，需要逐步打破中部调剂不能轻易实施的思想桎梏。

9.6.3 宝钢和昆钢处理炉墙结厚的经验

在处理“中部炉墙结厚”方面，宝钢有两点经验非常值得其他钢铁企业借鉴，一是疏松边缘；二是适当降低中部冷却强度[1]。钟式炉顶高炉在处理炉况失常时都要缩矿批、改倒装，而使用无料钟炉顶以后，就很少使用改倒装疏松边缘这一招了。其实这一点值得商榷。可能在大家的潜意识里，觉得无料钟炉顶拥有料线补偿机制，没必要再采用类似改倒装等疏松边缘的技术手段了。但宝钢处理大型高炉炉况失常的经验表明，料线补偿不能替代疏松边缘的布料矩阵，二者不能混为一谈，处理炉况失常不改布料矩阵的操作习惯，一定得改一改。

昆钢 2000m^3 高炉投产初期，每年都会发生一次大的炉况失常，损失非常巨大，当时大家都不明所以。现在折回头来审视这段历史，这种不明原因的炉况突然失常，就与高炉中部炉墙结厚有关。昆钢 2000m^3 高炉开炉的布料矩阵采用的是武钢技术体系，边缘压得很重，燃料比很低。刚开始不会出问题，但是时间久了，随着中部炉墙黏结达到一定程度，再叠加上外部条件发生变化，就会发生炉况失常。与武钢、宝钢相比，昆钢的焦炭质量要差一些，矿石含粉率要高一些，入炉 Zn 含量更是要高 5~9 倍，这些因素都决定了昆钢高炉比武钢、宝钢高炉更容易发生中部炉墙结厚的问题。昆钢 2000m^3 高炉在开炉三年以后，中部炉墙黏结的问题走到了一个量变到质变的拐点，加上原燃料质量的逐步下滑，同样也来到了量变到质变的拐点。两个拐点在 2003 年 1 月 8 日悄然相遇，于是就引发了昆钢 2000m^3 高炉历史上第一次炉况大失常。因为在调整处理炉况失常的过程中，没有把治理和消除中部炉墙结厚放在核心位置，所以采取的措施大部分是缩矿批、退负荷、堵风口等常规措施，这些措施对治理中部炉墙结厚的针对性不强，导致病根一直未能彻底消除，一直拖延到 2003 年 6 月份高炉停炉降料面喷补炉衬，操作炉型得到彻底修复以后，炉况才逐步恢复正常。

9.6.4 从中部调剂到高炉操作炉型的管理

关于“中部调剂”，炉况失常之前，很少有昆钢人愿意去调整冷却系统的技术参数。这方面有一个昆钢人技术惯性和操作惯性的问题，有些东西说不清为什么，仅仅是因为几代昆钢人都这么做了，所以我这么做也就没有问题。而宝钢的经验却是要动态监控高炉中部的热流强度，热流强度发生变化了，该调整的还得调整，作者认为这才是实事求是的态度。作者认为要突破高炉顺行的质量和水平这个关口，要避免“腰疼病”重复发生，有些操作习惯该改还得改。如果觉得把这个权力下放给高炉工长太过草率，作者建议，高炉车间或者是炼铁厂这个层级可以把这个事情给管起来，还可以给这件事情命名为“高炉合理操作炉型的维护与管理”。把它提升到“管理”的高度，以和日常操作调剂区分开来。不仅如此，因为昆钢的原燃料条件更差，中部炉墙更容易结厚，所以昆钢花在“合理操作炉型的维护与管理”方面的精力还要比宝钢、武钢更多一些才行。宝钢的朱仁良老师在他的专著《宝钢大型高炉操作与管理》一书中，也明确建议把对高炉操作炉型的维护与管理提升到高炉操作管理的核心位置上加以重视。可见这一观点正在成为业界共识，大家应该多加关注。

9.6.5 要更加重视 Zn 的危害

宝钢历史上也碰到过中部炉墙反复发生黏结的问题。在分析原因时，宝钢就比昆钢更加直接，他们旗帜鲜明地指出，中部炉墙黏结的首要原因是 Zn 在炉内的循环富集。他们没有花更多精力去强调矿石含粉和焦炭质量问题。因为原因说得太多了，就不容易聚焦，决策者反而不知道该怎么办了，最终的效果跟什么都没有说是一样的。如果直接说原因是 Zn 在炉内的循环富集，导致边缘过重，并且初期处理不当，这样领导要判断决策就容易得多了。宝钢对高炉中部炉墙黏结的原因分析及应对措施见表 9-10。

表 9-10 宝钢对高炉中部炉墙黏结的分析与应对措施

序号	炉墙黏结的征兆	炉墙黏结的原因	炉墙黏结的应对处理
1	炉墙热电偶温度下降；热流强度下降；水温差下降	装料制度不合理，对新的炉顶设备布料规律认识不足	提高炉温，减产洗炉
2	压差升高，下部压差尤为明显；高炉不接受风量	煤气流分布不合理，边缘气流过重	调整布料矩阵，疏松边缘气流
3	频繁发生悬料，并容易出现管道行程	全冷却板冷却结构导致冷却强度过大	适当降低中部冷却水流量
4	十字测温边缘温度低，边缘气流过重	入炉 Zn 负荷超标	适当减风保持顺行，炉况适应后再恢复风量
5	风口前端时有大块黏结物滑落，风口容易烧坏	原燃料质量下滑	适当降低炉渣碱度

从表 9-10 可以看出，宝钢将高炉中部炉墙黏结的原因总结为煤气流分布不合理、冷却制度不合理以及原燃料质量差三个大的方面；宝钢应对高炉中部炉墙黏结的措施可以归结为上中下部联合调剂、综合治理，上部调剂以适当发展边缘气流为主，中部调剂以适当降低冷却强度为主，下部调剂以维持适当冶炼强度、适时开展洗炉为主。

9.6.6 昆钢 2000m^3 高炉两代炉役燃料比对比

昆钢 2000m^3 高炉最近几年绝大多数的技术经济指标与 2003 年之前相比，已经取得了长足的进步和发展。但是也有个别指标不如 2003 年以前的水平，燃料比指标就是其中之一。2003 年之前，昆钢 2000m^3 高炉的燃料比指标可以稳定在 520kg/t 左右，而 2018 年之后，这一指标却倒退到了 548kg/t 左右的水平。这背后究竟隐藏着什么秘密呢？作者经过大量调查分析后发现，昆钢 2000m^3 高炉燃料比指标前后近 20 年间发生的变化，刚好揭示了昆钢治理大型高炉中部炉墙结厚的全部秘密。昆钢2000m^{3}高炉第一代炉役开炉的前几年，由于高炉操作炉型比较规则，总体原燃料质量较好，比较适应边缘气流比较重的布料矩阵，因此能够在综合入炉品位只有56%、焦炭灰分高达14%的条件下，获得520kg/t左右的燃料比指标。但是中部炉墙黏结的拐点与原燃料质量下滑的拐点相遇，终于引发了持续时间达半年之久的炉况严重失常。后来通过高炉喷补修复操作炉型，并不断对布料矩阵进行调整，逐步摸索出了适当牺牲高炉燃料比、更加注重发展边缘气流的操作方针，才最终使高炉重新回归到了长周期稳定顺行的轨道上来，高炉的其他技术经济指标也才获得了长足的发展与进步。昆钢2000m^{3}高炉不明原因突然失常的悬案终于告破。但是新的问题又来了，昆钢2000m^{3}高炉的燃料比指标还能不能回到20年以前的水平呢？答案是肯定的，但前提是昆钢高炉治理中部炉墙结厚的能力和水平也必须取得长足的发展和进步。这也是昆钢大型高炉提高高炉顺行的质量和水平以及主要技术经济指标再创新高所必须要迈过的一道重要关口。

参考文献

[1] 朱仁良．宝钢大型高炉操作与管理［M］．北京：冶金工业出版社，2018.

[2] 卢郑汀，张志明，李淼．昆钢2500m^{3}高炉炉型维护探索［J］．昆钢科技，2017，2：21~28.

[3] 王楠，张品贵．昆钢2500m^{3}高炉炉墙结厚处理实践［J］．昆钢科技，2016，5：13~17.

[4] 安朝俊．首钢炼铁三十年［M］．北京：首都钢铁公司，1983（内部资料）.

[5] 李淼，李晓东，孔维桔．昆钢2500m^{3}高炉低品位矿冶炼生产实践［J］．昆钢科技，2014，2：16~20.

[6] 李信平，金友祥，李淼，等．昆钢2500m^{3}高炉经济最低入炉品位研究实践［J］．昆钢科技，2016，5：23~26.

[7] 吴仕波，黄德才，李海．玉钢3#高炉强化冶炼实践［J］．昆钢科技，2021，3：6~9.

[8] 杨凯．红钢3#高炉强化冶炼的生产实践［J］．昆钢科技，2019，5：9~13.

[9] 王涛，汪勤峰，王亚力，等．昆钢2000m^{3}高炉炉缸炉底破盾情况调查［J］．昆钢科技，2014，2：1~8.

[10] 贺压柱，仇友金，麻德铭．炉腹煤气指数在昆钢2500m^{3}高炉的应用［J］．昆钢科技，2016，5：5~9.

[11] 王亚力，胡兴康．昆钢2500m^{3}高炉产能提升理论与实践实践［J］．昆钢科技，2019，3：1~5.

[12] 余祥顺，李淼．昆钢2500m^{3}高炉处理炉墙上部黏结操作实践［J］．昆钢科技，2019，1：7~9.

[13] 郭永祥，杨继红．昆钢2500m^{3}高炉降料面消除炉身粘结及恢复实践［J］．昆钢科技，2019，1：35~39.

[14] 张品贵，李晓东．昆钢2500m^{3}高炉失常炉况的处理［J］．昆钢科技，2019，1：1~6.

10　高炉体检与高炉医生技术应用实践

每一个有过高炉操作经验的人或多或少都有这样的体会，对炉况的分析与诊断，与中医看病的方式非常类似，通过“望、闻、问、切”的方式探明病根，结合自己的知识储备开具处方，并通过若干 PDCA 循环，不断地校正准星、优化操作、持续改进。把这一理念付诸实施并取得实实在在应用成果的，应该首推马钢。马钢通过开展“高炉体检”，不断夯实高炉工艺技术的基础管理，使高炉走上了长周期稳定顺行的道路，主要技术经济指标取得了长足的进步和发展[1~4]。其实“高炉体检”背后的实质，是不再把高炉当设备看，而是把它当人看，通过“高炉医生”诊病的方式来操作调剂高炉。

10.1　学习马钢开展“高炉体检”的实践

2017 年度中国钢铁工业协会管理创新成果评审会于 9 月 20 日在马钢召开，马钢“数字化高炉体检与预警诊断系统”项目荣获一等奖。马钢公司领导坦言，自推行“高炉体检”制度以来，马钢 8 座高炉已经实现了连续 1200 多天的稳定顺行，炼铁成本也一直处于国内同行的先进水平。正是得益于高炉的稳定顺行和经济高效生产，2017 年马钢获得 60 多亿元的利润。

马钢为持续推进“高炉体检”制度的贯彻实施，专门在股份公司层面设立了“炼铁技术处”，并规定每月一次的高炉体检研讨会必须由马钢公司领导亲自主持[1~4]。无独有偶，宝钢朱仁良老师也提出了高炉的稳定顺行就是最大的降成本和节能减排的理念，并特别强调操作炉型的维护与管理是高炉日常操作的核心工作。马钢是昆钢高炉大型化道路上的模仿学习对象，宝钢是中国钢铁行业的旗舰和标杆，两家企业不约而同地提出“高炉是钢铁企业深入推进低成本制造的枢纽和关键”，这种理念对其他钢铁企业很有借鉴意义。高炉的长周期稳定顺行离不开以高炉为中心一系列体制机制的顶层设计和改革创新，而“数字化高炉体检与预警系统”的开发，无疑是统领好这一工作的最佳切入点和最有效的抓手。

虽然昆钢高炉最近几年的生产经营和综合管理水平都取得了长足的进步，纵向比较进步明显，但横向比较仍然有不小的差距，如果经济再次进入下行通道，低成本竞争优势和差异化竞争优势就会成为企业在市场经济大潮中立于不败之地的制胜法宝。学习借鉴马钢和宝钢的先进经验，在铁前系统构建具有昆钢特色的以“高炉体检”为核心的管理创新和技术创新相结合的管理架构体系，可谓正当其时。

对高炉进行“体检”，首先是不能仅把高炉当成炼铁工艺装备看，而是要把高炉当作“人”来看。炼铁工作者相当于“高炉医生”，通过“望闻问切”来调剂高炉。其次是定期体检就可以做到早防早治，避免大的“疾病”和事故发生，从而有效降低事故造成的损失和浪费。再就是通过高炉体检，可以用量化的诊断结果，为炉况研判、应对调整、系统维护提供可靠依据，提高及时发现问题、解决问题和预防问题的能力。最重要的是，通过开展高炉体检这种方式，要逐渐构建起高炉长周期稳定顺行的管理体制，要整合铁前生产、技术、质量等专业管理职能，系统管控铁前从采购、配煤配矿到高炉操作管理全流程的工艺技术管理，建立“以高炉为中心”从采购到生产的全系统联动的运行管控模式。

10.2 红钢 1350m^3 高炉开展体检实践

按照影响高炉主要技术经济指标的“四三三”结构模式，学习借鉴马钢开展“高炉体检”的实践经验，以红钢 1350m^3 高炉 2018 年 1～3 月份的运行状况为基础，昆钢第一次尝试组织开展高炉体检。

10.2.1 红钢 1350m^3 高炉主要技术经济指标完成情况

2018 年 1～3 月红钢 1350m^3 高炉主要技术经济指标见表 10-1。

表 10-1 红钢 1350m^3 高炉主要技术经济指标

时间	入炉品位 /%	利用系数 /t·(m^3·d)$^{-1}$	冶炼强度 /t·(m^3·d)$^{-1}$	富氧率 /%	w[Si] /%	PT /℃	休风率 /%	焦比 /kg·t^{-1}	煤比 /kg·t^{-1}	燃料比 /kg·t^{-1}
2015 年	50.75	1.683	0.79	0.81	0.83	1449	6.01	483.49	109.59	593.08
2016 年	54.47	2.683	1.153	2.20	0.50	1464	3.75	443.31	125.08	568.39
2017 年	54.50	2.757	1.073	2.35	0.39	1469	1.75	416.03	146.07	562.10
2018 年 1 月	54.49	2.944	1.100	2.68	0.18	1448	0.36	403.88	148.25	552.14
2018 年 2 月	54.75	2.983	1.135	2.72	0.19	1445	0.51	409.94	144.13	554.07
2018 年 3 月	54.98	2.953	1.192	2.74	0.20	1439	0.39	434.35	125.64	559.99

从表 10-1 可以看出，红钢 1350m^3 高炉 2018 年 1 季度实现了开门红，具体表现为产量保持较高水平，利用系数接近 3.00t/(m^3·d)，燃料消耗处于合理区间，休风率保持较低水平。

10.2.2　焦炭综合质量体检得分情况

10.2.2.1　2018 年 1 季度红钢焦炭质量情况

2018 年 1 季度红钢焦炭质量情况见表 10-2。

表 10-2　2018 年 1 季度红钢焦炭质量指标　(%)

月份	焦炭品种	灰分	硫分	M_{40}	M_{10}	反应性	反应后强度
1 月份	师宗 83 焦	14.41	0.56	87.25	5.89	30.40	62.25
	天能水熄焦	13.64	0.65	89.47	4.88	30.51	61.68
	派盟 83 焦	14.19	0.50	87.95	4.99	29.75	64.77
	天能干熄焦	13.64	0.57	90.73	4.32	30.29	62.98
2 月份	师宗 83 焦	14.51	0.51	88.34	5.44	30.12	61.76
	派盟 83 焦	14.19	0.50	87.95	4.99	29.75	64.77
3 月份	师宗 83 焦	14.38	0.51	89.83	5.42	32.21	57.31
	派盟 83 焦	14.06	0.39	88.69	4.78	27.43	67.30
	天能干熄焦	13.62	0.63	90.95	4.59	29.26	62.84
	浩华滇中 83 焦	14.56	0.56	90.67	5.24	28.25	64.87

10.2.2.2　2018 年 1 季度红钢高炉用焦结构

2018 年 1 季度红钢高炉用焦结构见表 10-3。从表 10-3 可以看出，2018 年 1 季度红钢高炉用焦结构中师宗焦比例高达 54.54%～80.07%，因此师宗焦质量的好与坏对高炉炉况顺行影响至关重要。

表 10-3　2018 年 1 季度红钢高炉用焦结构

月份	焦炭品种	干焦量/t	比例/%
1 月份	师宗 83 焦	35060.23	70.46
	天能水熄	7098.228	14.27
	派盟 83 焦	5263.233	10.58
	天能干熄	2337.122	4.70
	焦炭合计	49758.82	100.00
2 月份	师宗 83 焦	37013.83	80.07
	派盟 83 焦	9211.956	19.93
	焦炭合计	46225.79	100.00

续表 10-3

月份	焦炭品种	干焦量/t	比例/%
3 月份	师宗 83 焦	29274.781	54.54
	派盟 83 焦	10265.55	19.12
	天能干熄	9290.73	17.31
	浩华（滇中）83 焦	4848.492	9.03
	焦炭合计	53679.56	100.00

10.2.2.3 红钢 1350m^3 高炉用焦质量体检得分情况

2018 年 1 季度红钢 1350m^3 高炉用焦质量体检结果见表 10-4。

表 10-4 2018 年 1 季度红钢 1350m^3 高炉用焦质量体检结果

月份	焦炭品种	单种焦炭 CQI 值	使用比例/%	综合体检得分	综合评价
1 月份	师宗 83 焦	44.70	70.46	31.50	较差
	天能水熄焦	51.97	14.27	7.42	较差
	派盟 83 焦	76.19	10.58	8.06	良好
	天能干熄焦	53.23	4.70	2.50	较差
	入炉焦平均 CQI 值	—	—	49.47	较差
2 月份	师宗 83 焦	48.51	80.07	38.84	较差
	派盟 83 焦	76.19	19.93	15.18	良好
	入炉焦平均 CQI 值	—	—	54.03	较差
3 月份	师宗 83 焦	49.37	54.54	26.93	较差
	派盟 83 焦	99.14	19.12	18.96	优秀
	天能干熄焦	57.07	17.31	9.88	较差
	浩华滇中 83 焦	90.66	9.03	8.19	优秀
	入炉焦平均 CQI 值	—	—	63.95	较好

焦炭质量评价标准及打分细则详见昆钢焦炭质量综合评价一节。从表 10-4 可以看出，2018 年 1 季度红钢 1350m^3 高炉炉焦炭质量整体较差，1 月份和 2 月份入炉焦的平均 CQI 值均低于 60 分，3 月份入炉焦的平均 CQI 也才有 63.95 分。焦炭质量整体欠佳是影响高炉进一步增产降耗的主要矛盾和限制性环节。

10.2.3 矿石综合质量体检得分情况

10.2.3.1 烧结矿冷态强度及入炉粉末体检得分情况

烧结矿冷态强度及入炉粉末体检打分细则为：烧结矿转鼓强度不低于 81%为

满分100分，每降低0.5%，扣减15分；烧结矿筛分指数不大于6.5%为满分100分，每升高0.5%，扣减10分；烧结矿入炉粉末不大于1%为满分100分，每升高0.1%，扣减17.85分；粒级组成（16~40mm）不小于45%为满分100分，每降低1%，扣减15分；烧结矿入炉率不小于90%为满分100分，每降低0.5%，扣减6.94分。体检结果见表10-5。

表10-5 2018年1季度烧结矿冷态强度及入炉粉末体检结果

月份	转鼓强度（占4%）		筛分指数（占20%）		入炉粉末（占28%）		16~40mm粒级（占12%）		烧结矿入炉率（占36%）		得分合计
	%	得分	%	得分	%	得分	%	得分	%	得分	
1月份	80.97	99.10	6.83	93.40	0.68	100.00	45.08	100.00	89.23	89.31	94.80
2月份	80.47	84.10	6.79	94.20	0.71	100.00	44.47	92.05	89.08	87.22	92.65
3月份	80.57	87.10	6.80	94.00	0.45	100.00	44.82	97.30	89.60	94.44	95.96

从表10-5可以看出，2018年1季度红钢烧结矿综合质量呈现出稳中向好的良好势头，综合得分达到94.47分，具体表现为烧结矿入炉率超过89%，16~40mm粒级达到44.79%。其中引入“烧结矿入炉率”的概念，主要是为了考量烧结矿在离开烧结厂，经历一系列的跌落、摔打和筛分整粒之后，最终究竟有多少实物量进入了高炉当中。与其他指标相比，烧结矿入炉率不受样本代表性的影响，因而能够更加真实地反映出烧结矿的实物质量。

10.2.3.2 *矿石综合入炉品位体检得分情况*

矿石综合入炉品位体检打分细则为：矿石综合入炉品位不低于56%为满分100分，每降低0.1%，扣减1分。体检结果见表10-6。

表10-6 2018年1季度矿石综合入炉品位体检结果

月份	1月份	2月份	3月份
入炉品位/%	54.49	54.75	54.98
得分	84.90	87.50	89.80

从表10-6可以看出，2018年1季度红钢1350m³高炉矿石综合入炉品位为54.49%~54.98%，体检得分为84.90~89.80分，尚有一定的提升空间。

10.2.3.3 *炉料结构及冶金性能体检得分情况*

炉料结构及冶金性能体检打分细则为：烧结富余率不低于10%为满分100分，每降低1%扣减4分；块矿占比不大于7%为满分100分，每升高1%扣减9.1分；熔滴性能特征值不大于800kPa·℃为满分100分，每升高10kPa·℃扣减4.50分；软化区间不超过120℃为满分100分，每升高5℃扣减11分；RDI≥

90%为满分100分，每降低1%扣减4.50分；RI≥80%为满分100分，每降低1%扣减5.50分。体检结果见表10-7。

表10-7 2018年1季度红钢炉料结构及冶金性能体检结果

月份	烧结富余率（占30%）		块矿占比（占11%）		熔滴性能特征值（占22%）		软化区间（占3%）		RDI（占22%）		RI（占12%）		得分合计
	%	得分	%	得分	kPa·℃	得分	℃	得分	%	得分	%	得分	
1月份	10.70	100	11.54	58.82	854.77	75.13	127	84.33	85.61	80.00	76.34	79.75	82.70
2月份	5	80	13.32	42.45	854.77	75.13	127	84.33	85.61	80.00	76.34	79.75	74.90
3月份	6.49	85.96	10.23	70.64	854.77	75.13	127	84.33	85.61	80.00	76.34	79.75	79.79

针对炉料结构及冶金性能体检结果中的丢分项目，红钢应加强矿石冶金性能的分析检测频次，其中低温还原分化率尚有5%~10%的提升空间。引入“烧结矿富余率”的概念，是想考量烧结保供炼铁生产的富余能力和回旋空间有多大，是否会有因保产量而影响质量的情况发生。从2018年1季度的运行情况来看，红钢烧结机尚有一定的富余能力，不但能保障高炉生产的需要，而且对烧结用料结构的变化有一定的承受能力。但是从“烧结富余率”指标与转鼓强度以及16~40mm粒级之间具有较强的相关性这一点上也可以看出，红钢烧结富余能力其实并不多，相关降低漏风率和强化烧结的技措项目仍然需要积极稳妥地加以推进。

10.2.3.4 *矿石综合质量体检得分情况*

2018年1季度红钢矿石综合质量体检得分情况见表10-8。

表10-8 2018年1季度红钢矿石综合质量体检结果

月份	冷态强度及入炉粉末（占40%）	矿石综合入炉品位（占30%）	炉料结构及冶金性能（占30%）	矿石综合体检得分
1月份	94.80	84.90	82.70	88.20
2月份	92.65	87.50	74.90	85.78
3月份	95.96	89.80	79.79	89.26

从表10-8可以看出，2018年1季度红钢矿石质量体检综合得分为85.78~89.26分，总体趋势是保持稳定，稳中趋好。

10.2.4 高炉操作及管理体检得分情况

10.2.4.1 *炉缸工作均匀活跃体检得分情况*

炉缸工作均匀活跃体检打分细则为：理论燃烧温度以2370℃为满分100分，每升高或降低10℃扣减5分；鼓风动能以6000kg·m/s为满分100分，每升高或降低50kg·m/s扣减3.22分；炉缸温度指数以不低于2.50为满分100分，每降低 0.05 扣减 7.57 分；每天铁量差不超过 20t 为满分 100 分，每增加 5t 扣减 3 分。

2018 年 1 季度红钢 1350m³ 高炉炉缸工作均匀活跃方面体检结果见表 10-9。从体检结果来看，2018 年 1 季度红钢 1350m³ 高炉的炉缸温度指数呈逐月下降趋势，有发生中心不活的风险，表明焦炭质量对炉缸工作状态影响较大，长此以往将危及高炉的稳定顺行。在原燃料质量取得实质性的改善以后，红钢 1350m³ 高炉还有进一步提高冶炼强度的空间。

表 10-9　2018 年 1 季度红钢 1350m³ 高炉炉缸工作均匀活跃体检结果

月份	理论燃烧温度（占 6%）		鼓风动能（占 31%）		温度指数（占 44%）		铁量差（占 19%）		得分合计
	℃	得分	kg · m/s	得分	倍	得分	t	得分	
1 月份	2359	94.50	5931	95.58	2.399	84.70	63.33	74.02	86.63
2 月份	2369	99.50	6204	86.87	2.384	82.43	34.41	91.35	86.52
3 月份	2398	86.00	6136	91.19	2.356	78.18	42.44	86.54	84.27

10.2.4.2　炉温充沛稳定体检得分情况

炉温充沛稳定体检打分细则为：PT≥1450℃为满分 100 分，每降低 1℃扣减 1.75 分；PT 标准偏差不超过 10℃为满分 100 分，每升高 1℃扣减 10.75 分；铁水［Si］含量以 0.25%为满分 100 分，每升高或降低 0.05%扣减 16.67 分；［Si］标准偏差不超过 0.130%为满分 100 分，每升高 0.01%扣减 6.00 分。2018 年 1 季度红钢 1350m³ 高炉炉温充沛稳定方面体检结果见表 10-10。

表 10-10　2018 年 1 季度红钢 1350m³ 高炉炉温充沛稳定体检结果

月份	PT（占 19%）		PT 偏差（占 31%）		w[Si]（占 6%）		[Si] 偏差（占 44%）		得分合计
	℃	得分	℃	得分	%	得分	%	得分	
1 月份	1448	96.47	11.172	87.42	0.18	76.67	0.149	88.48	88.97
2 月份	1445	91.21	7.313	100.00	0.19	80.00	0.131	99.39	96.87
3 月份	1439	80.68	8.954	100.00	0.20	83.33	0.122	100.00	93.20

从体检结果来看，2018 年 1 季度红钢 1350m³ 高炉炉温控制综合得分较高，达到 88.97~96.87 分，尤其是在铁水温度和生铁含［Si］的标准偏差控制方面取得了长足的进步。1 季度最大的亮点，除了 PT 和［Si］标准偏差降低以外，应该是高炉工作者实现了“消灭” w[Si] >0.8%部分的目标。

10.2.4.3　气流分布稳定合理体检得分情况

气流分布稳定合理体检打分细则为：透气性指数不低于 15000m³/(min · MPa）为满分 100 分，每降低 100m³/(min · MPa）扣减 8.33 分；边缘温度指数

W 在 0.9~1.10 之间为满分 100 分，每升高或降低 0.05 扣减 15 分；炉腰最低 4 点平均温度 65℃为满分 100 分，每升高或降低 0.5℃扣减 3 分；煤气利用率不低于 42.5%为满分 100 分，每降低 1%扣减 13.89 分。2018 年 1 季度红钢 1350m³ 高炉气流分布稳定合理体检结果见表 10-11。

表 10-11　2018 年 1 季度红钢 1350m³ 高炉气流分布稳定合理体检结果

月份	透气性指数（占 12%）		边缘温度指数 W（占 20%）		炉腰最低 4 点平均温度（占 32%）		煤气利用率（占 36%）		得分合计
	m³/(min · MPa)	得分	倍	得分	℃	得分	%	得分	
1 月份	14942	95.00	1.069	100.00	60.44	72.64	41.44	85.28	85.35
2 月份	15110	100.00	1.223	63.1	60.88	75.28	40.51	72.36	74.76
3 月份	15054	100.00	1.179	76.3	60.95	75.7	41.97	92.64	84.83

从体检结果来看，红钢 1350m³ 高炉的“失分项目”主要集中在三个方面：

(1) 2~3 月份边缘气流相对发展，应担心中心气流不足影响炉况稳定顺行的问题。

(2) 炉腰温度相对较低，应考虑适当降低中部的冷却强度，中部调剂参数不适宜的问题并不能完全靠煤气流分布控制来进行纠正，二者之间不能相互替代。

(3) 煤气利用率未达最佳状态，并且波动相对较大，表明炉况顺行的质量和水平还有待进一步提高。

10.2.4.4　下料均匀顺畅体检得分情况

下料均匀顺畅体检打分细则为：平均日产量不低于 4050t 为满分 100 分，每降低 50t 扣减 8.06 分；燃料比不大于 550kg/t 为满分 100 分，每升高 1kg/t 扣减 2.63 分；无崩滑料为满分 100 分，每增加 1 次扣减 16.67 分；无坐料为满分 100 分，每增加 1 次扣减 9.10 分。2018 年 1 季度红钢 1350m³ 高炉下料均匀顺畅体检结果见表 10-12。

表 10-12　下料均匀顺畅体检结果

月份	日产量（占 31%）		燃料比（占 19%）		崩滑料次数（占 6%）		坐料次数（占 44%）		得分合计
	t	得分	kg/t	得分	次	得分	次	得分	
1 月份	3988.57	90.16	552.14	94.47	0	100	0	100.00	95.90
2 月份	4047.84	99.67	554.07	89.21	0	100	0	100.00	97.85
3 月份	4002.27	92.26	559.99	73.68	0	100	0	100.00	92.60

从体检结果来看，2018 年 1 季度红钢 1350m³ 高炉下料均匀顺畅综合得分较高，达到 92.60~97.85 分，尤其是在崩滑料和坐料次数控制方面取得了长足的进步。

10.2.4.5 高炉操作及管理水平体检综合得分情况

2018 年 1 季度红钢高炉操作及管理水平体检得分情况见表 10-13。

表 10-13 高炉操作及管理水平体检结果

月份	炉缸工作均匀活跃（占 30%）	炉温充沛稳定（占 30%）	气流分布稳定合理（占 20%）	下料均匀顺畅（占 20%）	综合体检得分
1 月份	86.63	88.97	85.35	95.90	88.93
2 月份	86.52	96.87	74.76	97.85	89.54
3 月份	84.27	93.20	84.83	92.60	88.73

从表 10-13 可以看出，红钢 1350m³ 高炉 2018 年 1 季度操作管理综合得分为 88.73~89.54 分，在炉缸均匀活跃和气流分布稳定合理方面丢分较多，应当引起重视，并逐步想办法加以改进。

10.2.5 综合体检得分情况汇总及评价

2018 年 1 季度红钢 1350m³ 高炉综合体检得分情况见表 10-14，体检结果综合评判标准见表 10-15。

表 10-14 2018 年 1 季度红钢 1350m³ 高炉综合体检得分情况汇总

月份	焦炭综合质量体检得分（权重 40%）	矿石综合质量体检得分（权重 30%）	高炉操作及管理水平体检得分（权重 30%）	综合体检得分	评价
1 月份	49.47	88.20	88.93	72.93	预警
2 月份	54.03	85.78	89.54	74.28	预警
3 月份	63.95	89.26	88.73	78.97	正常

表 10-15 红钢 1350m³ 高炉体检结果综合评判标准

得分	<60	60~75	75~85	>85
评级	事故	预警	正常	优秀

从表 10-14、表 10-15 可以看出：2018 年 1 季度红钢 1350m³ 高炉综合得分为 72.93~78.97 分，表明高炉“健康状况”有待改善，尤其是 1 月、2 月份的得分为 72.93 分和 74.28 分，已经亮起“预警”的黄灯；通过体检发现，影响红钢 1350m³ 高炉进一步上水平的“短板”是焦炭质量较差、炉缸工作不够活跃以及气流分布有待优化三个方面。

10.2.6 红钢高炉体检小结

（1）2018 年 1 季度红钢 1350m³ 高炉体检的综合得分为 72.93~78.97 分，1、

2 月份高炉的“健康状况”均已亮起预警的黄灯，值得警惕。

（2）分析红钢 1350m³ 高炉的“体检表”，失分项目主要集中于焦炭质量较差、炉缸工作不够活跃以及气流分布有待改善三个方面，应该针对失分项深入分析原因，制定切实可行的整改措施，力争尽快扭转被动局面。

（3）红钢 1350m³ 高炉是昆钢推行“高炉体检”的第一座试点高炉，对于体检单项指标的选择、打分标准的设置、综合诊断的敲定等方面，都还处于探索和起步阶段，后续还要通过 PDCA 循环和持续不断的改进，使“高炉体检”工作更接地气，更具实效。

10.3 玉钢 1080m³ 高炉开展体检实践

按照影响高炉主要技术经济指标的“四三三”结构模式，学习借鉴马钢“高炉体检”的实践经验，玉钢以 1080m³ 高炉 2018 年 1~4 月的运行状况作为基础，组织开展玉钢高炉的第一次体检。

10.3.1 玉钢 1080m³ 高炉主要技术经济指标完成情况

2018 年 1~4 月玉钢 1080m³ 高炉主要技术经济指标见表 10-16。从表 10-16 可以看出，2018 年 1~4 月玉钢 1080m³ 高炉保持了较高水平：利用系数最高达到 3.277t/(m³ · d)，在昆钢四个生产基地中处于最高水平；燃料比取得了新的进步，4 个月当中有 3 个月的燃料比低于 560kg/t，实为难能可贵；非计划休风率大幅度下降，表明高炉的设备管理以及综合管理水平有了新的提升；4 月份产量及消耗指标均创历史最佳，值得认真分析总结。

表 10-16 高炉主要技术经济指标

时间	品位 /%	利用系数 /t · (m³ · d)⁻¹	冶炼强度 /t · (m³ · d)⁻¹	富氧率 /%	[Si] /%	PT /℃	休风率 /%	焦比 /kg · t⁻¹	煤比 /kg · t⁻¹	燃料比 /kg · t⁻¹
2015 年	51.67	2.988	1.181	2.39	0.399	1441	1.96	450.53	125.98	576.51
2016 年	53.77	2.827	1.233	2.70	0.454	1458	3.29	443.39	127.66	571.05
2017 年	54.29	2.949	1.223	3.33	0.352	1467	2.75	427.21	133.83	561.04
2018 年 1 月	54.94	2.696	1.204	2.55	0.307	1481	10.84	422.22	135.23	557.45
2018 年 2 月	54.39	3.176	1.256	3.22	0.318	1476	0	418.8	140.02	558.82
2018 年 3 月	54.91	3.198	1.279	3.18	0.325	1472	0.47	420.71	142.72	563.43
2018 年 4 月	54.69	3.277	1.284	3.46	0.294	1462	0	409.44	145.48	554.93

注：2018 年 1 月份计划检修 69.5h。

10.3.2 焦炭综合质量体检得分情况

（1）玉钢高炉焦炭质量情况。2018 年 1～4 月玉钢 1080m³ 高炉焦炭质量情况见表 10-17。

表 10-17 2018 年 1～4 月玉钢 1080m³ 高炉焦炭质量指标 （%）

月份	焦炭品种	灰分	硫分	M_{40}	M_{10}	反应性	反应后强度
1 月份	师宗 83 焦	14.69	0.59	87.64	5.13	31.41	60.27
	亿鑫 83 焦	13.68	0.67	87.08	5.41	27.88	61.53
	天能干熄焦	13.87	0.61	89.44	4.46	29.59	64.09
2 月份	师宗 83 焦	14.58	0.53	88.25	5.09	32.62	57.12
	亿鑫 83 焦	13.90	0.71	87.33	4.97	27.22	64.05
	大为 83 焦	13.38	0.56	88.96	4.97	30.16	61.44
3 月份	师宗 83 焦	14.40	0.54	89.57	4.78	30.14	60.74
	亿鑫 83 焦	13.94	0.70	88.85	5.21	23.50	69.22
	天能干熄焦	13.62	0.67	89.24	4.82	29.57	62.34
	大为 83 焦	13.60	0.60	89.67	4.74	28.89	62.95
	安分干熄焦	13.97	0.49	90.15	5.23	29.04	61.04
4 月份	师宗 83 焦	14.08	0.57	89.14	5.07	27.60	63.77
	天能干熄焦	13.58	0.65	89.18	5.10	28.34	62.62
	大为 83 焦	13.57	0.59	90.48	4.75	27.68	64.79

（2）玉钢高炉用焦结构。2018 年 1～4 月玉钢 1080m³ 高炉用焦结构见表 10-18。从表 10-18 可以看出，2018 年 1～4 月玉钢高炉用焦结构中师宗焦比例较高，为 48%～60%，因此师宗焦质量的好与坏对高炉炉况顺行影响至关重要。

表 10-18 2018 年 1～4 月玉钢 1080m³ 高炉用焦结构

月份	品种	干焦量/t	比例/%
1 月份	师宗 83 焦	21563.658	60
	亿鑫 83 焦	6828.492	19
	天能干熄焦	4672.126	13
	大为 83 焦	2875.154	8
	焦炭合计	35939.43	100

续表 10-18

月份	品种	干焦量/t	比例/%
2 月份	师宗 83 焦	22415.444	59
	亿鑫 83 焦	8738.224	23
	大为 83 焦	6838.610	18
	焦炭合计	37992.278	100
3 月份	师宗 83 焦	20452.990	48
	亿鑫 83 焦	426.104	1
	天能干熄焦	8948.183	21
	大为 83 焦	10652.599	25
	焦炭合计	42610.396	100
4 月份	师宗 83 焦	16637.320	51
	天能干熄焦	7503.105	23
	大为 83 焦	8481.771	26
	焦炭合计	32622.196	100

(3) 玉钢 $1080m^3$ 高炉用焦质量体检得分情况。2018 年 1~4 月玉钢 $1080m^3$ 高炉用焦质量体检结果见表 10-19。

表 10-19 高炉用焦质量体检结果

月份	品种	单种焦炭 CQI 值	使用比例/%	入炉焦 CQI 值	综合评价
1 月份	师宗 83 焦	48.96	60	56.52	较差
	亿鑫 83 焦	61.74	19		
	天能干熄焦	69.85	13		
	大为 83 焦	79.15	8		
2 月份	师宗 83 焦	52.78	59	60.01	较好
	亿鑫 83 焦	83.89	23		
	大为 83 焦	53.23	18		
3 月份	师宗 83 焦	53.64	48	53.20	较差
	亿鑫 83 焦	94.95	1		
	天能干熄焦	50.70	21		
	大为 83 焦	63.43	25		
4 月份	师宗 83 焦	84.70	51	84.04	良好
	天能干熄焦	67.27	23		
	大为 83 焦	97.47	26		

从焦炭质量体检结果来看，2018 年 1~4 月玉钢 1080m³ 高炉焦炭质量整体较差，1 月份和 3 月份入炉焦的平均 CQI 值均低于 60 分，外购焦质量参差不齐、自产师宗 83 焦炭热态性能指标急剧下滑，都是影响高炉进一步增产降耗的主要矛盾和限制性环节。

10.3.3 矿石综合质量体检得分情况

10.3.3.1 烧结矿冷态强度及入炉粉末体检得分情况

烧结矿冷态强度及入炉粉末体检打分细则为：烧结矿转鼓强度不低于 81%为满分 100 分，每降低 0.5%扣减 15 分；烧结矿筛分指数不大于 6.5%为满分 100 分，每升高 0.5%扣减 10 分；烧结矿入炉粉末不大于 1%为满分 100 分，每升高 0.1%扣减 17.85 分；粒级组成（16~40mm）不低于 45%为满分 100 分，每降低 1%扣减 15 分；烧结矿入炉率不小于 90%为满分 100 分，每降低 0.5%扣减 6.94 分。

2018 年 1~4 月玉钢 1080m³ 高炉烧结矿冷态强度及入炉粉末体检结果见表10-20。从体检结果来看，玉钢烧结矿转鼓指数及烧结矿入炉率两项关键指标与红钢差别不大，而筛分指数和 16~40mm 粒级都较红钢烧结矿有大幅度的改善，这种指标的不对应性估计与取样地点及取样的代表性有关。

表 10-20 冷态强度及入炉粉末体检结果

月份	转鼓强度（占 4%）		筛分指数（占 20%）		入炉粉末（占 28%）		16~40mm 粒级（占 12%）		烧结矿入炉率（占 36%）		得分合计
	%	得分	%	得分	%	得分	%	得分	%	得分	
1 月份	80.5	85	1.52	100	0.65	100	67.30	100	89.41	91.81	96.45
2 月份	80.53	86	1.43	100	0.51	100	67.40	100	89.17	88.48	95.29
3 月份	80.5	85	1.27	100	0.56	100	67.41	100	89.45	92.37	96.65
4 月份	80.52	85.5	1.83	100	0.47	100	67.42	100	89.36	91.12	96.22

10.3.3.2 矿石综合入炉品位体检得分情况

矿石综合入炉品位体检打分细则为：矿石综合入炉品位不低于 56%为满分 100 分，每降低 0.1%扣减 1 分。

2018 年 1~4 月玉钢 1080m³ 高炉综合入炉品位体检结果见表 10-21。

表 10-21 综合入炉品位体检结果

月份	1 月份	2 月份	3 月份	4 月份
入炉品位/%	54.94	54.39	54.91	54.91
得分	89.4	83.9	89.1	89.1

从表 10-21 可以看出，2018 年 1~4 月玉钢 1080m³ 高炉矿石综合入炉品位为 54.39%~54.94%，体检得分为 83.9~89.4 分。为实现增产降耗的目标，品位还需进一步提升。

10.3.3.3 炉料结构及冶金性能体检得分情况

炉料结构及冶金性能体检打分细则为：烧结富余率不低于 10%为满分 100 分，每降低 1%扣减 4 分；块矿占比不超过 7%为满分 100 分，每升高 1%扣减 9.1 分；熔滴性能特征值不大于 800kPa · ℃为满分 100 分，每升高 10kPa · ℃扣减 4.5 分；软化区间不超过 120℃为满分 100 分，每升高 5℃扣减 11 分；RDI≥90%为满分 100 分，每降低 1%扣减 4.5 分；RI≥80%为满分 100 分，每降低 1%扣减 5.5 分。

2018 年 1~4 月玉钢 1080m³ 高炉炉料结构及冶金性能方面的体检结果见表 10-22。

表 10-22 炉料结构及冶金性能体检结果

月份	烧结富余率（占 30%）		块矿占比（占 11%）		熔滴性能特征值（占 22%）		软化区间（占 3%）		RDI（+3.15%）（占 22%）		RI（占 12%）		得分合计
	%	得分	%	得分	kPa · ℃	得分	℃	得分	%	得分	%	得分	
1 月份	7.74	90.96	0.13	100.0	835.6	83.98	135	67.0	72.36	20.62	78	89.0	73.99
2 月份	4.13	76.52	1.28	100.0	840.5	81.78	125	89.0	74.50	30.25	76	78.0	70.63
3 月份	8.45	93.80	8.33	87.9	837.6	83.08	130	78.0	68.97	5.37	79	94.5	70.95
4 月份	11.00	100.0	10.00	73.0	833.6	84.88	126	86.8	77.58	44.11	78	89.0	79.66

从体检结果来看，玉钢烧结矿低温还原粉化率指标失分较多，建议向其他几个基地学习，将 RDI 指标提升到 90%以上。

10.3.3.4 矿石综合质量体检得分情况

2018 年 1~4 月玉钢矿石综合质量体检得分情况见表 10-23。

表 10-23 矿石综合质量体检结果

月份	冷态强度及入炉粉末（占 40%）	矿石综合入炉品位（占 30%）	炉料结构及冶金性能（占 30%）	矿石综合体检得分
1 月份	96.45	89.4	73.99	87.60
2 月份	95.29	83.9	70.63	84.48
3 月份	96.65	89.1	70.95	86.68
4 月份	96.22	89.1	79.66	89.12

从表 10-23 可以看出，玉钢 1080m³ 高炉矿石质量体检综合得分为 86.25 分，但“炉料结构及冶金性能”项目失分较多，建议安排专人落实责任进行整改。

10.3.4 高炉操作及管理体检得分情况

10.3.4.1 炉缸工作均匀活跃体检得分情况

炉缸工作均匀活跃体检打分细则为：理论燃烧温度以 2250℃ 为满分 100 分，每升高或降低 10℃ 扣减 5 分；鼓风动能以 11500kg · m/s 为满分 100 分，每升高或降低 100kg · m/s 扣减 3.22 分；炉缸温度指数不小于 1.4 为满分 100 分，每降低 0.05 扣减 7.57 分；每天铁量差不超过 20t 为满分 100 分，每增加 5t 扣减 3 分。

2018 年 1～4 月玉钢 1080m³ 高炉炉缸工作均匀活跃方面的体检结果见表 10-24。从体检结果来看：

（1）玉钢 1080m³ 高炉鼓风动能与冶炼强度之间的关系规律性比较差，1 月份的休风率高达 10.84%，冶炼强度最低，只有 1.204t/(m³ · d)，但是鼓风动能却最高，达到 12106kg · m/s，建议进一步加强高炉基础工艺技术管理工作，理顺冶炼强度与鼓风动能之间的关系。

（2）1080m³ 高炉炉缸温度指数与高炉自身的抵抗力相关性较强，受 1 月份计划检修及焦炭综合质量指数 CQI 值较低的影响，2 月份高炉炉缸温度指数跌破“1.30”，有发生中心不活的风险。活跃炉缸不能仅靠提高鼓风动能，建议将鼓风动能不足引起的炉缸不活与焦炭质量欠佳导致的炉缸不活区分开来，分类施策、精准防控。

（3）玉钢 1080m³ 高炉在师宗焦炭质量变化的过程中，应对非常有力，舍得退、守得住、攻得上，为 4 月份指标创新高打下了基础，非常值得肯定。

表 10-24 炉缸工作均匀活跃体检结果

月份	理论燃烧温度（占 6%）		鼓风动能（占 31%）		温度指数（占 44%）		铁量差（占 19%）		得分合计
	℃	得分	kg · m/s	得分	倍	得分	t	得分	
1 月份	2227	88.5	12106	80.68	1.35	92.43	31.59	93.04	88.67
2 月份	2257	96.5	10932	81.71	1.28	81.83	26.42	96.15	85.39
3 月份	2211	80.5	11501	100	1.32	89.40	23.52	97.89	93.76
4 月份	2241	95.5	11173	89.47	1.36	93.94	24.95	97.03	93.25

10.3.4.2 炉温充沛稳定体检得分情况

炉温充沛稳定体检打分细则为：PT≥1450℃ 为满分 100 分，每降低 1℃ 扣减 1.75 分；PT 标准偏差不大于 10℃ 为满分 100 分，每升高 1℃ 扣减 10.75 分；铁水 [Si] 含量以 0.25% 为满分 100 分，每升高或降低 0.05% 扣减 16.67 分；[Si] 标准偏差不大于 0.130% 为满分 100 分，每升高 0.01% 扣减 6.00 分。

2018 年 1~4 月玉钢 1080m³ 高炉炉温充沛稳定体检结果见表 10-25。

表 10-25 炉温充沛稳定体检结果

月份	PT（占 19%）		PT 偏差（占 31%）		w[Si]（占 6%）		[Si] 偏差（占 44%）		得分合计
	℃	得分	℃	得分	%	得分	%	得分	
1 月份	1481	100	13.4983	62.39	0.307	80.99	0.1943	61.42	70.22
2 月份	1476	100	11.4974	83.90	0.318	77.33	0.1561	84.34	86.76
3 月份	1472	100	10.9634	89.64	0.325	75.82	0.1357	96.58	93.83
4 月份	1466	100	11.3699	85.27	0.295	100	0.1384	94.96	93.21

从表 10-25 可以看出，1 月份玉钢 1080m³ 高炉因为计划检修炉温控制综合得分偏低，2 月份综合得分处于良好水平，3~4 月份分值为 93.21~93.83 分，总体趋势向好，但距离其他三个基地还有一定差距。

10.3.4.3 气流分布稳定合理体检得分情况

气流分布稳定合理体检打分细则为：透气性指数不小于 17500m³/(min · MPa) 为满分 100 分，每降低 100m³/(min · MPa) 扣减 8.33 分；边缘温度指数在 0.9~1.10 之间为满分 100 分，每升高或降低 0.05 扣减 15 分；炉腰最低 4 点平均温度 44~50℃为满分 100 分，每升高或降低 0.5℃扣减 3 分；煤气利用率不小于 42.50%为满分 100 分，每降低 1%扣减 13.89 分。

2018 年 1~4 月玉钢 1080m³ 高炉煤气流分布稳定合理方面的体检结果见表10-26。

表 10-26 煤气流分布稳定合理体检结果

月份	透气性指数（占 12%）		边缘温度指数（占 20%）		炉腰最低 4 点平均温度（占 32%）		煤气利用率（占 36%）		得分合计
	m³/(min · MPa)	得分	倍	得分	℃	得分	%	得分	
1 月份	17910	100	1.14	88	49.55	100	42.22	96.11	96.20
2 月份	17281	81.75	1.12	96	46.21	100	42.47	99.59	96.86
3 月份	17326	85.50	1.09	100	44.20	100	43.30	100	98.26
4 月份	17413	92.75	1.10	100	44.56	100	43.60	100	99.13

从表 10-26 可以看出，虽然玉钢 1080m³ 高炉的边缘气流相对稳定合理，但炉腰部位炉墙热电偶温度却较低，有得“腰疼病”的风险，表明高炉中部的冷却强度有偏大的嫌疑，建议加强对该部位热流强度的监控，配合高炉煤气流分布

进行动态调整。由此可见，中部调剂参数不适宜的问题，并不能完全靠煤气流分布控制来进行纠正，二者之间不能相互替代。

10.3.4.4 下料均匀顺畅体检得分情况

下料均匀顺畅体检打分细则为：平均日产量不低于 3400t 为满分 100 分，每降低 50t 扣减 8.06 分；燃料比不大于 555kg/t 为满分 100 分，每升高 1kg/t 扣减 2.63 分；无崩滑料为满分 100 分，每增加 1 次扣减 16.67 分；无坐料为满分 100 分，每增加 1 次扣减 9.10 分。

2018 年 1~4 月玉钢 1080m³ 高炉下料均匀顺畅方面的体检结果见表 10-27。从体检结果来看，2018 年 1 月份玉钢 1080m³ 高炉因为计划检修导致平均日产量较低，致使下料均匀顺畅项目体检得分偏低，2~4 月份下料均匀顺畅体检得分较高。

表 10-27 下料均匀顺畅体检结果

月份	平均日产量（占 31%）		燃料比（占 19%）		崩滑料次数（占 6%）		坐料次数（占 44%）		得分合计
	t	得分	kg/t	得分	次	得分	次	得分	
1 月份	2909	20.88	557	93.53	0	100	0	100.00	74.24
2 月份	3430	100	559	89.97	0	100	0	100.00	98.09
3 月份	3454	100	563	77.80	0	100	0	100.00	95.78
4 月份	3618	100	555	100	0	100	0	100	100

10.3.4.5 高炉操作及管理水平体检综合得分情况

2018 年 1~4 月玉钢高炉操作及管理水平体检得分情况见表 10-28。

表 10-28 高炉操作及管理水平体检结果

月份	炉缸工作均匀活跃（占 30%）	炉温充沛稳定（占 30%）	气流分布稳定合理（占 20%）	下料均匀顺畅（占 20%）	综合体检得分
1 月份	88.67	70.22	96.20	74.24	81.75
2 月份	85.39	86.76	96.86	98.09	90.64
3 月份	93.76	93.83	98.26	95.78	95.08
4 月份	93.25	93.21	99.13	100	95.76

10.3.5 综合体检得分情况汇总及评价

2018 年 1~4 月玉钢 1080m³ 高炉综合体检得分情况见表 10-29，体检结果综合评判标准见表 10-30。

表 10-29 高炉综合体检得分情况汇总

月份	焦炭综合质量 体检得分情况 （权重 40%）	矿石综合质量 体检得分情况 （权重 30%）	高炉操作及管理水平 体检得分情况 （权重 30%）	综合体 检得分	评价
1 月份	56.52	87.60	81.75	73.41	预警
2 月份	60.01	84.48	90.64	76.54	正常
3 月份	53.20	86.68	95.08	75.81	正常
4 月份	84.01	89.12	95.76	89.07	优秀

表 10-30 高炉体检结果综合评判标准

得分	<60	60~75	75~85	>85
评级	事故	预警	正常	优秀

从表 10-29、表 10-30 可以看出，受焦炭质量下滑及计划检修的影响，玉钢 1080m³ 高炉 2018 年 1 月份综合体检得分低于“预警线”，表明高炉处于“亚健康”状态，所幸应对得当，调整及时，2、3 月份恢复正常，4 月份的高炉体检综合得分达到 89.07 分，属“优秀”水平，为高炉主要技术经济指标创历史新高创造了条件。

10.3.6 玉钢高炉体检小结

（1）2018 年 1 季度玉钢 1080m³ 高炉体检的综合得分为 73.41~76.54 分，高炉处于“亚健康”状态，所幸调整及时，应对得当，4 月份体检得分为 89.07 分，属于“优秀”水平，为高炉主要技术经济指标创历史新高提供了支撑。

（2）分析玉钢 1080m³ 高炉“体检表”，失分项目主要集中在焦炭质量较差、烧结矿低温还原粉化率较高以及炉缸工作不够活跃三个方面，应针对失分项目查清原因，认真组织整改。

10.4 本部 2000m³ 高炉开展体检实践

按照影响高炉主要技术经济指标的“四三三”结构模式，学习借鉴马钢开展“高炉体检”的实践经验，昆钢以本部 2000m³ 高炉 2018 年 1~5 月的运行状况作为基础，组织开展高炉例行体检。

10.4.1 本部 2000m³ 高炉主要技术经济指标完成情况

2018 年 1~5 月本部 2000m³ 高炉主要技术经济指标见表 10-31。

表 10-31 2018 年 1~5 月本部 2000m³ 高炉主要技术经济指标

时间	入炉品位 /%	利用系数 /t·(m³·d)⁻¹	冶炼强度 /t·(m³·d)⁻¹	富氧率 /%	[Si] /%	PT /℃	休风率 /%	焦比 /kg·t⁻¹	煤比 /kg·t⁻¹	燃料比 /kg·t⁻¹
2016 年	54.40	2.35	1.27	3.51	0.258	1446	3.13	378	164	542
2017 年	54.48	2.32	1.31	3.24	0.296	1453	4.02	393	161	554
2018 年 1 月	55.52	2.54	1.34	3.18	0.305	1456	—	383	163	546
2018 年 2 月	55.48	2.31	1.33	3.01	0.374	1456	7.18	390	159	549
2018 年 3 月	54.70	2.50	1.37	3.36	0.311	1449	—	386	161	547
2018 年 4 月	54.04	2.50	1.33	3.32	0.328	1454	—	390	159	549
2018 年 5 月	54.42	2.50	1.32	3.28	0.317	1453	—	386	159	545

从表 10-31 可以看出，本部 2000m³ 高炉 2018 年 1~5 月实现了开门红，具体表现为产量保持较高水平（利用系数除 2 月份检修外其余月份均超过 2.50t/(m³·d)），燃料消耗稳中有降，富氧率、铁水 [Si] 含量、铁水 PT 等关键工艺参数指标控制稳定。

10.4.2 焦炭综合质量体检得分情况

焦炭质量评价标准及打分细则详见焦炭质量综合评价一节，2018 年 1~5 月本部焦炭质量及体检得分情况见表 10-32。

表 10-32 1~5 月本部焦炭质量及体检得分情况

月份	灰分 /%	硫分 /%	M_{40} /%	M_{10} /%	CRI /%	CSR /%	总检量 /t	比例 /%	CQI 体检得分	综合评价
1 月份	13.42	0.59	88.01	5.79	26.89	64.37	53528.60	67.03	65.70	较好
2 月份	14.02	0.58	87.94	5.60	27.81	62.38	44671.53	63.06	43.56	较差
3 月份	13.69	0.50	88.75	5.55	27.32	63.46	64250.15	95.14	61.42	较好
4 月份	13.70	0.59	88.34	5.75	27.01	64.18	67888.12	89.30	64.98	较好
5 月份	13.91	0.56	88.39	5.72	26.93	63.83	73340.23	93.66	59.98	较差

从表 10-32 中可以看出，2018 年 1~5 月云煤安焦质量总体保持稳定，但距离最近三年的历史最好水平差距较大，尤其是焦炭质量综合评价指数 CQI 的得分只有 43.56~65.70 分，距离 90 分以上的“优秀”水平有 30 分左右的差距，这也成为了本部 2000m³ 高炉进一步增产降耗的主要矛盾和限制性环节。

10.4.3 矿石综合质量体检得分情况

10.4.3.1 烧结矿冷态强度及入炉粉末体检得分情况

烧结矿冷态强度及入炉粉末体检打分细则为：烧结矿转鼓强度不低于 85%为

满分 100 分，每降低 0.1%扣减 1 分；烧结矿筛分指数不低于 1%为满分 100 分，每升高 0.5%扣减 10 分；烧结矿入炉粉末不大于 1%为满分 100 分，每升高 0.1%扣减 5 分；粒级组成（≤10mm）不大于 5%为满分 100 分，每升高 1%扣减 10 分；烧结矿入炉率不小于 95%为满分 100 分，每降低 0.1%扣减 1 分。

2018 年 1~5 月本部 2000m³ 高炉烧结矿冷态强度及入炉粉末方面的体检结果见表 10-33。

表 10-33 冷态强度及入炉粉末体检结果

月份	转鼓强度（占 4%）		筛分指数（占 20%）		入炉粉末（占 28%）		≤10mm 粒级（占 12%）		入炉率（占 36%）		得分合计
	%	得分	%	得分	%	得分	%	得分	%	得分	
1 月份	82.92	79.2	0.78	100	1.28	86	7.19	78.1	94.23	92.3	89.85
2 月份	83.58	85.8	0.94	100	1.14	93	4.75	100	94.26	92.6	94.81
3 月份	85.07	100	0.53	100	0.71	100	4.78	100	95.38	100	100
4 月份	85.92	100	0.47	100	0.73	100	4.02	100	95.37	100	100
5 月份	84.17	91.7	0.67	100	0.90	100	7.92	70.8	94.79	97.9	95.41

从体检结果来看，2018 年 1~5 月本部烧结矿冷态强度及入炉粉末体检得分达到 89.85~100.00 分的优秀水平，具体表现为烧结矿转鼓强度达到 84.33%，筛分指数仅 0.68%，入炉率超过 94.00%，≤10mm 粒级仅 5.73%，这在昆钢四个生产基地中均属“顶级”水平。

10.4.3.2 *矿石综合入炉品位体检得分情况*

矿石综合入炉品位体检打分细则为：矿石综合入炉品位不小于 57%为满分 100 分，每降低 0.1%扣减 1 分。

2018 年 1~5 月昆钢本部 2000m³ 高炉综合入炉品位科目的体检结果见表10-34。

表 10-34 综合入炉品位体检结果

月份	1	2	3	4	5
入炉品位/%	55.75	55.78	55	54.29	54.42
体检得分	87.5	87.8	80	72.9	74.15

从表 10-34 可以看出，2018 年 1~5 月昆钢本部 2000m³ 高炉矿石综合入炉品位为 54.29%~55.78%，这在同类高炉当中处于最低水平；体检得分也只有 72.90~87.80 分，表明昆钢 2000m³ 高炉还需要不遗余力地提高综合入炉品位。

10.4.3.3 *炉料结构及冶金性能体检得分情况*

炉料结构及冶金性能体检打分细则为：烧结富余率不低于 10%为满分 100

分，每降低1%扣减5分；块矿占比不大于5%为满分100分，每升高1%扣减5分；熔滴性能特征值不大于900kPa·℃为满分100分，每升高10kPa·℃扣减5分；软化区间不大于100℃为满分100分，每升高10℃扣减10分；RDI≥98%为满分100分，每降低1%扣减10分；RI≥80%为满分100分，每降低1%扣减10分。

2018年1~5月本部2000m³高炉炉料结构及冶金性能方面的体检结果见表10-35。

表 10-35 炉料结构及冶金性能体检结果

月份	烧结富余率（占30%）		块矿占比（占11%）		熔滴性能特征值（占22%）		软化区间（占3%）		RDI（占22%）		RI（占12%）		得分合计
	%	得分	%	得分	kPa·℃	得分	℃	得分	%	得分	%	得分	
1月份	15.62	100	4.23	100	887.07	100	99	100	97.79	97.9	78.07	80.7	97.22
2月份	11.46	100	4.4	100	930.35	84.83	95	100	98.6	100	78.09	80.9	94.37
3月份	8.33	91.65	5.37	98.15	910.05	94.98	136	64	98.8	100	79.89	98.9	94.97
4月份	9.38	96.90	6.8	91	802.35	100	88	100	98.59	100	79.95	99.5	98.02
5月份	5	75.00	7.26	88.70	937.01	81.50	101	99	97.6	96	79.12	91.2	85.22

从表10-35可以看出，本部高炉炉料结构及冶金性能体检综合得分为85.22~98.02分，达到“优秀”级别，尤其是对烧结矿低温还原粉化率RDI的控制也达到了股份公司四个生产基地中的最好水平，这对其他三个生产基地有着较好的示范带动作用。

10.4.3.4 *矿石综合质量体检得分情况*

2018年1~5月本部矿石综合质量体检得分情况见表10-36。

表 10-36 矿石综合质量体检结果

月份	冷态强度及入炉粉末（占40%）	矿石综合入炉品位（占30%）	炉料结构及冶金性能（占30%）	矿石综合体检得分
1月份	89.85	87.5	97.22	91.36
2月份	94.81	87.8	94.37	92.57
3月份	100	80	94.97	92.49
4月份	100	72.9	98.02	91.28
5月份	95.41	74.15	85.22	85.97

从表10-36中可以看出，2018年1~5月本部矿石质量体检综合得分为85.97~92.57分，为优秀水平，但5月份矿石综合质量有所下降，综合体检得分

为85.97分，短板是综合入炉品位较低、炉料结构与冶金性能下降，应当引起重视。

10.4.4 高炉操作及管理体检得分情况

10.4.4.1 炉缸工作均匀活跃体检得分情况

炉缸工作均匀活跃体检打分细则为：理论燃烧温度以2350℃为满分100分，每升高或降低1℃扣减1分；鼓风动能以95kJ/s为满分100分，每升高或降低1kJ/s扣减5分；炉缸温度指数以大于2倍为满分100分，每降低0.1扣减10分；每天铁量差以不超过50t为满分100分，每增加1t扣减1分。

2018年1~5月本部2000m³高炉炉缸工作均匀活跃方面的体检结果见表10-37。

表10-37 炉缸工作均匀活跃体检结果

月份	理论燃烧温度（占6%）		鼓风动能（占31%）		温度指数（占44%）		铁量差（占19%）		得分合计
	℃	得分	kJ/s	得分	倍	得分	t	得分	
1月份	2337	87	91.67	83.35	1.77	77	80.15	69.85	78.21
2月份	2317	67	89.55	72.75	1.79	79	49.53	100	80.33
3月份	2350	100	96.17	94.15	1.7	70	61.05	88.95	82.89
4月份	2352	98	92.07	85.35	1.77	77	69.92	80.08	81.43
5月份	2343	93	94.13	95.65	2.05	100	56.83	93.17	96.93

从体检结果来看：

（1）本部2000m³高炉2月份检修以后，炉缸活跃指数有下降的趋势，因为存在时间较长的“滞后效应”，所以具体表现为3月份的炉缸温度指数得分最低。

（2）5月份本部2000m³高炉的炉缸温度指数突破“2.0”大关，为后续高炉继续保持稳产高产创造了有利条件。

（3）因为本部2000m³高炉的表显入炉风量数值偏低，所以采用风速与鼓风动能指标评价炉缸的活跃程度不尽科学合理，后续还要持续优化炉缸工作的评价体系。

10.4.4.2 炉温充沛稳定体检得分情况

炉温充沛稳定体检打分细则为：PT≥1460℃为满分100分，每降低1℃扣减1分；PT标准偏差不大于10℃为满分100分，每升高1℃扣减10分；铁水［Si］含量以0.3%为满分100分，每升高0.01%扣减3分；［Si］标准偏差不大于0.09%为满分100分，每升高0.01%扣减8分。

2018年1~5月昆钢2000m³高炉炉温充沛稳定方面的体检结果见表10-38。

表 10-38 炉温充沛稳定体检结果

月份	PT（占19%）		PT偏差（占31%）		w[Si]（占6%）		[Si]偏差（占44%）		得分合计
	℃	得分	℃	得分	%	得分	%	得分	
1月份	1456	96.00	12.85	71.50	0.31	97.00	0.088	100.00	90.23
2月份	1456	96.00	11.12	88.80	0.37	79.00	0.138	61.60	77.61
3月份	1449	89.00	10.74	92.60	0.31	97.00	0.069	100.00	95.44
4月份	1454	94.00	12.32	76.80	0.33	91.00	0.089	100.00	91.13
5月份	1453	93.00	11.09	89.10	0.32	94.90	0.080	100.00	94.99

从体检结果来看，2018年1~5月本部2000m³高炉除受2月份计划检修影响外，其余炉温控制综合得分较高，达到90.23~95.44分，尤其是生铁含［Si］的标准偏差控制较好，但在铁水温度标准偏差方面尚有提升空间。

10.4.4.3 气流分布稳定合理体检得分情况

气流分布稳定合理体检打分细则为：透气性指数以不小于22000m³/(min·MPa)为满分100分，每降低100m³/(min·MPa)扣减6.00分；边缘温度指数在0.60~0.70之间为满分100分，每升高或降低0.01扣减5分；炉腰最低4点平均温度100℃为满分100分，每升高或降低10℃扣减5分；煤气利用率不小于46%为满分100分，每降低0.1%扣减2分。

2018年1~5月昆钢本部2000m³高炉煤气流分布稳定合理方面的体检结果见表10-39。从体检结果来看，在气流分布稳定合理方面，本部2000m³高炉的最大特点就是炉腰温度波动大，炉墙渣皮不稳定，需要适当发展边缘气流，并配合以适宜的冷却强度来进行双向调剂和综合治理。边缘气流分布和冷却强度不匹配是昆钢高炉存在的共性问题。

表 10-39 煤气流分布稳定合理体检结果

月份	透气性指数（占12%）		边缘温度指数（占20%）		炉腰最低4点平均温度（占32%）		煤气利用率（占36%）		得分合计
	m³/(min·MPa)	得分	倍	得分	℃	得分	%	得分	
1月份	21463	67.78	0.65	100	135.32	82.34	45.46	89.2	86.59
2月份	21649	78.94	0.66	100	158.05	70.98	45.15	83	82.06
3月份	22618	100	0.66	100	209.74	45.13	45.02	80.4	75.39
4月份	21578	74.68	0.74	80	136.52	81.74	45.04	80.8	80.21
5月份	22206	100	0.66	100	94.84	97.42	44.44	68.8	87.94

10.4.4.4 下料均匀顺畅体检得分情况

下料均匀顺畅体检打分细则为：平均日产量不低于 5000t 为满分 100 分，每降低 10t 扣减 5 分；燃料比不大于 540kg/t 为满分 100 分，每升高 1kg/t 扣减 2 分；无崩滑料为满分 100 分，每增加 1 次扣减 15 分；无坐料为满分 100 分，每增加 1 次扣减 10 分。

2018 年 1～5 月昆钢本部 $2000m^3$ 高炉下料均匀顺畅方面的体检结果见表10-40。

表 10-40 下料均匀顺畅体检结果

月份	产量（占 31%）		燃料比（占 19%）		崩滑料次数（占 6%）		坐料次数（占 44%）		得分合计
	t	得分	kg/t	得分	次	得分	次	得分	
1 月份	5070	100	546	88.66	0	100	0	100	97.85
2 月份	4969	84.41	549	81.8	1	85	1	90	86.41
3 月份	5008	100	547	85.88	0	100	0	100	97.32
4 月份	5006	100	548	83.06	0	100	0	100	96.78
5 月份	5002	100	545	90.42	0	100	0	100	98.18

从表 10-40 可以看出，2018 年 1～5 月本部 $2000m^3$ 高炉下料均匀顺畅综合得分较高，达到 86.41～98.18 分，尤其是产量、崩滑料和坐料次数控制较好，但燃料消耗偏高，尚有提升空间。

10.4.4.5 高炉操作及管理水平体检综合得分情况

2018 年 1～5 月本部 $2000m^3$ 高炉操作及管理水平体检得分情况见表 10-41。

表 10-41 高炉操作及管理水平体检结果

月份	炉缸工作均匀活跃（占 30%）	炉温充沛稳定（占 30%）	气流分布稳定合理（占 20%）	下料均匀顺畅（占 20%）	综合体检得分
1 月份	78.21	90.23	86.59	97.85	87.42
2 月份	80.33	77.61	82.06	86.41	81.08
3 月份	82.89	95.44	75.39	97.32	88.04
4 月份	81.43	91.13	80.21	96.78	87.17
5 月份	96.93	94.99	87.94	98.18	94.80

从表 10-41 可以看出，2018 年 1～5 月本部 $2000m^3$ 高炉操作管理综合得分为 81.08～94.80 分，并且呈现稳中向好的良好态势，失分项目主要是炉缸均匀活跃和气流分布稳定合理方面，但这两项在 5 月份已得到大幅度改善。

10.4.5 综合体检得分情况汇总及评价

2018 年 1~5 月本部 2000m³ 高炉综合体检得分情况见表 10-42，体检结果综合评判标准见表 10-43。

表 10-42 2018 年 1~5 月本部 2000m³ 高炉综合体检得分情况汇总

月份	焦炭综合质量体检得分情况（权重 40%）	矿石综合质量体检得分情况（权重 30%）	高炉操作及管理水平体检得分情况（权重 30%）	综合体检得分	评价
1 月份	65.70	91.36	87.42	79.91	正常
2 月份	43.56	92.57	81.08	69.52	预警
3 月份	61.42	92.49	88.04	78.73	正常
4 月份	64.98	91.28	87.17	79.53	正常
5 月份	59.98	85.97	94.80	78.22	正常

表 10-43 本部 2000m³ 高炉体检结果综合评判标准

得分	<60	60~75	75~85	>85
评级	事故	预警	正常	优秀

从表 10-42、表 10-43 可以看出：

（1）2018 年 1~5 月本部 2000m³ 高炉综合体检得分为 69.52~79.91 分，表明高炉健康状况有待进一步改善。

（2）通过体检发现，影响本部 2000m³ 高炉进一步上水平的短板是焦炭质量尚未恢复到最佳状态以及操作炉型不尽稳定合理两大方面，需要给予足够重视，采取综合治理措施逐步加以改进和解决。

10.4.6 本部高炉体检小结

（1）2018 年 1~5 月本部 2000m³ 高炉综合体检得分为 69.52~79.91 分，属于“一般”水平，距离稳顺优的“优秀”水平尚有 15~20 分的差距，表明高炉的健康状况有待进一步改善。

（2）通过体检发现，影响本部 2000m³ 高炉进一步上水平的短板是焦炭质量尚未恢复到最佳状态以及操作炉型不尽稳定合理两大方面，建议给予足够重视，采取综合治理措施逐步加以改进和解决。

10.5 新区 $2500m^3$ 高炉开展体检实践

按照影响高炉主要技术经济指标的“四三三”结构模式，学习借鉴马钢开展“高炉体检”的实践经验，新区 $2500m^3$ 高炉 2018 年 1~6 月的运行状况诊断分析如下。

10.5.1 新区 $2500m^3$ 高炉主要技术经济指标完成情况

2018 年 1~6 月新区 $2500m^3$ 高炉主要技术经济指标见表 10-44。

表 10-44 新区 $2500m^3$ 高炉主要技术经济指标

月份	入炉品位 /%	利用系数 /$t\cdot(m^3\cdot d)^{-1}$	冶炼强度 /$t\cdot(m^3\cdot d)^{-1}$	$w[Si]$ /%	PT /℃	休风率 /%	焦比 /$kg\cdot t^{-1}$	煤比 /$kg\cdot t^{-1}$	燃料比 /$kg\cdot t^{-1}$
1 月份	55.96	2.79	1.451	0.309	1460	0	355.08	165.33	520.41
2 月份	56.57	2.76	1.453	0.360	1463	9.102	368.47	158.62	527.09
3 月份	56.37	2.60	1.383	0.390	1456	0.318	383.43	149.57	533.00
4 月份	56.48	2.60	1.372	0.378	1460	0	392.41	134.75	527.16
5 月份	57.05	2.61	1.378	0.362	1459	35.058	383.44	144.28	527.72
6 月份	57.38	2.46	1.333	0.486	1460	36.270	403.57	138.38	541.95

从表 10-44 可以看出：

(1) 2018 年上半年新区高炉的产量指标和燃料消耗均保持较高水平，据昆钢科创中心科技信息室提供的信息，新区高炉 1 月、2 月份的利用系数和冶炼强度达到全国最高水平。

(2) 将休风率扣除以后进行比较，可以发现新区 $2500m^3$ 高炉无论是利用系数还是综合冶炼强度，月与月之间的波动比较大，表明高炉稳定顺行的质量和水平有待进一步提升。

(3) 就冶炼强度而言，2018 年 1~6 月份最高值与最低值之间相差 10%左右，折算成实际风速差 14%左右，鼓风动能会出现 40%~50%的变化，因此需要逐步摸索冶炼强度与合适进风面积的对应关系。

10.5.2 焦炭综合质量体检得分情况

2018 年 1~6 月新区外购焦炭综合质量稳定性较差，距离最近三年的最好水平差距较大，尤其是焦炭综合质量评价指数 CQI 的得分只有 66.82~85.02 分，距离 90 分以上的“优秀”水平还有 15 分左右的差距，这也成为了新区 $2500m^3$

高炉进一步增产降耗的主要矛盾和限制性环节。2018 年 1~6 月新区 2500m³ 高炉焦炭综合质量体检结果见表 10-45。

表 10-45 新区焦炭综合质量体检得分情况

月份	干焦量 /t	灰分 /%	硫分 /%	M_{40} /%	M_{10} /%	CRI /%	CSR /%	平均粒度 /mm	均匀系数	CQI
1 月份	84239.830	14.09	0.6	88.66	4.95	28.16	64.1	55.27	2.3	66.82
2 月份	68511.281	14.05	0.58	87.41	5.19	27.44	64.75	56.56	2.13	70.74
3 月份	67025.973	14.24	0.58	88.94	4.75	27.83	64.71	53.98	2.64	71.44
4 月份	73220.504	13.98	0.6	88.36	4.88	27.46	65.08	52.44	1.59	76.8
5 月份	65584.794	13.96	0.58	88.23	5.15	26.66	66.51	55.48	2.45	85.02
6 月份	44419.099	13.81	0.59	89.21	5.06	27.09	64.37	52.44	2.35	74.28

10.5.3 矿石综合质量体检得分情况

10.5.3.1 烧结矿冷态强度及入炉粉末体检得分情况

烧结矿冷态强度及入炉粉末体检打分细则为：烧结矿转鼓强度不低于 82%为满分 100 分，每降低 0.1%扣减 1 分；烧结矿筛分指数不大于 0.7%为满分 100 分，每升高 0.1%扣减 2 分；烧结矿入炉粉末不大于 3%为满分 100 分，每升高 0.1%扣减 1 分；粒级组成（≤10mm）不大于 3%为满分 100 分，每升高 1%扣减 10 分；烧结矿入炉率不小于 90%为满分 100 分，每降低 0.1%扣减 1 分。2018 年 1~6 月新区 2500m³ 高炉烧结矿冷态强度及入炉粉末体检结果见表 10-46。

表 10-46 冷态强度及入炉粉末体检结果

月份	转鼓强度（占 4%）		筛分指数（占 20%）		入炉粉末（占 28%）		≤10mm 粒级（占 12%）		烧结矿入炉率（占 36%）		得分合计
	%	得分	%	得分	%	得分	%	得分	%	得分	
1 月份	80.41	84.10	0.23	100.00	3.26	97.40	2.83	100.00	87.73	77.30	90.46
2 月份	79.90	79.00	0.40	100.00	5.58	74.20	2.40	100.00	86.52	65.20	79.41
3 月份	81.01	90.10	0.77	98.60	3.37	96.30	2.69	100.00	87.40	74.00	88.93
4 月份	80.67	86.70	1.23	89.40	2.36	100.00	2.32	100.00	87.73	77.30	89.18
5 月份	80.37	83.70	0.78	98.40	2.64	100.00	2.05	100.00	87.78	77.80	91.04
6 月份	80.78	87.80	0.86	96.80	2.10	100.00	3.30	97.00	87.45	74.50	89.33

从体检结果来看，新区 2500m³ 高炉烧结矿冷态强度方面存在的主要问题是烧结矿入炉率处于昆钢四个基地当中的最低水平，入炉粉末指标处于四个生产基地中的最高水平，这与新区 2500m³ 高炉是昆钢四个基地中炉容最大的高炉的地

位是极不相称的，表明新区 2500m³ 高炉烧结矿综合质量必须需要提升一个台阶，才能与昆钢炉容最大且全国冶炼强度最高的实际情况相匹配。

10.5.3.2 矿石综合入炉品位体检得分情况

矿石综合入炉品位体检打分细则为：矿石综合入炉品位不低于 57%为满分 100 分，每降低 0.1%扣减 1 分。

2018 年 1~6 月新区 2500m³ 高炉综合入炉品位项目体检结果见表 10-47。

表 10-47 综合入炉品位体检结果

月份	1	2	3	4	5	6
入炉品位/%	55.960	56.567	56.370	56.475	57.051	57.376
体检得分	89.60	95.67	93.70	94.75	100.00	100.00

从表 10-47 可以看出，2018 年 1~6 月新区 2500m³ 高炉矿石综合入炉品位为 55.96%~57.376%，虽然在全国同类高炉中仍然处于最低水平，但是在昆钢历史上却处于相对较高的阶段，故体检得分获得了 89.6~100 分的优秀水平。

10.5.3.3 炉料结构及冶金性能体检得分情况

炉料结构及冶金性能体检打分细则为：烧结富余率不小于 5%为满分 100 分，每降低 1%扣减 5 分；块矿占比不大于 10%为满分 100 分，每升高 1%扣减 5 分；熔滴性能特征值不大于 900kPa · ℃为满分 100 分，每升高 10kPa · ℃扣减 5 分；软化区间不大于 100℃为满分 100 分，每升高 1℃扣减 1 分；RDI≥81%为满分 100 分，每降低 1%扣减 3 分；RI≥76%为满分 100 分，每降低 1%扣减 10 分。2018 年 1~6 月新区 2500m³ 高炉炉料结构及冶金性能方面的体检结果见表10-48。

表 10-48 炉料结构及冶金性能体检结果

月份	烧结富余率（占 30%）		块矿占比（占 11%）		熔滴性能特征值（占 22%）		软化区间（占 3%）		RDI（占 22%）		RI（占 12%）		得分合计
	%	得分	%	得分	kPa · ℃	得分	℃	得分	%	得分	%	得分	
1 月份	3	90	10	100	907.79	96.11	93	100	81.57	100	74.99	89.9	94.93
2 月份	0.88	79.39	9.4	100	972.81	63.6	103	97	77.33	88.99	75.97	99.7	83.26
3 月份	6.14	100	10	100	877.40	100	108	92	76.17	85.51	75.34	93.4	95.78
4 月份	3.51	92.55	10	100	892.11	100	107	93	67.78	60.34	76.07	100	88.83
5 月份	5.26	100	9.89	100	868.38	100	94	100	81.03	100	75.71	97.1	99.65
6 月份	3.51	92.55	7.67	100	915.37	92.32	86	100	91.85	100	75.91	99.1	95.96

从体检结果来看，新区 2500m³ 高炉的烧结矿富余能力比较低，“烧不保铁”的矛盾和烧结保产量还是保质量的矛盾突出，这是高炉进一步强化冶炼的一个薄弱环节；自恢复 $CaCl_2$ 的喷洒之后，新区烧结矿 RDI 指标明显改善，这有利于改

善高炉料柱透气性，有利于缓解高炉的上部炉墙黏结问题。

10.5.3.4 矿石综合质量体检得分情况

2018 年 1~6 月新区矿石综合质量体检得分情况见表 10-49。从表 10-49 可以看出，2018 年 1~6 月新区矿石质量体检综合得分为 85.44~96.31 分，总体尚可，但与该高炉全国最高利用系数的冶炼要求相比，还有比较大的差距，尤其是烧结矿入炉率较低和入炉粉末较高的问题亟待解决。

表 10-49 矿石综合质量体检结果

月份	冷态强度及入炉粉末（占 40%）	矿石综合入炉品位（占 30%）	炉料结构及冶金性能（占 30%）	矿石综合体检得分
1 月份	90.46	89.60	94.93	91.54
2 月份	79.41	95.67	83.26	85.44
3 月份	88.93	93.70	95.78	92.42
4 月份	89.18	94.75	88.83	90.74
5 月份	91.04	100	99.65	96.31
6 月份	89.33	100	95.96	94.52

10.5.4 高炉操作及管理体检得分情况

10.5.4.1 炉缸工作均匀活跃体检得分情况

炉缸工作均匀活跃体检打分细则为：理论燃烧温度以 2400℃ 为满分 100 分，每升高或降低 1℃ 扣减 1 分；鼓风动能以 10500kg · m/s 为满分 100 分，每升高或降低 100kg · m/s 扣减 5 分；炉缸温度指数不小于 1.15 为满分 100 分，每降低 0.1 扣减 10 分；每天铁量差不大于 100t 为满分 100 分，每增加 1t 扣减 0.5 分。

2018 年 1~6 月新区 2500m³ 高炉炉缸工作均匀活跃方面的体检结果见表10-50。

表 10-50 炉缸工作均匀活跃体检结果

月份	理论燃烧温度（占 6%）		鼓风动能（占 31%）		温度指数（占 44%）		铁量差（占 19%）		得分合计
	℃	得分	kg · m/s	得分	倍	得分	t	得分	
1 月份	2416	84.00	10513	99.35	1.12	97.00	139.55	80.23	93.76
2 月份	2416	84.00	9958	72.90	1.09	94.00	225.74	37.13	76.05
3 月份	2402	98.00	9734	61.70	1.01	86.00	173.98	63.01	74.82
4 月份	2422	78.00	10431	96.55	0.96	81.00	144.25	77.88	85.05
5 月份	2416	84.00	10349	92.45	1.02	87.00	-40.46	100.00	90.98
6 月份	2394	94.00	10495	99.75	0.97	82.00	326.15	0.00	72.64

从体检结果来看，新区 2500m³ 高炉炉缸温度指数与高炉生产水平的相关性较高，表明用炉缸温度指数表征高炉炉缸的活跃程度有较强的合理性，应加强该指标的动态监控；与玉钢 1080m³ 高炉类似，新区 2500m³ 高炉鼓风动能与冶炼强度的关系不太协调，估计与高炉休风堵风口较多有关，表明新区高炉的工艺技术基础管理工作有待加强；新区 2500m³ 高炉炉缸工作仍然有不够活跃的嫌疑，但主要矛盾是炉缸死料柱焦炭质量较差，而不是鼓风动能不足，应该分类施策，精准调控。

10.5.4.2 炉温充沛稳定体检得分情况（占 30%）

炉温充沛稳定体检打分细则为：PT≥1465℃为满分 100 分，每降低 1℃扣减 1 分；PT 标准偏差不大于 12℃为满分 100 分，每升高 1℃扣减 10 分；铁水［Si］以 0.3%为满分 100 分，每升高 0.01%扣减 3 分；铁水［Si］标准偏差不大于 0.1%为满分 100 分，每升高 0.01%扣减 2 分。

2018 年 1~6 月新区 2500m³ 高炉炉温充沛稳定方面的体检结果见表10-51。

表 10-51 炉温充沛稳定体检结果

月份	PT（占 19%）		PT 偏差（占 31%）		w[Si]（占 6%）		[Si] 偏差（占 44%）		得分合计
	℃	得分	℃	得分	%	得分	%	得分	
1 月份	1460	95.00	12.65	93.50	0.309	97.30	0.100	100.00	96.87
2 月份	1463	98.00	14.15	78.50	0.360	82.00	0.126	94.80	89.59
3 月份	1456	91.00	15.10	69.00	0.390	73.00	0.228	74.40	75.80
4 月份	1460	95.00	12.93	90.70	0.378	76.60	0.158	88.40	89.66
5 月份	1459	94.00	15.50	65.00	0.362	81.40	0.161	87.80	81.53
6 月份	1460	95.00	14.68	73.20	0.486	44.20	0.554	9.20	47.44

从表 10-51 可以看出，除 1 月份铁水温度和生铁含［Si］的标准偏差控制较低以外，其余月份炉温稳定性的得分均较低，表明高炉顺行的质量和水平有待进一步提高。

10.5.4.3 气流分布稳定合理体检得分情况

气流分布稳定合理体检打分细则为：透气性指数不低于 22500m³/(min·MPa) 为满分 100 分，每降低 100m³/(min·MPa) 扣减 5 分；边缘温度指数在 0.60~0.90 之间为满分 100 分，每升高 0.01 扣减 2 分；炉腰最低 4 点平均温度 70℃为满分 100 分，每升高或降低 1℃扣减 2 分；煤气利用率不小于 46.50%为满分 100 分，每降低 0.10%扣减 2.00 分。

2018 年 1~6 月新区 2500m³ 高炉煤气流分布稳定合理方面的体检结果见表 10-52。从体检结果来看，新区 2500m³ 高炉要避免中部炉墙黏结，需要保持适当的边缘气流强度和相对合适的炉腰温度，但边缘温度指数与中部冷却强度之间的匹配关系还有待进一步摸索优化。

表 10-52 煤气流分布稳定合理体检结果

月份	透气性指数（占 12%）		边缘温度指数（占 20%）		炉腰最低 4 点平均温度（占 32%）		煤气利用率（占 36%）		得分合计
	$m^3/min \cdot MPa$	得分	倍	得分	℃	得分	%	得分	
1 月份	22413	95.65	0.85	100.00	69.64	99.28	45.90	88.00	94.93
2 月份	22191	84.55	0.69	100.00	67.08	94.16	45.99	89.80	92.61
3 月份	21618	55.90	0.77	100.00	66.71	93.42	45.65	83.00	86.48
4 月份	22085	79.25	0.79	100.00	68.82	97.64	45.50	80.00	89.55
5 月份	22023	76.15	3.51	49.80	69.34	98.68	44.81	66.20	74.51
6 月份	22363	93.15	2.20	76.00	63.88	87.76	46.00	90.00	86.86

10.5.4.4 下料均匀顺畅体检得分情况

下料均匀顺畅体检打分细则为：平均日产量不小于 6800t 为满分 100 分，每降低 10t 扣减 1 分；燃料比不大于 525kg/t 为满分 100 分，每升高 1kg/t 扣减 2 分；无悬料为满分 100 分，每增加 1 次扣减 6 分；无坐料为满分 100 分，每增加 1 次扣减 6 分。

2018 年 1~6 月新区 2500m³ 高炉下料均匀顺畅方面的体检结果见表 10-53。

表 10-53 下料均匀顺畅体检结果

月份	产量（占 31%）		燃料比（占 19%）		悬料次数（占 6%）		坐料次数（占 44%）		得分合计
	t	得分	kg/t	得分	次	得分	次	得分	
1 月份	6973	100.00	520	100.00	3	82.00	3	82.00	91.00
2 月份	6891	100.00	527	95.82	3	82.00	3	82.00	90.21
3 月份	6488	68.83	533	84.00	3	82.00	3	82.00	78.30
4 月份	6508	70.84	527	95.68	7	58.00	7	58.00	69.14
5 月份	6528	72.77	528	94.58	1	94.00	1	94.00	87.53
6 月份	6147	34.70	542	66.10	1	94.00	1	94.00	70.32

从体检结果来看，新区 2500m³ 高炉挂料和坐炉次数在股份公司四个基地当中是最高的，表明高炉块状带透气性有待改善，尤其是烧结矿富余率较低、烧结矿入炉率偏低以及高炉入炉粉末偏高的问题一直是制约高炉顺行质量进一步提升的薄弱环节。

10.5.4.5 高炉操作及管理水平体检综合得分情况

2018 年 1~6 月新区 2500m³ 高炉操作及管理水平体检得分情况见表 10-54。从体检结果来看，2018 年 1~6 月新区 2500m³ 高炉操作管理综合得分为 67.46~94.38 分，稳定性较差及波动较大的问题需要引起足够重视。

表 10-54 高炉操作及管理水平体检结果

月份	炉缸工作均匀活跃（占 30%）	炉温充沛稳定（占 30%）	气流分布稳定合理（占 20%）	下料均匀顺畅（占 20%）	综合体检得分
1 月份	93.76	96.87	94.93	91.00	94.38
2 月份	76.05	89.59	92.61	90.21	86.25
3 月份	74.82	75.80	86.48	78.30	78.14
4 月份	85.05	89.66	89.55	69.14	84.15
5 月份	90.98	81.53	74.51	87.53	84.16
6 月份	72.64	47.44	86.86	70.32	67.46

10.5.5 综合体检得分情况汇总及评价

2018 年 1~6 月新区 2500m³ 高炉综合体检得分情况见表 10-55，体检结果综合评判标准见表 10-56。

表 10-55 2018 年 1~6 月新区 2500m³ 高炉综合体检得分情况汇总

月份	焦炭综合质量体检得分（权重 40%）	矿石综合质量体检得分（权重 30%）	高炉操作及管理水平体检得分（权重 30%）	综合体检得分	评价
1 月份	66.82	91.54	94.38	82.50	正常
2 月份	70.74	85.44	86.25	79.80	正常
3 月份	71.44	92.42	78.14	79.74	正常
4 月份	76.80	90.74	84.15	83.19	正常
5 月份	85.02	96.31	84.16	88.15	优秀
6 月份	74.28	94.52	67.46	78.31	正常

表 10-56 新区 2500m³ 高炉体检结果综合评判标准

得分	<60	60~75	75~85	>85
评级	事故	预警	正常	优秀

从表 10-55、表 10-56 可以看出：

（1）2018 年 1~6 月新区 2500m³ 高炉综合体检得分为 78.31~88.15 分，表

明高炉健康状况有待进一步改善。

（2）体检发现，影响新区 2500m³ 高炉进一步上水平的短板是焦炭质量尚未恢复到最佳状态、烧结矿入炉率较低以及操作炉型不尽稳定合理三大方面，需要引起足够重视，采取综合治理措施逐步加以改进和解决。

10.5.6 新区高炉体检小结

（1）据昆钢科创中心不完全统计，2018 年 1~2 月新区 2500m³ 高炉的利用系数和冶炼强度已经达到全国最高水平。

（2）造成新区 2500m³ 高炉顺行质量和水平有待改善的主要矛盾是，中上水平的原燃料质量还不足以支撑最高等级的冶炼强度。

（3）建议进一步统一思想，狠抓烧结矿入炉率和焦炭热态强度指标，进一步夯实新区 2500m³ 高炉强化冶炼的物质基础。

（4）在内部操作管理方面，对于合理操作炉型的管理以及炉缸工作状态方面的监控还有待于进一步加强，与高水平冶炼强度相对应的工艺技术基础管理工作还有待于进一步夯实。

10.6 昆钢四个生产基地高炉体检结果诊断分析

组织“高炉体检”是高炉操作者自己的事，但是看“体检报告”并开具“处方”则是“高炉医生”的工作。所谓“高炉医生”，既可以是高炉操作管理者，也可以是外围的技术专家团队。“高炉医生”的“处方”，既包含操作要点的提示，也包括对体制机制和顶层设计层面的意见和建议。这样的“处方”，既是高炉操作者的行动指南，又是钢铁企业决策者的“智囊”和“内参”。既有“体检报告”，又有具体“处方”，这才是对高炉诊疗的一种闭环的管理。

10.6.1 四个基地高炉主要技术经济指标对比分析

昆钢四个生产基地高炉主要技术经济指标对比见表 10-57。

表 10-57 昆钢四个生产基地高炉主要技术经济指标

基地	入炉品位 /%	利用系数 /t·(m³·d)⁻¹	冶炼强度 /t·(m³·d)⁻¹	[Si] /%	PT /℃	休风率 /%	焦比 /kg·t⁻¹	煤比 /kg·t⁻¹	燃料比 /kg·t⁻¹
红钢	54.74	2.96	1.143	0.19	1444	0.42	417	139	556
玉钢	54.73	3.09	1.256	0.311	1473	2.83	418	141	559
本部	55.09	2.47	1.340	0.327	1454	1.33	387	160	547
新区	56.63	2.65	1.395	0.381	1460	13.481	379	150	529

根据昆钢科创中心科技信息室提供的信息，昆钢新区高炉的利用系数和冶炼强度已经达到全国最高水平[5]；昆钢 2500m^3 高炉的综合入炉品位只有 56.63%，焦炭灰分高达 14%左右，在“低铁高灰”的原燃料条件下能够成为利用系数全国第一名，确实值得分析研究；玉钢 1080m^3 高炉的燃料比已经整体接近并且部分月份低于红钢 1350m^3 高炉，这一方面表明红钢 1350m^3 高炉的操作制度还有比较大的优化空间，另一方面也表明玉钢 1080m^3 高炉的装料制度确有过人之处[6,7]，值得其他几个基地学习借鉴。

10.6.2 焦炭综合质量体检结果分析

昆钢四个基地高炉焦炭质量综合评价情况见表 10-58。

表 10-58 各基地高炉焦炭综合质量体检得分情况

红钢		玉钢		本部		新区	
CQI 值	定性评价	CQI 值	定性评价	CQI 值	定性评价	CQI 值	定性评价
55.82	较差	63.43	较好	59.13	较差	74.30	较好

昆钢新区 2500m^3 高炉焦炭质量综合得分不高，但这已经是四个基地当中的最高得分，表明昆钢高炉用焦质量亟待进一步改善和提高。昆钢新区高炉焦炭质量尽管在四个基地中得分最高，但中上水平的焦炭质量很难支撑起全国 2500m^3 高炉最高冶炼强度的强化冶炼需求，对于这一点一定要有清醒且准确的认识。

对标宝钢高炉获得世界一流技术经济指标的历程可以发现，宝钢高炉主要技术经济指标的提升，与焦炭质量，尤其是热态性能指标的改善息息相关[8]。宝钢焦炭 CSR 与高炉煤气利用率及燃料比的关系见表 10-59。

表 10-59 宝钢焦炭 CSR 与高炉煤气利用率及燃料比的关系

年份	1988	1989	1990	1991	1992	1993	1994	1995	1996	1997
CSR/%	60.5	62	66	63.3	63	64	66	68.2	69.7	69.7
煤气利用率/%	49.8	49.5	48.5	48.7	49.8	49.6	49.0	48.0	47.7	50.0
燃料比/kg · t^{-1}	485	485	482	488	487	489	499	525	520	507
年份	1998	1999	2000	2001	2002	2003	2004	2005	2006	2007
CSR/%	69	67.2	70.3	69.7	70.7	70.8	68.7	69.7	69.5	69.8
煤气利用率/%	51.0	50.8	50.7	50.8	50.7	51.3	51.2	51.2	51.4	51.6
燃料比/kg · t^{-1}	507	502	497	498	494	493	497	498	497	497

从表 10-59 可以看出：

(1) 宝钢从 1988 年开始检测焦炭的反应性和反应后强度指标，刚开始时宝钢焦炭的反应后强度也只有 60%左右。

(2) 宝钢用了6年的时间，才使焦炭的CSR指标提高到66%以上，也正是从此时开始，高炉逐步走上了长周期稳定顺行的道路。

(3) 进入21世纪以后，宝钢焦炭的CSR指标稳定在69%~71%之间，为宝钢高炉获取世界一流的技术经济指标做出了重要支撑和贡献。

(4) 昆钢大型高炉焦炭的CSR指标只相当于宝钢高炉20世纪90年代初的水平，要在超高冶炼强度的条件下进一步提高高炉顺行的质量和水平，还需要不遗余力地改善焦炭热态性能指标。

重视自产焦炭化学成分和物理性能指标，对热态指标重视程度不够，以及外购焦缺乏骨干品种、质量参差不齐，是昆钢需要着力研究解决的问题。炉缸一直被认为是高炉的“心脏”，高炉操作者主要采用炉缸死料柱中心温度和阻力损失两项指标评价炉缸的工作状态，这两项指标都与焦炭质量，尤其是热态质量指标密切相关，由此可见焦炭热态性能指标是高炉的“护心丹”。根据日本专家的研究，大型高炉的炉芯焦炭，需要7~12天才能更新一次[8~11]。也就是说，入炉焦炭在高炉内的实际停留时间，不是一个冶炼周期，也不是两个冶炼周期，而是30~50个冶炼周期。在高温高压，固、液、气三相并存，大量渣铁和多种有害元素的轮番冲刷侵蚀的条件下，炉芯焦炭需要持续工作30~50个冶炼周期，其难度可想而知。反过来，这样的工作条件对焦炭热态质量的要求和考验也是近乎苛刻的。企业经营管理者出于控制原燃料价格的要求，往往会提出焦炭质量过剩的担心，从出发点上看无可厚非，但这样的考量对高炉冶炼工艺的特殊性而言，并不是一种明智且经济的选择。当然，高炉工作者也有责任用实实在在的技术经济指标，去回馈和支持决策者的判断，力争使高炉的转变以及领导者对焦炭价格的判断，走上一条良性循环的道路。

10.6.3 矿石综合质量体检结果分析

10.6.3.1 烧结矿冷态强度及入炉粉末体检得分情况

昆钢各基地烧结矿冷态强度及入炉粉末的对比见表10-60。

表10-60 昆钢四个基地烧结矿冷态强度及入炉粉末体检结果 (%)

基地	转鼓强度	筛分指数	入炉粉末	烧结矿入炉率
红钢	80.67	6.81	0.61	89.30
玉钢	80.15	1.51	0.55	89.35
本部	84.33	0.68	0.90	94.81
新区	80.52	0.71	3.22	87.44

昆钢2500m^3高炉烧结矿冷态强度方面存在的主要问题是烧结矿入炉率在四个基地当中排名最低，入炉粉末率在四个基地中处于最高水平，这也与高炉

崩挂料次数明显高于其他三个基地的情况高度吻合[4~7,12~14]。昆钢最大的高炉，全国冶炼强度最高的2500m³级高炉，使用的却是冷态强度最差的烧结矿，充分暴露出“烧不保铁”是制约昆钢2500m³高炉改善顺行的质量和水平的瓶颈。

昆钢2000m³高炉配套的是300m²烧结机，由于“烧大于铁”，因此烧结这个“厨房”就能从容地为高炉加工美食。昆钢2000m³高炉烧结矿的转鼓强度和烧结矿入炉率两项指标都明显高于其他三个基地，这就是“烧大于铁”工艺设计产生的良好效应。昆钢2000m³高炉能够治愈“腰疼病”，基本消灭挂料，300m²烧结机技术进步及烧结矿质量的整体提升功不可没[12]。2000m³高炉配套300m²烧结机，今后可以作为烧结产能设计的一个样板。

同样的，红钢1350m³高炉和玉钢1080m³高炉都配套260m²烧结机，比较下来玉钢烧结矿的综合质量就比红钢要好得多，再一次验证了“烧大于铁”设计理念的重要性[6,7]。无独有偶，红钢烧结工序也是在进行了脱胎换骨的技术重整以后，才使1350m³高炉获得了凤凰涅槃般的重生[4,14]。这些实践经验值得业界同行参考与借鉴。

10.6.3.2 *矿石综合入炉品位体检得分情况*

昆钢各基地高炉综合入炉品位体检情况见表10-61。

表10-61 各基地高炉综合入炉品位体检情况 （%）

红钢	玉钢	本部	新区
54.74	54.79	55.05	56.63

昆钢高炉的综合入炉品位在同类高炉当中是最低的，尤其是2000m³以上级的大型高炉，与国内同行的差距就更大。由于综合入炉品位低，加之焦炭灰分高，尽管冶炼强度很高，但昆钢大型高炉的消耗指标一直处于业界同行的中等水平，这不能不说是一种遗憾。

昆钢高炉要进一步提高综合入炉品位，主要有三条路可走。

(1) 增加进口矿的使用量。但是因为昆钢地处内陆深处，从广东湛江港和广西防城港运输进口矿进厂，运费就高达230元/t左右，大比例使用高价进口矿显然并不划算。

(2) 提高自产矿大红山铁矿的品位。但是由于历史原因，昆钢矿山系统和炼铁系统分属两个法人主体，各算各的账，算出来的都是双输的结果，因此昆钢自产矿品位经历十年的徘徊而未能取得实质性的突破。

(3) 尽可能采购高品位省内矿供高炉使用。但受限于采购端货款支付及性价比评估等多重因素影响，这一方法一直未能彻底得到昆钢人的认可。

其实昆钢是最应该提高高炉入炉品位的，一方面是高炉优化技术经济指标的需要，另一方面是降低 K、Na、Pb、Zn 等有害元素入炉量的需要。昆钢 2500m³ 高炉在强化冶炼过程当中出现的一系列问题，都与有害元素在炉内的循环富集有关。如果把这笔账也计算在内，估计大家对提高高炉综合入炉品位的认识就更容易统一了。

2021 年 2 月，昆钢正式进入中国宝武以后，随着价值观的统一以及产、供、销、研一体化体制机制的重构，相信昆钢高炉的入炉品位会逐步提高到一个新的水平点之上。可以乐观地展望，昆钢高炉的技术经济指标还会取得长足的进步和发展。

10.6.3.3 *炉料结构及冶金性能体检得分情况*

昆钢各基地高炉炉料结构及冶金性能方面的体检情况见表 10-62。

表 10-62 昆钢高炉炉料结构及冶金性能体检结果

基地	烧结富余率 /%	块矿占比 /%	熔滴性能特征值 /kPa·℃	软化区间 /℃	RDI /%	RI /%
红钢	7.40	11.70	854.77	127	85.61	76.34
玉钢	7.83	4.94	836.83	129	73.36	78
本部	9.96	5.61	893.37	103.80	98.45	79.02
新区	3.72	9.49	905.64	98.50	79.29	75.67

由于长期受“烧不保铁”的影响，昆钢高炉强化冶炼受到诸多掣肘，因此这次在高炉体检过程中笔者特意引入了“烧结矿富余率”这一评价指标。因为如果烧结机能力足够，我们就能游刃有余地选择烧结矿碱度，就能从容地进行烧结工序的检修和技改，也就能底气十足地面对用矿结构的各种变化。从高炉体检的结果来看，“烧不保铁”的高炉稳定性都比较差，指标容易大起大落，容易发生炉墙黏结和崩挂料现象。

关于块矿的配比，通常认为只要比例不超过 15%，就不会对高炉主要技术经济指标造成较大影响。从昆钢红钢 1350m³ 高炉和新区 2500m³ 高炉的生产实践来看，这两座高炉也符合这样的规律。块矿的配比关键是看块矿的质量。如果是高质量的进口块矿，配比达到 15%左右也没有问题；如果是质量较差的越南贵沙矿，则其配比不应超过 8%。

高炉说到底还是一个竖炉，只有先解决了透气性的问题，才有条件去追求高质量的技术经济指标。在透气性方面，除了要千方百计提高原燃料强度和降低高炉入炉粉末以外，还要特别关注矿石在中低温区域的还原粉化现象。采用烧结矿喷洒 $CaCl_2$ 技术，能明显改善烧结矿 RDI 指标，经济实用[8~11]，高炉体检不应该在这方面丢分。红钢、玉钢以及新区高炉的 RDI 指标都不尽理想，这不是技术问题，而是重视程度不够以及管理不到位的表现。

10.6.4 高炉操作及管理体检结果分析

10.6.4.1 炉缸工作均匀活跃体检得分情况

昆钢各基地高炉炉缸工作均匀活跃方面的体检情况见表 10-63。

表 10-63 昆钢高炉炉缸工作均匀活跃情况体检结果

基地	理论燃烧温度 /℃	鼓风动能 /kg · m · s^{-1}	温度指数 /℃	铁量差 /t
红钢	2375	6099	2.38	46.73
玉钢	2234	11426	1.33	26.62
本部	2340	9461	1.82	63.50
新区	2411	10247	1.03	161.54

高炉炉缸的活跃程度可以用鼓风动能和死料柱的阻力损失两项指标来表征。根据高炉体检结果，昆钢四个基地当中，居然是炉容最小的玉钢 1080m^3 高炉的鼓风动能最大，其比炉容最大的新区 2500m^3 高炉还要高 1181kg · m · s^{-1}。而红钢 1350m^3 高炉的鼓风动能居然只有 6090kg · m · s^{-1}，不但在四个基地中最低，而且只有玉钢 1080m^3 高炉的 53%。通过高炉体检可以发现，昆钢四个基地对高炉鼓风动能的计算是不规范的，相互之间缺乏沟通交流，对标学习就更没有了。操作理念不一致，加之高炉风量表计量数据存在偏差，造成了昆钢四个基地高炉鼓风动能五花八门的现状。其背后折射出来的是昆钢高炉在工艺技术的基础管理方面还有很多工作要做，还有很长的路要走。

炉缸死料柱的阻力损失其实就是平常讲的透气性和透液性。和透气性相比，对于炉缸死料柱而言，很显然透液性更为重要。此处的透液性，其实就是炉渣穿越死料柱焦炭空隙的能力，要测定其阻力损失显然不太方便。间接的表征应该是考量炉芯的温度水平。温度高，表明鼓风动能充足，渣铁在死料柱的焦炭空隙中流动顺畅，反之亦然。为了表征炉芯温度，笔者主要从炉缸温度指数、铁量差以及理论燃烧温度三个维度进行考量。从实践结果来看，炉缸温度指数与高炉运行状况的相关性比较强，但因为热电偶的位置和埋入深度不同，要开展对标只能自己与自己比，很难横向比较；铁量差由于管理不够到位，数据之间的可比性还不是太强；理论燃烧温度与高炉炉缸的活跃程度之间的关系，则还需要进一步摸索总结。

总而言之，高炉炉缸的活跃程度主要与鼓风动能和炉缸死料柱中的焦炭质量有关。在高炉鼓风动能相对固定的情况下，炉缸的活跃程度主要取决于焦炭质量[8~11]。昆钢四个基地的高炉炉缸都有不够活跃的嫌疑，但只有红钢 1350m^3 高炉是因为鼓风动能不足，其他三个基地高炉炉缸工作的主要问题都是出在炉芯焦炭质量与冶炼强度不匹配之上。在日常操作管理过程中，应当找准病根，对症下药。在高炉炉况不顺、风量逐步萎缩的情况下，适当休风堵风口调整炉况是有必要的，但此时的要诀是调养，而不是强吹，否则只会适得其反。所以国内有些高炉在受风不理想的情况下甚至采取了降低鼓风动能的调剂，道理就是要“退守”，而不是“进攻”。昆钢的操作习惯是炉况不顺就堵风口吹炉缸，转顺以后立马恢复全风口操作。这种方法在焦炭质量较好的情况下是可行的，但如果焦炭质量已经严重下滑，再如此操作，就会贻误战机，造成炉墙黏结，从而产生更加严重的炉况失常。

10.6.4.2 炉温充沛稳定体检得分情况

昆钢各基地高炉炉温充沛稳定方面的体检情况见表10-64。

表10-64 昆钢高炉炉温充沛稳定情况体检结果

基地	PT /℃	PT偏差 /℃	w[Si] /%	[Si] 偏差 /%
红钢	1444	9.15	0.19	0.134
玉钢	1474	11.83	0.31	0.156
本部	1454	11.62	0.33	0.093
新区	1460	14.17	0.38	0.221

昆钢新区2500m^3高炉铁水温度PT的标准偏差、铁水含[Si]的标准偏差是四个基地高炉中最高的，表明新区高炉的炉缸活跃程度和炉况的稳定性都不如其他三个基地的高炉。新区2500m^3高炉要进一步提高高炉顺行的质量和水平，提升低成本炼铁技术的竞争力，就必须要在活跃炉缸和稳定炉况方面下更大的功夫。至于低硅冶炼，昆钢也取得了长足的进步，除了稳定性需要提升以外，整体上与宝钢等国内先进企业的水平差别不大。红钢1350m^3高炉相当长一段时间生铁含[Si]小于0.1%的比例达到30%以上，月平均生铁含[Si]也只有0.18%，作者把它定义为“超低硅冶炼”。

关于高炉热制度的选择与优化，应该说是老生常谈了，大家都非常熟悉，也足够重视。要再谈一谈的话，作者觉得有两个问题可以再讲讲。第一个想探讨的话题是关于料速的控制问题。下料速度快了，单位时间内吨铁所分担的煤量和鼓风的物理热都会减少，加上炉料在高炉上部预热和还原的程度受到影响，此时稍有不慎就有可能出现炉凉，所以高炉工长一定要养成动态计算每批料吨铁焦比、煤比的习惯。反之，工长只要牢牢盯住料速这个指标，高炉往往也出现不了大的问题。第二个问题就是关于处理炉凉要不要富氧的问题。常规的思维模式是炉凉不能富氧，理由是减风都还来不及，不宜富氧。作者认为这是只知其一，不知其二。高炉向凉阶段减氧控制料速是对的，但是如果炉凉已经发生了，在堵风口和集中加焦的炉况恢复阶段，是可以考虑适当富氧的。富氧能够大幅度提高理论燃烧温度，有利于熔化炉缸死料柱中的残渣残铁，有利于改善炉缸的透气性和透液性，可以说是一举多得。其实背后的道理也异常简单：高炉每一次处理炉凉都需要反复吹烧炉门，烧炉门用的气体正是氧气。既然氧气从铁口往里吹，有利于恢复炉况，那么从风口适当送一些氧气进入高炉也是完全可行的。昆钢玉钢 1080m^3 高炉在处理炉况时就试验过此方法，效果非常好。宝钢 4000m^3 级大型高炉也做过试验，高炉炉缸活跃性指数与富氧率呈现出明显的正相关关系。以上案例都表明，处理炉凉事故的核心是要活跃和打通炉缸，而适当富氧有利于炉缸的疏通和渣铁的排放，有条件的高炉可以大胆尝试。

10.6.4.3 煤气流分布稳定合理体检得分情况

昆钢各基地高炉煤气流分布稳定合理体检情况见表 10-65。

表 10-65 昆钢高炉煤气流分布稳定合理体检结果

基地	透气性指数 /m^3·(min·MPa)$^{-1}$	边缘温度指数 /倍	炉腰最低 4 点平均温度 /℃	煤气利用率 /%
红钢	15029	1.16	61	41.31
玉钢	17483	1.11	46	42.90
本部	21903	0.67	147	45.02
新区	22116	1.47	68	45.64

昆钢 2000m^3 高炉通过适当提高燃料比、加强高炉中部冷却强度的调控，逐步找到了一条维护合理操作炉型的正确之路。而其他基地的三座高炉还没有完全摸索出合理边缘气流分布与合适炉腰温度之间的关系。当中部炉墙温度降低时，高炉操作者往往只注重边缘气流的调剂，不注重开展中部调剂，这样不仅“腰疼病”无法治好，而且造成了消耗上不必要的浪费。这其实是由于对中部调剂的认识理解不到位造成的。关于高炉的中部调剂，胆子还可以大一些，步子还可以快一些。

玉钢 1080m^3 高炉已经在昆钢四个基地当中率先取消了中心加焦，改为通过“平台+漏斗”的布料模式调剂煤气流的分布，取得了非常好的效果[6,13]。昆钢其他三个基地在条件成熟的时候也可以效仿。当然玉钢 1080m^3 高炉的中部炉墙温度控制得也不理想，将来可能会成为引发炉况失常的导火索，应该加强戒备。实践证明，高炉煤气流分布的控制与合理冷却强度的中部调剂，两者既相辅相成，而又相互独立。既不能用中部调剂的手段去解决上部煤气流分布不合适的问题，也不能用上部调剂完全解决中部炉墙黏结的问题。二者应该取长补短、相得益彰，共同为维护高炉合理的操作炉型而协调配合。

10.6.4.4 下料均匀顺畅体检得分情况

昆钢各基地高炉下料均匀顺畅方面的体检情况见表 10-66。

表 10-66 下料均匀顺畅体检结果

基地	产量/t	燃料比/kg · t^{-1}	悬料次数/次	坐料次数/次
红钢	4013	555	0	0
玉钢	3353	559	0	0
本部	5011	547	0.2	0.2
新区	6589	530	3	3

昆钢红钢、玉钢以及本部高炉都已经基本消灭了挂料现象，可见三家基地的煤气流分布及操作炉型的管理工作做得相对较好。新区 2500m^3 高炉尽管是昆钢四个基地当中冶炼水平最高的高炉，但挂料和坐料次数也是四个基地当中是最高的，这个现象非常值得仔细研究。

如果说新区 2500m^3 高炉的基本操作制度不合理，那它就不可能取得全国领先的利用系数指标。反之如果说新区 2500m^3 高炉的操作制度完全合理，那这么多的悬料坐料次数也就解释不通。作者认为，昆钢新区 2500m^3 高炉的主要矛盾是，“低铁高灰”原燃料条件和中上水平的原燃料强度还不足以支撑起全国最高水平的冶炼强度。加上对高炉操作炉型的维护与控制还没有完全过关，基础不牢，必然地动山摇。在边缘气流和中部冷却强度的匹配方面，也需要做更多的精细化管理工作。所幸昆钢 2500m^3 高炉一直非常重视合理鼓风动能的控制，甚至有中心过吹的嫌疑，才会出现频繁坐料而未伤及高炉元气的情况。昆钢 2500m^3 高炉也需要进一步活跃炉缸工作，但重点要放在改善焦炭质量和加强出铁管理上，不能再一味地提高鼓风动能。

10.6.5 体检结果综合分析及诊断意见

（1）昆钢新区 2500m^3 高炉的利用系数和冶炼强度已经达到全国同类高炉的最高水平，并且这一成绩的取得，是在综合入炉品位只有 56.63%、焦炭灰分高达 14%的“低铁高灰”的原燃料条件下取得的，具有昆钢特色的高炉强化冶炼技术正在形成。

（2）昆钢新区 2500m^3 高炉顺行的质量和水平还有待改善，制约这种改善的主要矛盾是，中上水平的原燃料质量还不足以支撑最高等级的冶炼强度，以及合理操作炉型的维护与管理体系还需要进一步完善和改进。

（3）昆钢 2000m^3 高炉通过适当提高燃料比，加强高炉中部冷却强度的调控，逐步找到了一条维护合理操作炉型的正确之路，其他基地的三座高炉则还没有完全摸索出合理边缘气流分布与合适炉腰温度之间的关系，上、中部调剂取长补短、相得益彰的体制机制还需要进一步探索与实践。

（4）红钢、玉钢以及本部高炉都已经基本消灭了挂料现象，说明三个基地的煤气流分布及操作炉型的管理工作做得较好；玉钢 1080m³ 高炉已经在昆钢四个基地当中率先取消了中心加焦，改为通过“平台+漏斗”的布料模式调剂煤气流的分布，取得了非常好的效果，其他三个基地在条件成熟的时候也可以效仿；玉钢 1080m³ 高炉的燃料比已经整体接近并且部分月份低于红钢 1350m³ 高炉，表明红钢 1350m³ 高炉的操作制度还有比较大的优化空间。

(5) 高炉炉缸的活跃程度可以用鼓风动能和死料柱的阻力损失两项指标来表征；昆钢四个基地对高炉鼓风动能的计算不规范，相互之间缺乏对标和交流，应该通过物料平衡计算标定高炉入炉风量，统一鼓风动能的计算方法；在高炉鼓风动能相对固定的情况下，炉缸的活跃程度主要取决于死料柱中的焦炭质量，如果焦炭质量不佳，强行堵风口吹活炉缸结果只会适得其反。

(6) 重视自产焦炭化学成分和物理性能指标，对热态指标重视程度不够，以及外购焦缺乏骨干品种、质量参差不齐，是昆钢焦炭质量方面存在的主要问题；受“烧不保铁”、进口矿用量受限以及自产矿性价比评价理念不一致等因素影响，昆钢高炉存在综合入炉品位低、有害元素含量高等不足之处，还需要逐步加以研究解决。

参考文献

[1] 陈光伟，王阿明. 马钢 4000m³B 高炉体检体系应用实践 [J]. 安徽冶金科技职业学院学报，2016，26(2)：45~49.

[2] 程旺生. 顺行体检机制在马钢高炉上的应用与实践 [J]. 安徽冶金科技职业学院学报，2017，27(2)：89~93.

[3] 张兴锋，吴示宇. 高炉体检制度在马钢 1#高炉上的应用 [J]. 安徽冶金科技职业学院学报，2016，25(1)：56~59.

[4] 李明. 外强预警，内依体检，优化操作，建立高炉稳顺长效机制 [J]. 安徽冶金科技职业学院学报，2016，25(1)：60~63.

[5] 马杰全，李淼. 昆钢 2500m³ 高炉提高产能生产实践 [J]. 昆钢科技，2019，3：1~5.

[6] 董建坤. 昆钢 2000m³ 高炉单系统生产实践 [J]. 昆钢科技，2019，1：14~17.

[7] 吴仕波，黄德才，李海. 玉钢 3 号高炉强化冶炼实践 [J]. 昆钢科技，2021，3：6~9.

[8] 杨凯. 红钢 3 号高炉强化冶炼的生产实践 [J]. 昆钢科技，2019，5：9~13.

[9] 朱仁良. 宝钢大型高炉操作与管理 [M]. 北京：冶金工业出版社，2018.

[10] 周传典. 高炉炼铁生产技术手册 [M]. 北京：冶金工业出版社，2003.

[11] 成兰伯. 高炉炼铁工艺技术手册 [M]. 北京：冶金工业出版社，1991.

[12] 安朝俊. 首钢炼铁三十年 [M]. 北京：首都钢铁公司，1983.

[13] 张晓雷，李佳俊. 玉钢 10800m³ 高炉强化冶炼生产实践 [J]. 昆钢科技，2019，3：6~11.

[14] 虎荣波，周伟，吴应祥，等. 红钢改善烧结矿粒度组成的实践 [J]. 昆钢科技，2020，1：1~5.

11 高炉合理操作炉型的维护与管理实践

重视高炉合理操作炉型维护与管理的认识，是在高炉长期的生产实践中逐步形成的，更是在大型高炉防治中部炉墙黏结的斗争中得到提升与加强的[1~10]。如果高炉操作炉型维护与管理到位，高炉想要不顺行都难。反之，如果高炉的操作炉型出了问题，并且长期失于管控，则不但高炉的技术经济指标难以提升，而且连高炉的寿命和基本的稳定顺行都难以得到保证。正是基于此，作者提出要把对高炉操作炉型的维护与管理，提升到高炉生产管理核心工作的位置来加以认识和对待，并且围绕这一核心工作，逐步构建起与之相配套的体制机制，通过综合治理，达到防患于未然目的。

11.1 要将高炉操作炉型的管理纳入日常管理当中

合理的操作炉型能保证炉内炉料的顺利下行和煤气的顺利上行，能保证高炉冶炼的各种物理化学反应顺利进行，并获得良好的技术经济指标[1~4]。反之，操作炉型不合理，会影响高炉顺行，使炉料下降不顺畅，甚至发生崩滑料，导致高炉技术经济指标的劣化。因此，控制合理操作炉型对高炉实现“高产、优质、低耗、长寿”的目标非常关键。昆钢 2000m^3、2500m^3 高炉在实际生产中通过对冷却壁温度、水温差及热流强度等参数的监测判断操作炉型变化，并采用上中下部调剂相结合的方针维持合理的煤气流分布，在实际生产中取得了较好的应用效果[5~12]。

针对昆钢 2000m^3、2500m^3 高炉频繁发生中部炉墙黏结的实际，昆钢要求高炉操作者在平时的生产组织过程中要树立将管理和维护操作炉型放在第一位的思想。一定要结合不同高炉的冷却结构、砖衬厚度以及热电偶的埋入深度等工艺参数，寻找到部分比较敏感的炉墙热电偶作为监测对象，摸索总结出该区域最适宜的温度控制范围，既满足高炉稳定顺行的要求，又兼顾渣皮稳定合理以及中部炉墙不发生黏结的目标。以昆钢 2500m^3 高炉为例，高炉软水量控制在 4100m^3/h 左右，严格控制进水温度为 39.5℃左右，冷却壁进出水温差控制在 5.5~6.5℃之间[7~9]。在日常工作中，精心维护高炉冷却壁，确保冷却壁的水压、水量、进水温度和水温差保持在合理区间。如果发现冷却壁漏水，应对漏水冷却器进行减水控制，必要时将软水切换为工业水，避免因炉内漏水造成炉墙局部结厚，破坏高炉合理操作炉型。

结合生产实际，昆钢新区 2500m³ 高炉生产中炉腹、炉腰、炉身下部 5~8 段铜冷却壁温度一般控制在 50~70℃范围内。低于 50℃，则表明边缘气流变弱或存在黏结现象；高于 70℃，则表明边缘气流过分发展；如果局部温度大于 80℃，则表明渣皮脱落，需要及时调整装料制度控制边缘气流，确保铜冷却壁壁体温度不超过 150℃。炉身中上部 9~14 段铸铁冷却壁温度一般控制在 80~220℃范围内。低于 80℃，则表明边缘气流变弱或存在黏结现象；高于 220℃，则表明边缘气流过分发展，需要及时调整装料制度控制边缘气流，确保铸铁冷却壁壁体温度不超过 400℃。通过不断地摸索总结，昆钢发现新区 2500m³ 高炉炉身中上部 9~14 段冷却壁温度，特别是 12 段冷却壁温度出现"低谷区"的频次较多，表明高炉操作炉型的破坏，首先发端于炉身中上部粉末和有害元素的固相烧结黏结，时间久了才会蔓延到炉身下部和炉腰、炉腹。也就是说昆钢大型高炉的炉墙结厚，主要是粉末和有害元素发生的黏结，渣皮不稳和软熔带根部波动发生的黏结反而是次要的。除了需要进一步改善原燃料质量以外，控制以 Zn 为主的有害元素入炉量也是重中之重。另外为了减轻有害元素的循环富集，炉身中部冷却壁的下限温度不宜控制太低，应当从 80℃提高到 120℃左右。

同样以昆钢 2000m³ 高炉 2003 年 1 月 8 日的炉况失常为例，当时高炉中部区域炉墙温度降低首先发生在炉身下部，2~3 个月以后才传递到炉腰和炉腹。由此可见，昆钢 2000m³ 高炉中部炉墙的黏结，同样是由于粉末和有害元素的固相烧结，然后逐步与软熔带根部的渣皮连为一体，并非像人们想象的那样，由于软熔带根部移动而产生的黏结。如果对高炉操作炉型的监管到位，及时而又有针对性地预警处置，高炉操作者是有足够的时间和机会去有效防治中部炉墙结厚的。昆钢 2000m³ 高炉中部炉墙温度监测情况详见表 11-1。

表 11-1 昆钢 2000m³ 高炉中部炉墙温度监测情况 （℃）

时间	炉身下部温度		炉腰温度		炉腹温度
	最低 4 点平均	8 点平均	最低 4 点平均	8 点平均	
1999 年	143	186	130	170	186
2000 年	140	229	128	196	147
2001 年	107	164	117	165	128
2002 年	103	147	121	152	116
2003 年 1 月	81	119	119	136	119
2003 年 2 月	98	121	144	163	132
2003 年 3 月	88	141	100	117	108

续表 11-1

时间	炉身下部温度		炉腰温度		炉腹温度
	最低 4 点平均	8 点平均	最低 4 点平均	8 点平均	
2003 年 4 月	84	147	107	113	88
2003 年 5 月	80	96	100	111	98
2003 年 6 月	80	103	90	99	96
2003 年 7 月	84	114	105	111	109

从表 11-1 可以看出：

（1）昆钢 2000m^3 高炉炉身下部最低 4 点温度经历了两次下降：第一次从 1999~2000 年的 140~143℃下降到了 2001~2002 年的 103~107℃，下降幅度为 40℃左右，第二次从 2001~2002 年的 103~107℃下降到了 2003 年 1 月的 81℃，下降幅度为 20℃左右。由此可见，高炉炉身下部炉墙发生黏结是边缘气流、炉料粉末和有害元素长期累计综合作用的结果。

（2）比较奇怪的是，昆钢 2000m^3 高炉炉腰最低 4 点温度经历了一个先升高后降低的过程：2003 年 1 月份炉况失常初期炉腰温度并无明显下降，2 月份炉腰温度还从 119℃上升到了 144℃，3 月份又从 144℃下降到了 100℃。分析认为高炉炉况失常初期炉身下部已经发生了黏结，边缘煤气流上升通道受阻，导致炉腰部位的渣皮发生了一定程度的脱落，随着处理炉况周期的延长，才又导致炉腰温度最终明显下降。

（3）昆钢 2000m^3 高炉炉腹温度的变化趋势大体与炉腰温度相同，略微不同的是炉腹温度明显下降的时间相对更加滞后一些。

11.2 中部调剂对于大型高炉防治炉墙结厚至关重要

国内外评价高炉操作炉型是否合理以及高炉炉体受侵蚀状况主要有两种方法，一种是监测炉墙热电偶温度变化情况，另一种是监测炉体热流强度的变化趋势。昆钢高炉炉体监测管理的规范是：对于炉缸侧壁，警戒温度一般为 450℃，危险温度为 600℃左右，正常的热流强度为 4~7kW/m^2，极限热流强度为 15 kW/m^2 左右；对于炉底而言，警戒温度一般为 650℃，危险温度为 750℃左右，正常的热流强度为 2~3kW/m^2，极限热流强度为 9kW/m^2 左右；炉腹、炉腰和炉身的运行状况主要用热流强度评价，一般正常峰值为 40~60kW/m^2，极限热流强度为 70~80kW/m^2，但昆钢对该区域的炉墙热电偶温度并未作出明确规定，需要各个高炉根据自身情况灵活界定。

昆钢 2000m^3 高炉炉缸侧壁砖衬温度为 150~250℃，并且非常稳定，有记录的最高温度为370℃左右，包括风口带的热流强度为4.9kW/m^2，最大值为6.7kW/m^2，加上停炉以后实测发现风口带黏结有200~400mm的渣壳，因此判断昆钢2000m^3高炉炉缸侧壁没有受到异常侵蚀。昆钢2000m^3高炉炉腹、炉腰及炉身下部采用的是串联式冷却系统，在2003年发生炉况失常以后，该区域的冷却水流量逐步降低，使热流强度逐步靠近PW公司设定的控制标准，为炉况的恢复调整发挥了积极作用。2003年昆钢2000m^3高炉炉身上部的热流强度明显低于2002年和2004年的数值，这与高炉炉况突然失常的情况高度契合，表明炉墙黏结首先发端于炉身中上部。与炉墙热电偶温度类似，炉腹、炉腰和炉身的热流强度变化也比较敏感，并且热流强度的覆盖范围更加广泛，代表性更强，所以要加强对高炉关键部位热流强度的动态监控，与炉体砖衬热电偶温度相互参照，综合诊断炉墙黏结情况。

昆钢2000m^3高炉中部热流强度变化情况详见表11-2。

表11-2 昆钢2000m^3高炉中部热流强度变化情况

区域	时间	表面积 /m^2	温差 /℃	水量 /$m^3\cdot h^{-1}$	热负荷 /$kcal\cdot h^{-1}$	热流强度 /$kW\cdot m^{-2}$	PW设计规范 /$kW\cdot m^{-2}$
炉身中上部	2002	385.85	3.54	822	2965767	8.97	21.0
	2003	385.85	1.86	876	1646457	4.98	
	2004	385.85	2.63	882	2320867	7.02	
炉腹、炉腰、炉身下部	2002	133.26	1.14	2000	2280000	16.63	47.0
	2003	133.26	2.07	1859	3322067	29.08	
	2004	133.26	2.48	1687	4246567	37.18	

昆钢2000m^3高炉在2003年以前，中部调剂主要以防止炉墙发生异常侵蚀为主，对高炉合理操作炉型的维护与管理考虑不够，尤其是炉身中上部的热流强度控制明显偏低，一定程度上也对该高炉发生中部炉墙结厚负有责任。在此之后，昆钢要求高炉操作者在监控炉墙温度的同时，还要注意监测高炉敏感部位的热流强度，并与控制标准进行比较，不但要注意上限不超标，也要防止热流强度低于下限控制水平。一旦某个部位的炉墙温度或者热流强度低于控制标准，必须立即启动中部调剂手段，相应调整高炉中部的冷却参数，如果情况还没有好转，则要通过上部调剂适当发展边缘气流，实现上部调剂和中部调剂的协同配合。如果高炉操作炉型长期得不到修复，则应开展洗炉和降料面清除黏结物操作，并相应调整下部送风制度，实现上中下部调剂的联动，直到操作炉型得到修复，高炉炉况恢复正常为止。

11.3　装料制度与煤气流分布之间的关系

作者参加过昆钢 2000m^3 高炉的布料实测工作，并进入到炉内在料面上拉皮尺测量料面的具体形状和矿焦分布规律。根据实测结果，昆钢 2000m^3 高炉边缘平台并不明显，只有 0.3～0.5m 宽（高炉休风后观测到的宽度为 0.8～1.2m），中心的无矿区相对比较大，直径大约有 2.85m（高炉休风以后观测无矿区直径大约为 2m），最中心的位置也没有因为中心加焦而出现明显的凸起。整个料面就像一个平底的碗，边缘平台到中心的斜坡并不规则，像碗边一样具有一定的弧度。十字测温梁下边的料面上有一个小小的沟槽，如果不仔细看还不容易看出来，也就是说原来一直担心的十字测温梁对料面的影响其实并不严重。昆钢 2000m^3 高炉开炉所使用的布料矩阵，矿焦角差非常大，煤气利用率较高，综合燃料比较低，能够控制到小于 525kg/t 的水平[11,12]。但在这之后，昆钢 2000m^3 高炉一直都没能再达到那么低的燃料比。这个现象非常值得研究，它的背后刚好折射出昆钢对大型高炉合理煤气流分布的认识经历了过分强调中心气流，到适当发展边缘气流的一个转变。这个转变，既是昆钢“低铁高灰”原燃料条件的必然要求，同时又是昆钢炼铁工作者与“腰疼病”长期作斗争以后总结出来的宝贵经验。

昆钢 2000m^3 高炉 2000 年的布料矩阵与燃料比见表 11-3。

表 11-3　昆钢 2000m^3 高炉 2000 年的布料矩阵与燃料比

布料矩阵	矿石平均角度/(°)	焦炭平均角度/(°)	矿焦角差/(°)	中心加焦率/(%)	燃料比/kg · t^{-1}
C^{876531}_{222214} O^{7654}_{1322}	36.8	27.0	9.8	30.8	525
C^{876531}_{221125} O^{7654}_{1322}	36.8	23.9	12.9	38.5	
C^{876531}_{222124} O^{7654}_{2222}	37.2	26.3	10.9	30.8	
C^{876531}_{222214} O^{7654}_{1322}	36.8	27.0	9.8	30.8	

从表 11-3 可以看出：

（1）昆钢 2000m³ 高炉 2000 年的布矿矩阵基本保持稳定，平均布矿角度全年只出现了 0.4°的微小调整。

（2）2000 年昆钢 2000m³ 高炉对布料矩阵的调整主要是调整布焦矩阵，并且对布焦矩阵的调整主要集中于对 3 档和 1 档布焦环数的调整上，这两个档位布焦环数在 5~7 环之间调整。

（3）2000 年昆钢 2000m³ 高炉的矿焦角差较大，达到 9.8°~12.9°（焦炭第一档按 0°计），中心加焦比例较高，达到 30.8%~38.5%，充分体现出发展中心气流的强烈愿望。

（4）因为过多强调发展中心气流，边缘气流相对较弱，高炉的燃料比较低，只有 525kg/t，在综合入炉品位全国最低、焦炭灰分全国最高的原燃料条件下，昆钢 2000m³ 高炉能取得如此低的燃料比指标殊为不易，这也为后来的炉墙黏结埋下了伏笔。

昆钢 2000m³ 高炉 2020 年的布料矩阵与燃料比见表 11-4。

表 11-4　昆钢 2000m³ 高炉 2020 年的布料矩阵与燃料比

布料矩阵	矿石平均角度 /(°)	焦炭平均角度 /(°)	矿焦角差 /(°)	中心加焦率 /(%)	燃料比 /kg·t⁻¹
$C_{2\,2\,2\,2\,1\,2}^{8\,7\,6\,5\,3\,1}$ $O_{1\,3\,2\,2\,1}^{7\,6\,5\,4\,3}$	35.74	31.85	3.89	18.18	550
$C_{2\,2\,2\,2\,1\,1\,1}^{8\,7\,6\,5\,4\,3\,2}$ $O_{1\,3\,2\,2\,1}^{7\,6\,5\,4\,3}$	35.74	36.75	-1.01	0	
$C_{2\,2\,2\,2\,1\,2}^{8\,7\,6\,5\,3\,1}$ $O_{2\,3\,3\,2}^{7\,6\,5\,4}$	37.23	31.85	5.38	18.18	

从表 11-4 可以看出，与 20 年前相比，昆钢 2000m³ 高炉的布料矩阵主要发生了如下变化：

（1）矿石平均布料角度减小、焦炭平均布料角度增加、矿焦角差缩小，体现出高炉在与中部炉墙黏结的斗争中逐步总结出必须适当发展边缘气流的指导思想。

（2）中心加焦比例大幅度降低，从 30%左右降到 18%左右，体现出高炉更加重视两道煤气流的平衡。过程当中曾经一度尝试取消中心加焦，但因为矿石布料矩阵调整不及时，出现了焦炭平均布料角度大于矿石平均布料角度的情况，所以仅维持了 1 个月左右又恢复了中心加焦模式，也算宣告了取消中心加焦试验的失败。

（3）在保持较低比例中心加焦的条件下，逐步增大矿石平均布料角度，尝试探索既有利于防治炉墙黏结，又有利于降低燃料比的最佳装料制度。

（4）经历20年的发展与进步，昆钢2000m³ 高炉的燃料比不降反升，上升幅度达到25kg/t，其中约有60%以上是因为治疗“腰疼病”所付出的代价。

关于中心加焦，作者本人是支持的，因为昆钢的焦炭质量与宝钢相比还有很大差距，有害元素含量也比宝钢高炉要高得多，不能简单地效仿宝钢等企业采用“平台+漏斗”的布料模式。当然昆钢高炉中心加焦的合适比例还有进一步优化的空间，昆钢玉溪钢铁公司1080m³ 高炉取消中心加焦的实践值得其他基地学习和借鉴。作者一贯认为布料矩阵就是拿来调整的，不能死抱着一套布料矩阵，直到炉况不适应了才来调整，一定要小调早调，将炉况失常和操作炉型的变化扼杀在萌芽状态。处理特殊炉况时一定要考虑疏松边缘，不能单纯依靠料线补偿机制。最重要的一点就是，高炉装料制度的调整与优化只能起到画龙点睛的作用，如果精料管理不到位、操作炉型维护不到位以及其他操作制度不合理，再怎么折腾布料矩阵都起不到应有的作用，有些时候甚至会适得其反。

根据宝钢高炉装料制度选择与优化实践，结合昆钢高炉大型化的具体情况，以下几点经验教训值得昆钢炼铁工作者和业界同行关注：

（1）昆钢2000m³ 高炉的布料实测和开炉布料矩阵的确定，来自武钢的技术体系，是一种基于追求低燃料消耗和低成本炼铁的指导思想，后来随着2000m³ 高炉原燃料质量不适应以及有害元素的循环富集，这样的布料矩阵就相继出了问题，具体表现就是2000m³ 高炉每年都会发生一次损失巨大的炉况失常，所以后来昆钢逐步放弃了这种类型的布料矩阵，改为边缘气流相对发展、燃料比维持中位的装料制度。

（2）昆钢2000m³ 高炉布料矩阵的调整历程，正是在昆钢现有原燃料条件下，长期与中部炉墙结厚斗争中总结出来的宝贵经验。看似偶然，其中蕴藏着必然的规律，那就是要在综合入炉品位较低，K、Na、Pb、Zn 等多种有害元素综合作用的原燃料条件下，要处理好高炉的中部炉墙结厚问题，就必须适当牺牲燃料比，保持相对发展的边缘气流，这样才能实现炉况的长周期稳定顺行。

（3）中部炉墙黏结是高炉大型化过程中无法回避的问题，中部结厚控制得当与否，与布料矩阵的选择息息相关，两者互为因果，所以有必要把对操作炉型的维护与管理，提升到更加重要的位置加以对待。

（4）大部分高炉操作者都是从“钟式炉顶”过度到“无料钟炉顶”的，具体操作实践过程当中难免会受到“钟式炉顶”操作模式的羁绊，从宝钢几座大型高炉处理炉况失常都是采取减小矿石平均布料角度这一点上就可以看出，操作者往往过度依赖料线补偿制度，处理炉况不习惯采用疏松边缘的装料制度。

（5）大部分炼铁工作者的操作惯性都比较大，并且对布料矩阵有畏惧感，不习惯小调早调，往往要等到炉况已经控制不住的时候才调整布料矩阵，而这个时候中部黏结已经成了气候，调布料矩阵往往起不到应有的作用，这样就进一步导致了高炉操作思想的混乱而难以自拔。

关于大型高炉装料制度与高炉煤气流分布的关系，宝钢总结得非常到位：

(1) 大型高炉的煤气分布控制，特别要注意防止边缘过重。

(2) 大型高炉的下部不活性（即炉墙黏结）和大凉是边缘过重的结果。

(3) 合理的炉顶煤气温度分布，边缘温度要有一定幅度的上翘。

以上三条是宝钢本部高炉经过实践反复验证的经验，总结起来其实就是一句话，大型高炉要注意适当疏松边缘。

11.4 通过高炉体检来统筹好合理操作炉型的管理工作

大型高炉在实施强化冶炼的过程中，几乎都会碰到炉墙黏结问题，有的因为应对处理不当，还会酿成更大的恶性事故。防治大型高炉的炉墙黏结，同样是一个系统工程，涉及原燃料质量改善、入炉有害元素控制、高炉中部冷却参数调整以及上下部调剂相结合等一系列问题。把这些诸多要素统领在一起既要统筹兼顾，又要精准施策，最好的方法就是开展“高炉体检”，把造成炉墙黏结的各种因素消灭在萌芽状态，达到“治未病”的效果。

(1) 进一步改善原燃料质量。中部炉墙结厚发端于粉末和有害元素的遇见与结合，因此要防治中部炉墙结厚，可以从两个方面入手：一是进一步改善原燃料质量，二是不给粉末和有害元素创造出发生固相烧结反应的条件。昆钢 2500m^3 高炉在平时的操作中特别重视焦炭反应性和反应后强度指标的控制，并通过加强槽下筛分管理，千方百计降低高炉入炉粉末。在外部矿石综合质量难以彻底改观的前提下，将高炉布袋除尘灰外销给专门炼 Zn 的企业作为原料，并将含 Zn 量相对较低的重力除尘灰投入到专门的浮重联合选矿流程进行分选，在实现铁、碳分离的同时，脱除其中60%以上的有害元素。这些措施在很大程度上降低了 K、Na、Pb、Zn 等有害元素对高炉冶炼的危害。昆钢 2500m^3 高炉含 Zn 除尘灰浮重联选精矿化学成分见表 11-5。

表 11-5 昆钢 2500m^3 高炉含 Zn 除尘灰浮重联选精矿化学成分 (%)

物料	TFe	SiO_2	CaO	S	P	K_2O	Na_2O	Pb	Zn
重力除尘灰	39.77	5.26	4.24	0.43	0.068	0.52	1.17	0.213	3.35
旋风除尘灰	37.45	5.14	4.02	0.80	0.067	0.45	1.32	0.35	4.28
浮重联选精矿	56.06	5.06	3.27	0.13	0.056	0.12	0.088	0.020	1.43

从表 11-5 可以看出，昆钢 2500m^3 高炉含 Zn 除尘灰经过特殊的浮重联选工艺加工处理以后，TFe 含量大幅度提高，K、Na、Pb、Zn 等有害元素含量大幅度

降低，其中Zn的脱除率达到57%~67%，Pb的脱除率达到91%~94%，K_2O的脱除率达到73%~77%，Na_2O的脱除率达到92%~93%。

（2）适当发展边缘气流。上部装料制度上，确定了“稳定中心气流，适当发展边缘气流，不追求过低燃料比”的操作方针[7~12]。通过炉顶热成像仪定性观察，配合炉墙温度、热流强度的定量监测，综合判断高炉边缘煤气流强度是否合适。根据需要灵活调整高炉布料矩阵，控制好高炉径向和圆周方向的矿焦负荷分布，确保煤气流分布稳定合理。如果遇到煤气利用率不明原因的突然升高，应及时调整矿焦负荷，适当疏松边缘，不追求过低的燃料比。在高炉休复风和深空料作业过程中，注意适当疏松边缘气流，不过分依赖无料钟炉顶的料线补偿机制。

（3）降料面清除炉墙黏结物。当确认高炉发生黏结以后，根据昆钢2500m^3高炉的生产实践经验，可以组织洒水降料面并休风，利用降料面过程中的高温强还原性煤气流强烈冲刷炉墙黏结物，使之变得疏松，然后再利用休风后炉体冷却壁壁体温度变化的热胀冷缩应力，使黏结物和炉墙发生分离脱落[7~10]。

（4）搞好喷补及喷补后的操作。喷补是高炉中后期修复操作炉型和延长高炉寿命的有力措施。但是高炉在喷补前后实际容积和操作炉型都会有很大的改变，如果操作制度不配套或不适应，也有可能会引发炉况失常。昆钢2000m^3高炉2003年6月份喷补以后就发生了一次炉况失常。因为高炉是全冷却板冷却结构，喷补料附着层较厚，2000m^3高炉在完成喷补以后的实际炉容一下子就缩小了100~200m^3，继续沿用喷补以前的操作制度，就出现高炉中心气流过分发展的现象，由于应对处理不及时，又造成了高炉炉墙黏结，被迫退负荷洗炉才使炉况逐步得到恢复。因此在喷补之前和喷补以后对高炉操作炉型的变化情况进行评估，并有针对性地适时调整高炉操作制度是很有必要的。

参考文献

[1] 朱仁良．宝钢大型高炉操作与管理［M］. 北京：冶金工业出版社，2018.

[2] 周传典．高炉炼铁生产技术手册［M］. 北京：冶金工业出版社，2003.

[3] 成兰伯．高炉炼铁工艺技术手册［M］. 北京：冶金工业出版社，1991.

[4] 安朝俊．首钢炼铁三十年［M］. 北京：首都钢铁公司，1983.

[5] 马杰全，李淼．昆钢2500m^3高炉提高产能生产实践［J］. 昆钢科技，2019，3：1~5.

[6] 杨开智，王华兵，汪勤峰，等．昆钢新区2500m^3高炉炉型结构探讨［J］. 昆钢科技，2019，4：10~14.

[7] 卢郑汀，张志明，李淼．昆钢2500m^3高炉炉型维护探索［J］. 昆钢科技，2017，2：21~28.

[8] 王楠，张品贵．昆钢2500m^3高炉炉墙结厚处理实践［J］. 昆钢科技，2016，5：13~17.

[9] 余祥顺，李森．昆钢 2500m^3 高炉处理炉墙上部黏结操作实践［J］．昆钢科技，2019，1：7~9.

[10] 郭永祥，杨继红．昆钢 2500m^3 高炉降料面消除炉身黏结及恢复实践［J］．昆钢科技，2019，1：35~39.

[11] 杨光景，杨武态，杨雪峰．昆钢 2000m^3 高炉十年生产技术进步［J］．昆钢科技，2008（S）：1~6.

[12] 董建坤，栗玉川．昆钢 2000m^3 高炉 2007 年 11 月炉况失常处理［J］．昆钢科技，2008（S）：45~49.

12 高炉合理煤气流分布的发展与演变

高炉煤气流的分布与控制，历来受到炼铁工作者的普遍关注，并逐步形成了若干行之有效的实践经验和典型煤气流分布的范式。但是在高炉大型化之后，尤其是在钟式炉顶改为无料钟炉顶、对煤气流分布的监测手段丰富与完善之后，人们对高炉合理煤气流分布的认识又有了新的进步和发展。及时将这些最新的进展进行提炼和总结，对于推进高炉的大型化以及获取世界一流的技术经济指标，都是大有裨益的。

12.1 大型高炉合理煤气流分布的新理念

宝钢炼铁专家认为在高炉传统的四大操作制度之外，应该特别关注合理煤气流的分布[1,2]。作者认为这样做是非常有必要的，因为几乎所有的炉况失常都是发端于煤气流分布失常。合理的煤气流分布，应当有较强的中心气流和适当强度的边缘气流。这句话人所共知，但是用它来解决实际问题时，应该怎么实施呢？作者认为这句话的背后，其实说明了在我国高炉实现大型化的过程中，曾过分强调了发展中心气流的作用，甚至出现了“得中心者得天下”的观点。以宝钢为代表的大型高炉在创造世界一流水平的过程中发现，大型高炉要实现长周期的稳定顺行，必须攻克中部炉墙反复黏结这个难题，而这就需要以适当强度的边缘气流作为支撑和保障。也就是说，关于大型高炉合理煤气流的分布问题，目前到了拨乱反正和重新回归平衡的时候了。在高炉大型化的过程中，有钟炉顶改无钟炉顶是必然的趋势，无料钟高炉在处理炉况时往往不会轻易改变布料矩阵，而是习惯于过分依赖料线补偿的技术措施，这就会造成过分抑制边缘气流和中部炉墙结厚问题的产生。大型高炉在走向长周期稳定顺行的过程中，防治“腰疼病”是无法回避的问题，适当发展边缘气流、维持合理操作炉型是必由之路。

12.2 大型高炉获得合理煤气流分布的新措施

最新的研究成果表明，高炉的煤气流分布主要取决于装料制度与布料矩阵的选择。虽然送风制度也会对上部煤气流分布造成一定影响，但所起的作用有限。

结合大型高炉容易发生中部炉墙结厚的问题，作者认为应当树立以装料制度为主、中部调剂为辅、下部调剂作为补充的高炉煤气流调控新机制。

关于高炉装料制度的选择以及布料矩阵的优化，首先是要跳出钟式炉顶布料的思维窠臼，树立正确的无料钟炉顶布料规律，摒弃过分依赖料线补偿手段处理深空料及炉况失常的操作理念；其次是要树立早调小调的操作习惯，摸索总结每一个布料矩阵背后的相关工艺技术参数变化规律，为高炉处理不同炉况储备足够的数据；最后是要总结出中部炉墙黏结与边缘气流控制之间的作用与反作用之间的关系，逐步培育出边缘气流强度与炉墙渣皮厚度动态平衡的煤气流调控新模式。

高炉中部炉墙黏结到一定程度之时，也会影响边缘煤气流的分布。这个时候除了通过布料矩阵调整边缘煤气流的分布之外，配合以适当的中部调剂措施也是至关重要的。高炉中部炉墙结厚初期，适当降低中部的冷却强度，一方面可以增强边缘气流对黏结物的冲刷作用，另一方面也可以降低黏结物的固相烧结温度，同时还可以避免固相黏结物和高炉软熔带的渣皮连成一体，可以说是一举多得[3~7]。很多人担心中部调剂会影响高炉炉衬寿命，作者却认为这样的担心大可不必。治理中部炉墙结厚其实质就是在维护高炉合理的操作炉型，操作炉型维护好了，高炉就可以实现强化冶炼和提高寿命的有机统一。反之如果由于中部炉墙结厚引起炉况不顺，高炉被迫频繁调整气流分布，乃至洗炉和炸瘤，这样对高炉炉衬寿命的危害反而要大得多。

宝钢在处理大型高炉“下部不活”的过程中，除了传统的上下部调剂之外，还尤其注重中部调剂，并在水量、水速、热电偶温度、热负荷、热流强度等参数的监控与管理方面，都形成了一整套具有自身特色的操作管理体系[1,2]。这方面昆钢一直做得不是很好，这也体现出昆钢关于高炉工艺技术的基础管理还很薄弱，一定要想办法逐步弥补回来。宝钢朱仁良老师也在他的专著中指出，要把对高炉合理操作炉型的维护与管理提升到日常操作管理的核心位置来加以认识和对待。诸多宝钢炼铁专家都非常重视高炉合理操作炉型的维护与管理，其背后凝结着宝钢高炉大型化和创造世界一流水平过程中的经验与教训，非常值得其他钢铁企业的高炉工作者参考借鉴。

12.3 大型高炉无料钟炉顶布料规律新探讨

关于大型高炉无料钟炉顶布料规律的研究，国内开展得最早的是首钢的刘云彩教授和东北大学的杜鹤桂教授。刘云彩教授推导总结出了无料钟炉顶布料溜槽倾角与炉料落点关系的数学公式[2]；杜鹤桂教授建立了无料钟炉顶布料的实物模型，通过布料模拟及数据回归分析寻找无料钟炉顶的布料规律。两位教授对无料钟炉顶技术在国内的推广应用做出了积极贡献。后来其他学者开展了无料钟炉顶布料的仿真模拟研究，也取得了很好的实际应用效果。

目前业界公认的是，无料钟炉顶布料分为“平台+漏斗”和“中心加焦”两种模式[1,2]。在掌握基本的布料规律以后，通过不断的PDCA循环，各家高炉都能寻找到适合自身特点的装料制度以及相应的布料矩阵。作者结合自己多年的研究实践，发现大型高炉频繁发生中部炉墙黏结，其实与无料钟炉顶布料规律的认识不到位有一定的关系。

首先说“中心加焦”模式。这种模式天然地认为大型高炉的中心气流难以打通，加之国产焦炭质量难以适应大型高炉强化冶炼的要求，因此主张通过中心加焦的方式来帮助高炉打通中心气流。国内大多数钢铁企业都是从“钟式中小高炉”模式过渡到“无料钟大型高炉”模式的，这部分企业很自然地就接受了中心加焦模式。率先对这种模式提出质疑的是宝钢。这并不奇怪，因为宝钢没有经历过“钟式中小高炉”的过渡，直接一步迈入到4000m^{3}以上级大型高炉序列，并且宝钢直接使用当时世界上最先进的工艺装备以及相应的原燃料制造技术，他们不用担心风机能力和焦炭质量的问题。所以宝钢一起步就采用了“平台+漏斗”的布料模式，并取得了成功。宝钢高炉在创造世界一流技术经济指标的历程中，碰到的问题恰恰不是中心不通，反而是“下部不活”。实践是检验真理的唯一标准，宝钢结合自身实际指出，大型高炉应该更加关注边缘气流的适当发展。这不能不说是一种实事求是且与时俱进的态度。

采用“中心加焦”模式的大型高炉很容易发生中部炉墙黏结，这与过分强调发展中心气流有一定关系。而采用“平台+漏斗”模式的高炉也发生炉墙黏结，则可能就是高炉大型化以后出现的一种具有一定普遍性的新变化了。作者发现，无论采用什么办法，要准确界定炉料的落点都非常难。首先炉料从溜槽末端抛洒出来的时候，其实是一个宽度为200~400mm的料流，并不是点状轨迹，特别是当炉料落点靠近炉墙之时，一部分炉料已经发生反弹，另一部分则还是正常下落，所以观测到的炉料落点出现100~200mm的误差是很正常的一件事情。其次是要确定炉料从中心喉管进入到布料溜槽时的初始速度以及溜槽对炉料的摩擦系数其实非常困难，需要做很多假设，这也就影响到了计算料流轨迹的准确性。最后是不同倾角状态下炉料在溜槽上的实际行程是有很大变化的，当溜槽倾角小于17°以后，炉料一般就不和溜槽接触了。这种现象也可以反证各种计算和模拟方法在实际应用中都存在一定的局限性。

作者在对昆钢2000m^{3}高炉布料实测数据进行整理分析研究的过程中，就发现了一些与传统布料理论不一致的地方。在“中心加焦”模式下，中心加焦的焦炭布料倾角怎么计算？如果按0°计算，矿焦角差很大，很难和其他企业进行对标和交流。如果按第一档的角度 8°或 12°计算，因为炉料已经不与溜槽接触了，所以也明显不对。另外就是在 1~2m 料线的范围内，炉料理论落点与布料实测推算落点差别不大，但是当料线下降到 2~4m 和 4~6m 的范围内时，实测推算落点就明显比理论落点更加靠近炉墙，多的时候偏差可以达到 300~400mm。也就是说无料钟炉顶尽管存在深空料补偿模式，但是由于补偿角度不够，造成炉料实际落点更加靠近炉墙，因此高炉在处理深空料赶料的过程中，如果不相应调整布料矩阵，只是单纯依赖深空料补偿模式进行调剂，则很容易产生边缘过重，造成炉况恢复困难，乃至发生炉墙黏结。昆钢 2000m³ 高炉 0~2 料线实测计算落点与理论落点对比情况见表 12-1。

表 12-1 昆钢 2000m³ 高炉 0~2 料线实测计算落点与理论落点对比

档位	溜槽倾角/(°)	计算方式	1054mm 料线处炉料落点/mm	实测与理论差值/mm
1	8	第 1 圆中心理论落点	0	0
		实测数据计算落点	0	
2	22.2	第 2 环中心理论落点	1400	-66
		实测数据计算落点	1334	
3	27.2	第 3 环中心理论落点	1810	30
		实测数据计算落点	1797	
4	31.7	第 4 环中心理论落点	2140	88
		实测数据计算落点	2228	
5	35.7	第 5 环中心理论落点	2430	128
		实测结果计算落点	2558	
6	39.2	第 6 环中心理论落点	2690	165
		实测数据计算落点	2855	
7	42.1	第 7 环中心理论落点	2920	171
		实测数据计算落点	3091	
8	44.6	第 8 环中心理论落点	3140	145
		实测数据计算落点	3285	
9	46.8	第 9 环中心理论落点	3340	107
		实测数据计算落点	3447	
10	48.8	第 10 环中心理论落点	3530	55
		实测数据计算落点	3585	
11	50.34	第 11 环中心理论落点	3710	27
		实测数据计算落点	3683	

从表 12-1 可以看出，在 0~2 料线范围内，昆钢 2000m³ 高炉炉料实测计算落点与理论落点非常接近，最大偏差只有 171mm。考虑真实料流并不是点状轨迹，宽度达到 200~400mm 的实际，所以实测炉料落点与理论计算落点之间出现 100~200mm 的误差是很正常的。通过这个对比也可以得知，在 0~2 料线范围内，实测数据是可以直接用于指导生产实践的，根据实测数据计算炉料落点的方法也是可行的。但是随着料线深度的加深，尤其是在 2~4 料线范围内，这种情况就逐步发生了改变。昆钢 2000m³ 高炉 2~4 料线实测计算落点与理论落点对比情况见表 12-2。

表 12-2 昆钢 2000m³ 高炉 2~4 料线实测计算落点与理论落点对比

档位	考虑料线补偿以后的溜槽倾角/(°)	计算方式	3m 料线处炉料落点/mm	实测与理论差值/mm
1	8	第 1 环中心理论落点	0	0
		实测数据计算落点	0	
2	20.4	第 2 环中心理论落点	1444	16
		实测数据计算落点	1460	
3	25.5	第 3 环中心理论落点	1865	138
		实测数据计算落点	2003	
4	30.2	第 4 环中心理论落点	2207	284
		实测数据计算落点	2491	
5	33.8	第 5 环中心理论落点	2502	352
		实测结果计算落点	2854	
6	36.6	第 6 环中心理论落点	2767	361
		实测数据计算落点	3128	
7	39.1	第 7 环中心理论落点	3008	375
		实测数据计算落点	3365	
8	41.5	第 8 环中心理论落点	3230	354
		实测数据计算落点	3584	
9	43.6	第 9 环中心理论落点	3439	329
		实测数据计算落点	3768	
10	45.1	第 10 环中心理论落点	3636	259
		实测数据计算落点	3859	
11	46.3	第 11 环中心理论落点	3823	17
		实测数据计算落点	3993	

从表 12-2 可以看出，在 2~4m 料线区间，常用布料档位 5~9 档的实测计算炉料落点都较料线 3m 处炉身相应圆环中心的理论落点更加靠近炉墙，差值为 329~375mm，所以高炉在深空料作业时，尽管有料线补偿机制，但仍然会发生自动加重边缘的情况。这样的情况发生一次两次，估计不会对高炉的运行产生实质性的影响，但是如果长期如此，加上其他因素的综合叠加累积作用，则很有可能会导致炉墙发生黏结，进而引发其他事故。

12.4 高炉合理煤气流分布的新表征

在使用十字测温的高炉当中，宝钢提出的中心温度流指数 Z（十字测温中心 5 点平均温度与炉顶煤气温度的比值）、边缘温度流指数 W（十字测温边缘 4 点平均温度与炉顶煤气温度的比值）以及中心边缘两个指数的比值 Z/W 等都相当具有其地方特色[1,2]。这一套管理体系首先传到了马钢，然后通过马钢又传给了昆钢及其他钢铁企业。现在很多高炉都不再使用十字测温装置了，改为使用炉顶红外热像仪。红外热像仪观察炉顶料面温度分布比较直观，但要定量分析精准度就会差一些。在这样的情况下如何表征高炉炉顶煤气流的合理分布，如何进行精调微调呢？这就要求高炉操作者要更加细心一些，粗略的定位可以依靠炉顶红外热像仪，精确的定位就要靠自己摸索总结了。比如炉喉钢砖温度、炉顶煤气平均温度、炉墙热电偶温度、炉体热流强度等都可以参与分析和判定。但这些指标毕竟不是高炉煤气流分布的直接表征，都存在一定的滞后性和不确定性，因此有些时候会对分析判断炉况产生一定的干扰和误导，这一点高炉操作者一定要做到心中有数。

作者认为在这种情况下，可以参考煤气利用率和燃料比指标的变化来调整高炉合理的煤气流分布。昆钢大型高炉在发生中部炉墙黏结和炉况失常之前，几乎都会出现燃料比下降以及煤气利用率升高的现象[7~9]。大多数高炉操作者在这种情况下会认为是高炉的顺行状况出现了向好的趋势，从而放松了警惕，殊不知这恰恰是炉况即将失常的征兆。如果错过了这个调整炉况的最佳窗口期，在炉况有明显失常征兆之时再来处理，难度就会更大、周期就会更长、损失也将会更大。当然，靠煤气利用率和燃料比指标的变化规律来预测和调整炉况，对高炉操作者的要求也就更高了。比较可行的出路和办法就是加强高炉平时的工艺技术基础管理工作，靠积累更多的数据和信息来对高炉的运行状况进行提前预判。这方面马钢推行的“高炉体检”工作就很有效，非常值得其他企业学习借鉴。

12.5 合理煤气流分布尤其要控制好适度的边缘气流

宝钢把大型高炉合理的煤气温度分布定义为“基围虾”模型，就是高炉边缘煤气温度要像基围虾的尾巴一样翘起来才行[1]。也就是说要注意保持适当发展的边缘气流，边缘的煤气温度要相对高一些。这其实是对以往过分强调发展中心气流操作模式的一种反思和回归调整。宝钢高炉煤气流分布模式演变情况如图 12-1所示。

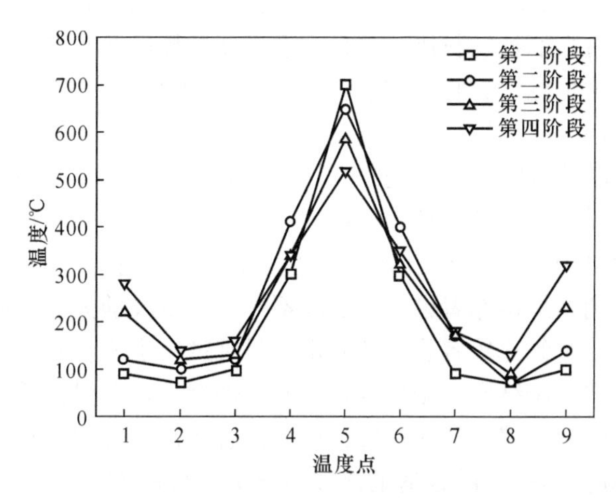

图 12-1 宝钢高炉合理煤气流分布的演变情况

从图 12-1 可以看出，宝钢对大型高炉合理煤气流分布认识的演变，大体上经历了四个阶段。前两个阶段过分强调发展中心气流，边缘气流的发展程度不够，所以饱受“腰疼病”的困扰，主要技术经济指标一直没能取得实质性的突破。与之类似，昆钢 2000m^3 高炉第一代炉役使用十字测温监测炉顶煤气温度分布情况，采用的基本上是宝钢高炉第一阶段的煤气流分布模式，只有在处理炉况时才会适当发展边缘气流，过渡到第二阶段的煤气流分布模式上，所以一直未能走出炉况反复失常的“怪圈”。宝钢大型高炉也是到第三、第四阶段，十字测温的温度曲线像基围虾一样发生明显的“翘尾效应”之后，才真正实现了长周期的稳定顺行，并创造了世界一流的技术经济指标。昆钢 2000m^3 高炉第二代炉役虽然没有使用十字测温监测炉顶煤气温度分布情况，无法准确界定边缘煤气流温度的“翘尾效应”，但是通过多年的摸索调整，将燃料比逐步从 525kg/t 左右放宽到 545kg/t 左右，并大幅度提升了中部炉墙温度的控制标准，终于基本治愈了“腰疼病”，使得高炉走上了长周期稳定顺行的道路[8,9]。昆钢 2000m^3 高炉两代炉役部分指标对比情况见表 12-3。

表 12-3 昆钢 2000m³ 高炉两代炉役部分指标对比

第一代炉役典型值			第二代炉役典型值		
入炉品位 /%	燃料比 /kg · t^{-1}	炉腰 4 点温度 /℃	入炉品位 /%	燃料比 /kg · t^{-1}	炉腰 4 点温度 /℃
56. 37	525	121	55. 1	547	147

从表 12-3 可以看出，尽管昆钢 2000m³ 高炉第二代炉役的综合入炉品位有所降低，但是高炉适当牺牲燃料比，并且注重提高炉腰最低 4 点温度控制标准的趋势却非常明显。这是昆钢 2000m³ 高炉历经整整一代炉役，在生产实践中总结出来的宝贵经验教训，应该被后人铭记。

除了十字测温装置的监控，判断高炉煤气流分布是否合适的一个重要标准就是看是否有利于形成和维护合理的操作炉型，比如炉体各层的热电偶温度是否合适，各个部位的热流强度是否合理，高炉炉墙是否干净，中部的渣皮是否稳定等。作者经常听到高炉操作者说炉子受风不好、炉温波动大、渣皮不稳。其背后的道理是渣皮薄的时候比较容易维持稳定，只有过厚了才会不稳定，所以应对措施还是要防止中部炉墙结厚，维护合理的操作炉型。除了保持适当的边缘气流之外，一定要盯死中部炉墙的热流参数，保持动态平衡。宝钢的经验是渣皮厚度一旦超过 100mm 就会不稳，最合适的渣皮厚度是 50mm 左右。这就需要合适的边缘气流与合适的冷却强度之间形成动态平衡，能不能做到，那就要看操作者的管控水平了。这与其说是操作问题，不如说是管理问题更为贴切。每次停炉以后，昆钢高炉的料面上都可以看到大量的渣皮脱落物，其厚度大多数达到 500mm 左右，有的甚至达到 1000mm，可以看出昆钢对高炉操作炉型的维护与管理，失于管控已经不是一天两天的了，这样的高炉，想要进一步提高顺行的质量和水平是很难的。

12. 6 不同的煤气流分布对应不同的结果

马钢 4000m³ 高炉煤气流分布调整情况如图 12-2 所示。

从图 12-2 可以看出，最下边的一条曲线，边缘煤气温度是平的，没有像基围虾的尾巴一样翘起来，炉子总是感到不舒服，所以马钢开始逐步疏松边缘。采取疏松边缘的措施以后，马钢 4000m³ 高炉边缘煤气温度的"翘尾效应"逐步显现，炉喉钢砖温度也呈现出逐步上升的趋势，高炉的顺行状况明显改善，取得了增产降耗的较好效果。这样的结果和大多数人原来想象的不一样。大家总会认为疏松边缘必然会导致燃料比上升，这就是典型的钟式炉顶思维模式。其实对大型

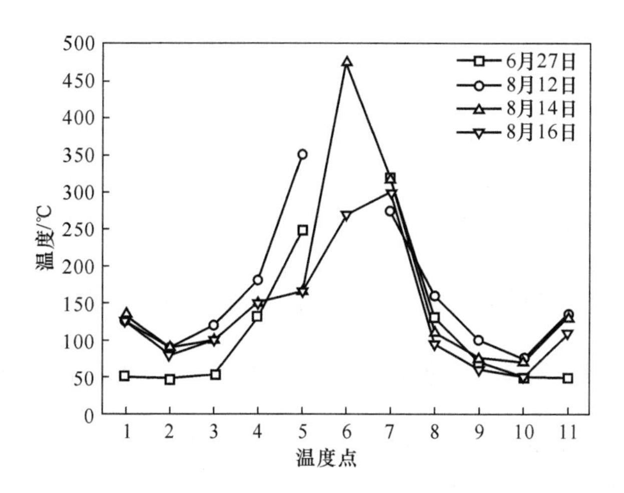

图 12-2 马钢 4000m³ 高炉煤气流分布调整情况

高炉而言，维持炉况稳定顺行是第一位的，只有炉况稳定顺行了，才有条件去追求更好的技术经济指标。这个时候调整布料矩阵疏松边缘，主要目的是为了纠正不合理的矿焦负荷分布，改善煤气和矿石的接触条件，所以并不一定就会导致燃料比的大幅度上升。

12.7 关于中心加焦模式的探讨

无料钟炉顶高炉布料的方式主要有“平台+漏斗”和“中心加焦”两种模式，总的来说昆钢更适合采用“中心加焦”模式，理由就不再赘述了。如果合理操作炉型的维护取得了新的进步，同时原燃料综合质量又取得了新的改善，那么昆钢是完全有可能逐步降低中心加焦的比例，乃至最终取消中心加焦，并进一步提高煤气利用率的。当然，笔者还是坚持自己的观点，布料模式的调整，就像画龙点睛一样，龙的身子就是原燃料综合质量与操作炉型的维护。有了这样一个龙身子，再画上眼睛，龙就可以飞起来了。反之，龙身子的问题得不到解决，就拿着龙眼睛描来画去，是不会起多大作用的。

宝钢炼铁专家认为国内大型高炉操作管理方面存在的主要问题是操作理念相对滞后，对高炉合理煤气流分布认识不足，片面地认为只要保证中心气流、只要吹活炉缸就行了。对此，作者的认识是，对于大高炉和无料钟炉顶高炉而言，一定要打破钟式炉顶所固有的思维模式，一定要把合理操作炉型的维护管理与高炉体检工作有机结合起来。只有这样才能长治久安，才能不断提升高炉顺行的质量和水平。

参考文献

[1] 朱仁良. 宝钢大型高炉操作与管理 [M]. 北京：冶金工业出版社，2018.
[2] 周传典. 高炉炼铁生产技术手册 [M]. 北京：冶金工业出版社，2003.
[3] 仇友金，马杰全，王强. 昆钢 2500m^3 高炉低燃料比生产实践 [J]. 昆钢科技，2016，4：25~30.
[4] 贺压柱，仇友金，麻德铭. 炉腹煤气指数在昆钢 2500m^3 高炉的应用 [J]. 昆钢科技，2016，5：5~9.
[5] 卢郑汀，张志明，李淼. 昆钢 2500m^3 高炉炉型维护探索 [J]. 昆钢科技，2017，2：21~28.
[6] 王楠，张品贵. 昆钢 2500m^3 高炉炉墙结厚处理实践 [J]. 昆钢科技，2016，5：13~17.
[7] 张品贵，李晓东. 昆钢 2500m^3 高炉失常炉况的处理 [J]. 昆钢科技，2019，1：1~6.
[8] 杨雪峰. 昆钢 2000m^3 高炉开炉达产实践 [J]. 炼铁，2000(5)：9~13.
[9] 杨光景，杨武态，杨雪峰. 昆钢 2000m^3 高炉十年生产技术进步 [J]. 昆钢科技，2008(S)：1~6.

13 关于高炉六大操作制度

传统炼铁学一般认为高炉有“四大操作制度”，即热制度、造渣制度、送风制度和装料制度[1~4]。随着高炉的大型化以及炼铁技术的发展和进步，人们越来越感受到传统的四大操作制度很难涵盖和抓住高炉大型化历程中由于量变的积累而造成质的层面出现的一些新变化和新特点。鉴于此，作者建议在传统四大操作制度的基础上，将高炉煤气流合理分布与高炉操作炉型的管理提升到基本操作制度的高度来认识和对待，合称为高炉“六大操作制度”。

13.1 送风制度

关于高炉的送风制度，和传统认识一致的部分此处尽量不讲，此处结合昆钢高炉大型化的历程，尽量讲一些对这个问题发展和变化部分的思考。

13.1.1 高炉炉缸活跃性的评价

对于高炉炉缸活跃性的评价，一是缺乏统一、适用的标准；二是各个企业形成了诸多各具特色的经验公式或者是“土办法”。参照日本大型高炉的经验，业界普遍接受的观点是，当高炉风口回旋区的截面积占炉缸横截面积的50%左右时，高炉炉缸工作最活跃，高炉各项技术经济指标达到最佳状态[1~4]。新的问题随之产生，怎么测定高炉风口回旋区的长度？动态实测太麻烦，可操作性很差，经验公式又不一定适合每一家高炉的具体情况。这个时候人们很自然地会想到建立鼓风动能与风口回旋区直径之间联系的办法。但到目前为止，仍然未出现权威且实用的计算公式。作者倾向于采用炉缸焦炭死料柱的中心温度高低评估炉缸工作活跃程度的方法，其中涵盖了鼓风动能大小、理论燃烧温度高低、渣铁滞留量多少以及构成死料柱焦炭的质量好坏等诸多因素。

13.1.2 风口回旋区曲率半径的计算

成兰伯主编的《高炉炼铁工艺及计算》一书中给出了风口回旋区曲率半径与鼓风动能之间的计算公式[1]：

$$\rho = \frac{2(E + KA)}{q} \tag{13-1}$$

式中，ρ 为风口回旋区曲率半径；q 为料柱作用于风口回旋区单位表面的正压力；E 为鼓风动能；A 为炭素燃烧反应时的膨胀功；K 为膨胀功作用于风口回旋区的比例系数。

式（13-1）有两大特点，一是增加了理论燃烧温度对风口回旋区大小贡献的考量；二是考虑了整个料柱作用于风口回旋区表面的反向作用力。存在的主要问题是，对整个料柱作用于回旋区表面的反向作用力大小与原燃料质量之间关系的解析太过复杂，得出的结论对高炉生产操作的指导性不强。

受《高炉炼铁工艺及计算》中风口回旋区曲率半径计算公式的启发，作者认为高炉风口回旋区的大小取决于内因和外因综合作用的结果。内因主要是指高炉鼓风动能的大小（包括风口炭素燃烧作用于推动回旋区扩张的那部分能量）；外因则是指炉缸焦炭死料柱作用于回旋区表面的阻力，计为 F。于是，高炉风口回旋区曲率半径的表达式可以描述为：

$$\rho = \frac{2(E + KA)}{F} \tag{13-2}$$

式中，ρ 为风口回旋区曲率半径；F 为炉缸焦炭死料柱作用于回旋区表面的阻力；E 为鼓风动能；A 为炭素燃烧反应时的膨胀功；K 为膨胀功作用于风口回旋区的比例系数。

式（13-2）的物理意义可以描述为，风口回旋区的大小取决于鼓风动能和炭素燃烧所做的有效功，以及炉缸焦炭死料柱对风口回旋区的阻力。要维持风口回旋区的合理深度，不仅要有足够的鼓风动能，而且还要求焦炭质量与高炉冶炼强度相匹配，即炉缸焦炭死料柱的透气性与透液性适宜。

13.1.3 对昆钢 2500m^3 高炉适宜鼓风动能的研判

新区 2500m^3 高炉是昆钢最大的高炉，也是昆钢强化冶炼水平最高的高炉。受诸多因素影响，该高炉曾经长期堵 1~2 个风口维持生产，理由是风口设计过多，全开风口容易导致炉况不顺[5,6]。作者通过高炉的综合冶炼强度对实际入炉风量进行了计算，发现高炉的实际入炉风量为 1100m^3/t 左右，据此计算出高炉的鼓风动能已经达到 19000kg · m/s 左右。如此高的鼓风动能，为什么高炉操作者还总是担心炉缸中心不够活跃呢？进一步调查研究发现，在停炉清理炉缸的过程中，炉缸侧壁的渣铁黏结物厚度超过 500mm，炉缸设计直径为 11.4m，而铁口区域的实际工作直径只有不到 10m，整个炉缸看不出有丝毫的铁水环流和中心堆积的迹象。由此可见，造成昆钢 2500m^3 高炉炉缸工作不够活跃的主要矛盾不是内因，而是外因，即不是鼓风动能不足，而是中等水平的焦炭质量还无法满足全国最高冶炼强度的内在要求。实践证明这种判断是基本合理的。通过开展提升焦炭质量攻关，昆钢 2500m^3 高炉一度实现了全风口作业，高炉冶炼水平又迈上了新的台阶。

13.2 装料制度

关于高炉的装料制度，作者重点想谈谈对无料钟炉顶布料方程的理解和认识，供业界同行参考。

13.2.1 无料钟炉顶的布料方程

无料钟炉顶通过旋转溜槽按一定倾角将炉料均匀地洒落在炉内，通过控制高炉径向不同位置的矿焦比，达到控制煤气流合理分布的目的。无料钟炉顶布料的技术核心在于控制炉料在高炉径向上的落点，布料方程为[1,2]：

$$n = \sqrt{l_0^2\sin^2\alpha + 2l_0\sin\alpha L_x + \left(1 + \frac{4\pi^2\omega^2 l_0^2}{c_1^2}\right) L_x^2} \tag{13-3}$$

$$L_x = \frac{1}{g}c_1^2\sin^2\alpha\left\{\sqrt{\cot^2\alpha + \frac{2g}{c_1^2\sin^2\alpha}[l_0(1 - \cos\alpha) + h]} - \cot\alpha\right\} \tag{13-4}$$

$$c_1 = \sqrt{2g(\cos\alpha - \mu\sin\alpha) + 4\pi^2\omega^2\sin\alpha(\sin\alpha + \mu\cos\alpha)l_0^2 + c_0^2} \tag{13-5}$$

式中，n 为炉料堆尖至炉中心的水平距离，m；l_0 为溜槽长度，m；α 为溜槽角度，(°)；L_x 为炉料堆尖距溜槽末端的水平距离，m；ω 为溜槽转速，r/s；c_1 为炉料在溜槽末端的速度，m/s；g 为重力加速度，m/s^2；h 为料线深度，m；μ 为摩擦系数；c_0 为炉料进入溜槽的初速度，一般为 0.2~0.6m/s。

式（13-3）~式（13-5）主要存在两个方面的问题：

（1）不同高炉旋转溜槽与中心喉管之间的位置尺寸关系不一样，一般当溜槽倾角低于 13°以后，炉料就不与溜槽接触而直接落入炉内，上述公式没有考虑这种情况。

（2）要计算炉料离开溜槽时的初速度非常困难，不得已对炉料从中心喉管进入旋转溜槽的速度以及炉料与溜槽的摩擦系数取经验值，这也在一定程度上影响了计算的准确性。

13.2.2 炉料离开溜槽以后的运动状态

忽略煤气的浮力，炉料离开溜槽以后只受到一个垂直向下的重力的作用。根据牛顿第一、第二运动定律，炉料在水平方向做匀速直线运动，位移表达公式为式（13-6）；炉料在垂直方向做垂直下抛运动，位移表达式为式（13-7）。

$$s = v_{ox} \cdot t \tag{13-6}$$

$$h = v_{oy} \cdot t + \frac{1}{2}gt^2 \tag{13-7}$$

由此可见，只要知道了炉料跌落的运行时间，以及炉料离开溜槽时在水平方向和垂直方向的初速度 v_{ox} 和 v_{oy}，计算炉料的水平落点就比较容易了。炉料离开溜槽的初速度，一方面可以用式 13-5 计算出 c_1，再将 c_1 分解为水平方向和垂直方向的初速度就可得到 v_{ox} 和 v_{oy} 的具体数值，另一方面可以在开炉布料实测环节测定不同挡位不同料线高度条件下炉料的实际落点和运行时间，然后利用式（13-7）进行反算求得。两种方法相互补充、相互验证，即可保证计算结果相对准确。得到炉料离开溜槽时垂直方向的初速度以后，根据式（13-7）即可计算出炉料跌落的运行时间 t，然后再利用式（13-6）就可以计算出炉料在不同料线高度下的水平落点。

13.2.3 布料实测的工作重点

一般新高炉在开炉之前都会进行布料实测，除了需要测定旋转溜槽与中心喉管之间的位置尺寸关系以及其他常规项目以外，根据我们对炉料运动的分解，应该把实测的重点放在炉料水平落点和垂直运行时间上，所设计的布料实测方案要有利于这两项指标的准确测定。最新的布料实测技术已经可以通过激光网格坐标标定炉料的运动轨迹，在这种条件下要标定炉料的落点和运行时间就比较简单了。通过实测数据可以准确计算出不同倾角条件下炉料离开溜槽时的初速度以及相应的运行时间，这样要计算溜槽各挡位深空料条件下或不同料线高度下炉料的水平落点就比较容易了。

13.2.4 对昆钢 2000m³ 高炉布料规律的理解与应用

作者曾经参加过昆钢 2000m³ 高炉开炉布料实测工作，通过实测数据，结合布料方程计算结果，在生产实践中提出了如下调整方案：

（1）实测发现当溜槽倾角小于一定数值时，炉料就会不和溜槽接触而直接进入炉内，根据实测结果反算炉料的初速度以及炉料与溜槽的摩擦系数，再用布料方程进行计算，最终决定将溜槽第 1 挡由 8°改为 10°。

（2）按照校正以后的初速度和摩擦系数进行推算，发现溜槽的深空料补偿角度不够，容易造成边缘过重和炉墙结厚，因此建议深空料赶料过程中应采用适当疏松边缘的布料矩阵[7,8]。

（3）高炉使用溜槽第 1 挡位进行中心加焦，由于炉料不与溜槽接触，因此在计算平均布焦角度时，第 1 挡位按 0°进行计算，这样得出的结果才具有可比性。

13.3 热制度

关于高炉的热制度，昆钢的大部分认识都和业界同行一致，作者重点想把昆钢 1350m³ 高炉开展“超低［Si］冶炼试验”的情况跟大家做一个分享。

13.3.1 红钢 1350m³高炉铁水［Si］含量低于其他高炉

以 2017 年 10 月份的数据为例，红钢 1350m³ 高炉热制度关键指标控制水平与本部 2000m³ 高炉和新区 2500m³ 高炉的比对情况见表 13-1。

表 13-1 1350m³ 高炉热制度指标与 2000m³ 和 2500m³ 高炉的对比

项目	Si/%	Mn/%	V/%	Ti/%	PT/℃
本部 2000m³ 高炉	0.340	0.479	0.062	0.106	1453.00
新区 2500m³ 高炉	0.326	0.403	0.062	0.140	1465.00
红钢 1350m³ 高炉	0.276	1.106	0.098	0.134	1466.00
红钢对比本部	-0.064	+0.627	+0.036	+0.028	+13.00
红钢对比新区	-0.050	+0.703	+0.036	-0.006	+1.00

从表 13-1 可以看出：

（1）红钢 1350m³ 高炉的铁水［Si］含量平均值为 0.276%，比本部 2000m³ 高炉低 0.064%，比新区 2500m³ 高炉低 0.05%。

（2）红钢 1350m³ 高炉的铁水［Si］含量偏低，但铁水温度并不低，分别比本部 2000m³ 高炉高 13℃，比新区 2500m³ 高炉高 1℃，表明红钢 1350m³ 高炉的铁水［Si］含量偏低的主要原因并非是铁水温度不足所导致。

13.3.2 红钢 1350m³ 高炉铁水［Si］含量偏低的原因分析

众所周知，高炉内的［Si］是在滴落带还原以后进入生铁当中的，到风口带以后，铁水中的［Si］又被渣中的金属氧化物氧化成 SiO_2 进入炉渣，最终保留在铁水中的［Si］只有风口带的 25%~50%左右。红钢高炉炉内的［Si］还原是进行得比较充分的，这可以从红钢高炉铁水中的［Ti］含量高于本部并且接近新区的这一事实中得到验证，因为［Ti］还原的热量是［Si］的 2 倍。排除了还原不充分的影响，可以推断红钢高炉铁水［Si］相对较低的原因是铁水穿过风口带和渣层的氧化作用较本部和新区要强所致。由于红钢烧结常年配加 50%以上的越南贵沙矿，铁水中［Mn］含量高达 1.11%，是本部的 2.32 倍，是新区的 2.75 倍，渣中的 MnO 高达 2%~3%，渣中 MnO 对生铁中［Si］的氧化能力要远远高于其他金属氧化物，这是导致红钢高炉铁水［Si］含量偏低的主要原因[9]。在炉温下行期间，一方面［Si］还原受到抑制，另一方面炉缸渣中（MnO）迅速上升，导致脱［Si］能力显著提高，所以就会发生铁水温度还在 1420℃以上，而铁水［Si］含量已经下降到 0.02%的“奇异现象”发生。同样的，在炉温上行期间，虽然［Si］的还原开始改善，但炉缸整体热量回升还需要一个过程，炉缸渣线上（MnO）仍然相对较高，这时就会出现铁水温度已经明显回升，而铁水中[Si]含量仍然起不来的现象，甚至会发生铁水[Si]含量只有0.11%，而铁水温度已经高达1455℃的“另类现象”。总体来看，红钢高炉铁水[Si]含量具有降得快、起得慢的特点，在日常操作中要特别注意这一点。

13.3.3 开展红钢1350m³高炉“超低[Si]冶炼试验”

在排除了分析检验误差以及铁水温度不足的顾虑之后，我们决定利用红钢1350m³高炉大比例使用越南贵沙矿的机会，开展一次“超低[Si]冶炼试验”。目标是在充分掌握越南贵沙矿冶炼规律的基础上，在铁水温度满足高炉冶炼要求的条件下，将红钢1350m³高炉的铁水月平均[Si]含量降低到0.2%以内。采取的主要措施是在保持炉况稳定顺行的前提下，千方百计降低[Si]及铁水温度标准偏差，在[Si]及铁水温度标准偏差明显降低以后，再逐步降低铁水[Si]含量的平均值。红钢1350m³高炉“超低[Si]冶炼试验”的试验期确定为2018年1季度，试验期高炉铁水[Si]含量、铁水温度及其标准偏差比对表见表13-2。

表13-2 铁水[Si]含量、温度及其标准偏差比对

时间		[Si]含量/%	[Si]标准偏差/%	PT/℃	PT标差/℃
准备期	2017年10月	0.28	0.15	1466	19.66
	2017年11月	0.25	0.21	1465	18.17
	2017年12月	0.28	0.23	1456	16.29
试验期	2018年1月	0.18	0.15	1448	14.27
	2018年2月	0.19	0.13	1445	11.09
	2018年3月	0.20	0.12	1439	15.85

从表13-2可以看出：红钢1350m³高炉“超低[Si]冶炼试验”取得了圆满成功，试验期连续三个月铁水[Si]含量的平均值均未超过0.2%。红钢1350m³高炉“超低[Si]冶炼试验”的成功，得益于对越南贵沙矿冶炼规律的掌握，得益于高炉稳定顺行质量的改善，得益于铁水[Si]标准偏差及铁水温度标准偏差的持续改进。

13.4 造渣制度

人们一般习惯于将高炉内的造渣过程分为“初渣”和“终渣”。作者建议在两者之间再增加一个阶段，即从滴落开始到最终进入炉缸的这个过程定义为“中间渣”。

13.4.1　初渣

初渣主要在炉身下部和炉腰处生成，其大多数是一种渣铁不分的软熔混合体，透气性和流动性都很差，主要靠软熔带中的焦窗维持高炉透气。研究表明，焦炭的透气性是矿石的13倍，是软熔层的52倍[1,2]。与烧结工艺一样，初渣在软熔之前首先发生的是“固相反应”，生成诸如铁橄榄石（$2FeO \cdot SiO_2$）之类的低熔点化合物。这些低熔点化合物再与FeO等生成共晶固溶体，熔点进一步降低。随着炉料下降和温度升高，这些软熔混合物逐步成为液相，同时在直接还原和间接还原的共同作用下，金属铁也逐步从液相混合物中单独分离出来，完成最初的造渣过程。

13.4.2　中间渣

从滴落开始到成为“终渣”，炉渣的物理性能和化学性能都会发生巨大变化，不把“中间渣”阶段独立出来，炉渣性能的转变就很难说清楚。首钢试验高炉的解剖结果表明，初渣的碱度高达1.4~1.5倍，FeO含量高达30%~40%，Al_2O_3含量只有3%~5%[4]。首钢试验高炉解剖炉渣成分分析见表13-3。中间渣在滴落过程中，FeO被逐步还原成为金属铁，SiO_2和Al_2O_3含量在风口回旋区煤焦燃烧造渣之后大幅度上升，并最终接近终渣的水平。中间渣化学成分的这种剧烈变化，也必将导致其性能发生巨变。

表13-3　首钢试验高炉解剖炉渣成分分析

取样位置		CaO/%	SiO_2/%	MgO/%	FeO/%	Al_2O_3/%	S/%	R/倍
炉腹	1层	17.97	12.45	5.49	40.12	3.25	0.47	1.44
	2层	23.53	16.21	6.91	37.55	3.90	0.46	1.45
	3层	25.79	21.59	9.72	31.42	4.46	0.69	1.20
炉缸	1层	29.35	20.37	16.31	4.96	7.09	0.92	1.44
	2层	36.37	23.33	8.51	1.80	13.33	0.98	1.56
	3层	41.97	29.32	11.0	0.65	13.18	0.99	1.42

最开始的成渣过程与烧结工艺类似，发端于固相反应的进行以及高FeO低熔点软熔物的生成；碱度高达1.4~1.5倍的中间渣之所以能够顺利流动并滴落，得益于高FeO含量对炉渣流动性的帮助，这个时候的炉渣其实不太像高炉渣，而更接近于转炉渣；在最终完成了风口回旋区部分元素的氧化以及煤焦灰分的造渣之后，高炉渣才变成了最终的样子。所以高炉的造渣制度如果只研究终渣的物理化学性能，是远远不够的。

13.4.3 终渣

炉渣在穿过风口回旋区之后，一般就认为它已经成为了终渣。终渣的物理性能和化学性能都相对稳定。对终渣的研究主要集中于炉渣黏度和熔化性温度这两项指标。但这存在一个问题，无论是黏度还是熔化性温度指标，都是在自由流动状态下测定的，这与炉渣在炉内的实际工况差距较大。实际工况条件下，炉渣在焦炭死料柱中缓慢穿行，既有纵向的流动，也有横向的转移。研究表明在这样的工况条件下，如果用炉渣流经炉缸焦炭死料柱的阻力损失评价炉缸活跃程度的话，结论就完全不一样了：炉渣黏度的微小变化，都会对其在死料柱中的阻力损失产生较大影响，也就是说炉渣黏度在一定范围内波动，虽然不会影响其自由流动，但是对炉缸活跃性的影响却不容忽视。加之高炉在休复风过程中，高炉炉缸温度场会发生巨变，这种叠加效应势必对高炉炉缸工作状态造成更大影响。所以我们不能因为高炉终渣的熔化性温度远低于1500℃的炉缸工作温度，就轻易下结论说炉渣的流动性与稳定性都没有问题。

13.4.4 关于高炉炉缸堆积的探讨

作者一直倾向于采用炉缸焦炭死料柱的中心温度来评价高炉炉缸的中心活跃程度，因为这个位置很有可能是炉缸温度场中的最低点。如果流动性相对较差的炉渣在这个位置还能保持自由流动，则可以认为高炉炉缸中心是活跃的。这也是渣铁滞留量能够在一定程度上反映炉缸工作活跃程度的原因。作者在研判昆钢2500m^{3}高炉炉缸活跃程度的过程中，就利用高炉停炉清理炉缸焦炭的契机，专门采样进行了分析检测，结果发现死料柱焦炭床层中的渣铁滞留量很少，表明炉缸中心的活跃程度是有保证的。

关于高炉炉缸的边缘堆积，很多专业书籍都是语焉不详。作者认为高炉风口频繁烧坏大多与此有关。首钢对试验高炉的解剖研究结果表明，在风口回旋区的下方和前底部，存在一个碎焦和渣铁焦混合物的堆积层，这种堆积层的渗透性很差[4]。作者认为这就是产生高炉炉缸边缘堆积的主要原因，当焦炭质量突然变差，或者是炉温骤然降低时，这个薄弱环节的矛盾就会暴露出来，表现为风口涌渣、灌渣乃至烧损。这个位置之所以容易发生堆积，存在一定的合理性和必然性。首先是风口回旋区的底部和前底部是焦炭运动速度差异最大的区域，这种速差对焦炭的破碎和磨剥作用非常强，容易产生碎焦和焦粉的聚集。其次是该区域的纵向和径向温度梯度都很大，纵向上由于这些碎焦不发生燃烧，温度也远远低于回旋区中心焦点，刚好处于一个“灯下黑”的死区，径向上由于靠近风口小套和炉缸侧壁，冷却水带走的热量比较多，容易产生较大的温度梯度。最后是大部分煤焦灰分在这个区域参与造渣，炉渣的性能在这个区域会发生剧烈改变，其化学稳定性和温度稳定性都会受到影响。

13.5 合理煤气流分布制度

高炉煤气流分布的控制历来受到高炉工作者的高度重视。传统的炼铁学一般都把高炉炉况失常分为两大类，即炉温失常与煤气流分布失常。其实炉温的失常也在很大程度上与煤气流的分布失常有关。由此可见，煤气流的分布与控制是高炉日常操作调剂的核心内容。作者之所以建议把合理煤气流的分布控制提升到基本操作制度的层面加以重视，是因为在高炉大型化及技术进步的历程中，出现了一些新情况和新问题，而这些问题大多和煤气流的分布与控制有关。同时，加强对煤气流分布的调剂与控制，是高炉操作理念的一次巨大转变。任何炉况失常，其实最早都发端于煤气流分布的失常，如果能在煤气流失常出现蛛丝马迹的时候就进行调剂和校正，那就能在第一时间将炉况失常消灭在萌芽状态，达到防患于未然的目的。综上所述，把高炉合理煤气流分布与控制提升到基本操作制度的层面，其实更有利于我国高炉大型化和现代化技术的成熟与稳定。具体内容因为前面已经安排了专门的章节进行研讨，在此就不再赘述了。

13.6 合理操作炉型管理制度

宝钢的朱仁良老师在他的《宝钢大型高炉操作与管理》一书中，专门安排了一个章节对高炉操作炉型管理问题进行了探讨[3]。作者认为这会成为我国高炉大型化和现代化历程中的一件标志性的事件。因为它表明，关于高炉操作炉型的维护与管理，不仅仅是昆钢高炉大型化过程中碰到的问题，也是业界同仁所面临的共性问题，把这个问题解决好了，我国的高炉炼铁技术还将取得新的进步和发展。因为前面已经安排了专门的章节讨论这个问题，所以在这个部分，作者想重点聚焦 Zn 的黏结问题。

(1) 要更加关注 Zn 黏结问题。昆钢 2000m^3、2500m^3 高炉的炉墙黏结物取样分析均表明，其 Zn 含量远远超过 K、Na、Pb 等其他有害元素，Zn 的循环富集在大型高炉炉墙黏结过程中扮演了黏结剂和催化剂的重要角色[5~8]。而真正把这个问题说清楚并办成铁案的是宝钢的炼铁工作者。尽管宝钢的入炉有害元素含量控制得非常严格，但宝钢高炉在维护合理操作炉型的过程中也多次吃过 Zn 黏结的亏，结合日本大型高炉的实践经验，宝钢炼铁工作者很早就锁定了 Zn 这个首恶元凶。

(2) Zn 黏结重点发生在两个区域。众所周知，Zn 在高炉内会发生循环富集。最容易发生 Zn 沉降黏结的是 500℃ 和 900℃ 两个温度区间，分别对应于高炉炉身上部和下部。这与炉内的温度分布是密切相关的。在高炉炉身中部，由于炉料和煤气的水当量比较接近，二者的热交换非常缓慢，被称为热交换的“空区”。而在炉身上部和炉身下部区域，炉料与煤气的水当量开始拉开差距，形成一个“剪刀口”，热交换比较剧烈，这为 Zn 的沉降黏结创造了有利条件。

（3）Zn 黏结不需要液相产生。根据昆钢高炉炉墙黏结物的分析检测结果，Zn 黏结物既可以裹附少量炉料粉末，也可以单独层层叠加发展为黏结体。这与传统炼铁学中对结瘤体是熔融炉料重新冷却后形成的黏结物的认识有很大差别。形成机理不同，应对处理措施自然也有所差别。

（4）Zn 黏结物的形成机理。根据对昆钢高炉炉墙黏结物的观察和分析检测，作者发现 Zn 黏结物瘤体断面上有很清晰的“年轮状结构”，表明 Zn 黏结物是在“气相沉积+固相反应”的综合作用下，一层层逐步“烧结”而成的。过程中会裹附极其细小的炉料粉末，也会发生 Zn→ZnO 的转化。

$$ZnO + C \xlongequal{} CO_{(g)} + Zn_{(g)} \tag{13-8}$$

由于式（13-8）为吸热反应，因此温度降低不利于反应正向进行。研究表明，温度超过 900℃ 以后式（13-8）主要为正向进行，当温度低于 600℃，式（13-8）主要为逆向进行。

（5）炉身下部渣皮不稳宜发展边缘气流。根据作者长期对昆钢 2000m³、2500m³ 高炉炉墙黏结的跟踪研究，高炉炉身下部炉墙结厚首先发端于 Zn 的黏结。因为这个区域刚好是 Zn 蒸气循环富集的上部沉降点，式（13-8）处于可正可反的可逆反应状态。同时因为炉料和煤气水当量差距比较大，煤气和炉料的热交换比较激烈，非常有利于经过循环富集的 Zn 蒸气在此凝结沉降。Zn 黏结物只有在长期得不到有效治理，蔓延扩散到一定程度之后，才会逐步与炉腰炉腹的熔融黏结物连接为一体。因此治理炉身下部的炉墙结厚，一定要赶在 Zn 质瘤没有转化为铁质瘤的阶段进行。适当发展边缘气流和降低冷却强度，促使式（13-8）正向进行，将 ZnO 沉积物还原为气态 Zn 蒸气，这样黏结物就比较容易脱落。

宝钢在应对中部炉墙结厚方面总结出来的经验是，当发生“渣皮不稳”的现象时，基本就可以确诊为边缘气流不足，应当果断采取发展边缘气流的措施。其他企业在遇到类似情况之时，由于经验不足，往往难以下决心进行处理，时间长了反而容易造成更大的损失。

（6）炉身上部黏结宜降料面处理。根据昆钢 2500m³ 高炉的生产实践经验，当高炉发生炉身上部黏结时，可以组织洒水降料面并休风，利用休风后炉体冷却壁壁体温度变化的热胀冷缩应力，使黏结物和炉墙发生分离脱落[5,6]。作者认为热胀冷缩产生的热应力是导致炉墙黏结物发生脱落的一个原因，但并非主要原因。前已述及，600℃以下的温度区间刚好位于高炉炉身上部，从循环富集区逃逸出来的 Zn 很容易在此二次沉降凝结。此时的沉降物大部分是 ZnO，熔点高达 2300℃，单纯的热洗炉很难将其彻底清除。比较可行的方案是提高温度，提升边缘气流的还原性，促使式（13-8）正向进行，把 ZnO 还原为单质金属 Zn，使得黏结物的黏结强度降低而自行脱落。在洒水降料面的过程中，结厚部位的温度很容易上升到 800℃ 以上，加之煤气中 CO 浓度也大幅度上升，完全有条件发生 ZnO→Zn 的转化。

参 考 文 献

[1] 成兰伯．高炉炼铁工艺技术手册［M］．北京：冶金工业出版社，1991.
[2] 周传典．高炉炼铁生产技术手册［M］．北京：冶金工业出版社，2003.
[3] 朱仁良．宝钢大型高炉操作与管理［M］．北京：冶金工业出版社，2018.
[4] 安朝俊．首钢炼铁三十年［M］．北京：首都钢铁公司，1983.
[5] 马杰全，李淼．昆钢 2500m^3 高炉提高产能生产实践［J］．昆钢科技，2019，3：1~5.
[6] 卢郑汀，张志明，李淼．昆钢 2500m^3 高炉炉型维护探索［J］．昆钢科技，2017，2：21~28.
[7] 杨雪峰．昆钢 2000m^3 高炉开炉达产实践［J］．炼铁，2000，5(19)：36~41.
[8] 杨光景，杨武态，杨雪峰．昆钢 2000m^3 高炉十年生产技术进步［J］．昆钢科技，2008(S)：1~6.
[9] 杨凯．红钢 3#高炉强化冶炼的生产实践［J］．昆钢科技，2019，5：9~13.

14　辩证法和中医思想在高炉上的应用

14.1　辩证法思想在高炉上的应用

14.1.1　高炉生产的任务与矛盾

高炉冶炼的目的是在单位时间内，用最低的燃料消耗生产出最多的优质铁水[1]。这个目的可以用高炉利用系数的表达式进行具体描述。

$$\text{利用系数}=\frac{\text{综合冶炼强度}}{\text{燃料比}} \tag{14-1}$$

式（14-1）反映了高炉冶炼最重要的基本规律，即在高炉有效容积一定的条件下，要提高高炉的产量，必须两条腿走路，既要千方百计地提高综合冶炼强度，又要千方百计地降低高炉的燃料比。复杂的高炉生产过程中存在很多矛盾[1]，如炉料下降和煤气上升之间的矛盾、边缘气流和中心气流之间的矛盾、强化冶炼与高炉长寿之间的矛盾等。在这些错综复杂的矛盾中，对高炉生产全过程而言，主要矛盾是炉料下降与煤气流上升之间的矛盾，通俗地讲，也就是风量和炉料之间的矛盾。

14.1.2　风量与炉料的对立统一

主要矛盾的两个对立方面，即煤气流上升与炉料下降之间是相互排斥、相互对立的，上升煤气流对炉料产生浮力作用，下降炉料对煤气流产生阻力作用。同时，风量和炉料双方又处于统一体中：没有炉料炼不出铁，没有风同样也炼不出铁[1]。当风量和炉料的透气性相适应时，风量是最活跃的因素，提高风量增加产量，成为生产矛盾的主要方面，处于主导地位。当风量与炉料透气性不相适应时，则炉料由次要方面上升为主要方面，处于主导地位，必须想办法提升精料水平，以进一步提高高炉产量。高炉工作者正是在不断研究解决上升煤气流和下降炉料之间矛盾的过程中，推动了高炉炼铁事业的发展和进步[1]。

14.1.3　主要矛盾主要方面的转化

矛盾的主要方面和次要方面不是固定不变的，它们在一定条件下可以相互转化[1]。两条腿走路并不意味着齐头并进，反而是一条腿在前另一条腿在后才能迈开步子前进。在一定时期内哪条腿在前，哪条腿在后，必须从实际出发，具体问题具体分析。

14.2 中医诊疗思想在高炉上的应用

14.2.1 高炉冶炼与人体运行的天然联系

在大学，老师在讲高炉炉体结构时就指出，高炉的结构与人体结构很相似，也有炉喉、炉身、炉腰、炉腹和炉缸，而风机就是高炉的心脏，中控室就相当于高炉的大脑。在讲高炉炉况的分析诊断部分的内容时，老师又说就像人吃五谷杂粮会得病一样，高炉也会生病，高炉操作管理者应像老中医一样，通过“望、闻、问、切”等手段诊断炉况，确诊以后通过各种处方处理和调剂炉况。同时高炉的运行也像人体一样，存在新陈代谢活动，即同样存在从吃东西、消化吸收再到物料排放的这样一个过程。高炉内的固、气、液三相，就像人体内的精、气、血一样，通过相互作用和转化，推动高炉的正常运行。

参加工作以后，我更是切身感受到，高炉冶炼就像一套非常复杂的物理化学体系在一个“黑匣子”中运行，看不见、摸不着。要操作好高炉，必须完成学校书本知识到高炉现场知识的二次转化，同时还要将现场老师傅们的实际操作经验提炼总结为理论层面的知识，做到举一反三、融会贯通。这也很像中医的临床实习，拿着《黄帝内经》并不能直接看病，还得把《黄帝内经》里边的内容和“望、闻、问、切”的具体感受以及实践经验结合起来，总结出一套属于自己的语言体系，才能真正解决问题。

再后来，高炉的诊疗体系就逐步发展到了对高炉专家系统的构建阶段了。日本最早的专家系统被称为高炉炉况诊疗系统，可见，把高炉比作人体一样就行诊疗，并非中国独家。高炉专家系统的基础来自各种基础数据的采集和比较分析，后来马钢把这一部分工作称为“高炉体检”，提倡在体检的基础上再进行治疗。在获取大量体检信息之后，高炉操作人员的经验才能与软件编制人员智慧有机结合，开发出真正高效适用的高炉专家系统。

宝钢的朱仁良老师在系统总结了宝钢高炉技术进步经验的基础上，推出了《宝钢大型高炉操作与管理》一书，可以说是国内炼铁技术发展的最新成果。值得关注的是，朱仁良老师在“操作”后边加上了“管理”二字。随着高炉的大型化和技术进步，高炉的日常操作变得越来越标准化，高炉的综合管理日益重要。管理的最高境界，莫过于对人的管理。高炉工作者的精力逐步从日常操作转移到综合管理上，这是炼铁技术发展的必然趋势，而不再把高炉当做设备与工具看，把它当做人一样来对待，则是炼铁工作者思想层面的一次解放和提升。

14.2.2 中医阴阳五行思想在高炉上的应用

14.2.2.1 高炉冶炼中的阴阳变化

阴阳之说源自中国古人认识到事物往往具有两面性，并由此逐步形成了一分为二地看问题的早期哲学思辨思维[5~8]。新中国成立以后，为了加快钢铁产业的发展，业界曾经倡导过辩证法上高炉的大讨论，这算是中国高炉工作者试图通过传统国学思想解决复杂系统问题的一次尝试。辩证法当中关于矛盾两个方面的对立性和统一性，跟国学中阴阳对立统一的思维模式是一脉相承的。具体在高炉冶炼过程中，炉温的高低、下料的快慢、煤气流分布在中心与边缘以及煤气利用率的升降，都属于阴阳的哲学范畴。那么用国学中的阴阳来分析高炉运行状况有什么好处呢？比如高炉炉温“凉中有热”，用物理化学知识解释就比较费劲，而用“阴中有阳”的思想解释就比较容易为人们所接受；比如在分析高炉边缘气流不足与炉墙结厚的关系时，要判断到底是边缘气流不足引起炉墙结厚，还是炉墙结厚导致边缘气流不足就比较棘手，而用阴阳互为因果的理论阐述，问题就变得比较简单明了。

14.2.2.2 高炉冶炼中的五行生克

用朴素的哲学思辨思想来看问题，首先看到的是事物的两面性，但如果还要进一步探明事物运动变化的内在规律的话，仅靠阴阳二维思维模式就远远不够了。我们的古人其实非常聪明，在阴阳的基础之上，他们又提出了采用五个维度进一步剖析事物内在规律的工作方法。这五个维度如果放在自然界的范畴内，就叫作金、木、水、火、土；而如果放在人体生命学的范畴内，则叫作肺、肝、肾、心、脾。但五个维度还不足以阐述事物运动变化的复杂性，古人又想到让五行也运动变化起来，于是提炼总结出了一套五行相生相克的理论体系。这套理论体系应用到自然界，可以解释宇宙万物的生生灭灭，如果应用到人体生命学的范畴，就是延续至今的中医理论体系。

A 高炉的心脏

以往业界一直喜欢把风机叫作高炉的心脏，那是从高炉本体与附属设备的关系角度来考量的。如果想探明高炉内部这个“黑匣子”的运行规律，则需要对高炉的心脏进行重新界定。《黄帝内经》中说心乃君主之官，五行属火，主管气血运行[2~4]。即心脏在人体中处于一种领导和支配地位，就像自然界中的火一样是能量的来源，并且同时推动这些能量在人体内运行。按照这样的标准，套用到高炉冶炼过程当中，哪一个物理化学反应才能真正算是高炉的“心脏”呢？毫无疑问，应该是风口前炭素的燃烧，因为它完全符合内经中对心脏的描述和定义。风口前炭素的燃烧，是高炉内一系列物理化学反应的能量来源，燃烧焦点温度可以达到2000℃以上，堪称火性十足。同时由风口前炭素燃烧引发的固、液、气三相生发和转化，推动了高炉复杂冶炼行程的正常进行。

B 高炉的肝脏

《黄帝内经》中说，肝乃将军之官，五行属木属风，主疏泄[2~4]。综合来看，高炉内的煤气总量及其运动分布类似于人体的肝脏。在内经中，木和风是同一属性，煤气显然具有“风”的特性，并且这并非自然界的“风”，而是由木燃烧以后所得的“风”，木为体，风为用。所谓将军之官，是说煤气的脾性就像将军一样暴烈，要注意疏堵结合，先疏后堵，只可杯酒释兵权，不可强行压制。所谓疏泄，是指煤气通过高炉料柱孔隙时的透气性，疏泄不正常，高炉的肝脏就会不舒服，具体表现为憋风、管道乃至悬料。

C 高炉的肺脏

《黄帝内经》中说，肺乃相傅之官，五行属金，主呼吸[2~4]。相傅之官是和君主之官相对应的，是说肺对心脏有一种相辅相成的作用，血液当中的废气就是通过肺脏的呼吸而排出体外的。五行属金，可以理解为与金属的生成和转化有关。主呼吸，很好理解，就是与气体的“吸入”和“呼出”有关。综合判断下来，焦炭的透气性和透液性比较类似于高炉“肺脏”的功能。焦炭的孔孢状结构比较类似于肺泡的结构，并且焦炭是产生“心火”的重要物质基础，说它是相傅之官，确实名副其实。决定高炉整个料柱透气性的其实是两个薄弱环节，分别是软熔带焦窗和炉缸焦炭死料柱，其中都有液态金属物质的流动，这种透气性和透液性交织在一起的特点，充分体现了高炉“肺脏”的重要性。高炉炉缸死料柱的透气性，即风口回旋区的大小与工作状态，相当于高炉的“吸入”过程，而以软熔带焦窗为代表的料柱透气性，则代表高炉的“呼出”是否顺畅。

D 高炉中的脾脏

《黄帝内经》中说，脾属土，主运化[2~4]。高炉冶炼过程中“土”性最足的物质，除了耐火材料，就算是矿石炉料了。把耐火材料当做高炉的脾脏来看，显然不太合适，因此高炉的脾脏就应该是含铁炉料了，包括烧结矿、球团矿、天然块矿以及其他含铁物料。所谓运化，可以理解为铁矿石在高炉内经历的包括水分蒸发、结晶水挥发、固相反应、还原、熔融滴落、渗碳、造渣、渣铁分离等一系列物理化学变化，也正是在一系列的运化过程，铁矿石完成了由“土”到“金”的蜕变。

E 高炉的肾脏

《黄帝内经》中说，肾属水，主代谢[2~4]。高炉内真正有“水”的地方就是冷却系统，同时液态渣铁也应该属于“水”的范畴。所以可以理解为高炉的肾脏就是冷却系统和渣铁排放系统。冷却系统与炉内熊熊炉火形成了一种独特的“水包火”现象，并达到了“水火既济”的效果。而渣铁排放则维系了高炉的新陈代谢，使得其他物理化学变化得以持续正常进行。高炉冷却系统不但要通过热平衡维持高炉的长寿，而且要在高炉操作炉型发生改变以及炉况失常时发挥重要的调剂功能，唯有如此，才符合肾脏的这个功能定位。

14.2.2.3 应用中医思想解决炉况诊疗的实际问题

A 关于培土生金

土为脾脏，代表矿石炉料；金为肺脏，代表焦炭的透气性和透液性，其实也就是代表焦炭质量。在焦炭质量下降，炉内透液性和透气性明显变差的情况下，如果短期之内无法大幅度改善焦炭质量，则可以想办法改善矿石质量和炉料结构，减轻焦炭料柱的透气性压力，并千方百计改善渣铁的流动性，减轻液态渣铁穿过高炉死料柱空隙时的阻力损失。这就是中医“培土生金”思想在高炉上的具体应用。

B 关于水火既济

在高炉合理操作炉型的维护与管理方面，高温边缘煤气流可以理解为火，而冷却系统中的冷却介质自然就是水。如果发生“火旺水干”的现象，则代表高炉砖衬正在受到异常侵蚀，此时不仅要想办法适当抑制边缘气流，还要根据水温差的变化及时调整高炉的冷却强度，这样才能取得水火既济、动态平衡的效果，实现高炉强化冶炼和长寿运行的有机统一。反之，如果发生“水旺火弱”的现象，高炉就会发生炉墙结厚乃至结瘤的现象，从而造成重大损失。

C 关于固本培元

高炉操作者都希望找到一种“灵丹妙药”，像增强人体的抵抗力一样对高炉进行固本培元的调剂，以达到一种百病不侵的理想状态。那么高炉的“本”和“元”究竟是什么东西呢？本人认为，“本”就是指高炉本体的内型结构，也就是合理操作炉型，而所谓“元”，顾名思义，应该在高炉的“丹田”位置，就是炉缸焦炭死料柱的透气性和透液性。抓住了合理操作炉型这个“本”和死料柱这个“元”，高炉想不顺行都很难。那么应该如何“固本”，又该如何“培元”呢？关于“固本”，在道的层面就是要把对合理操作炉型的维护与管理放在核心位置；在法的层面就是要高度重视中部调剂的机理研究和实践应用；而在术的层面就是要上中下部调剂相结合，以目标导向和结果导向指导具体操作方案的制定。关于“培元”，在道的层面就是要高度重视炉缸工作的活跃性；在法的层面就是要千方百计减少渣铁在死料柱中的滞留量；在术的层面就是要千方百计改善焦炭质量，尤其是热态性能指标。

14.3 传统国学思想在高炉上的应用

14.3.1 天人合一当为道

中华民族自古就有“天人合一”的哲学思想[5~8]。怎么把这一哲学思想应用到具体的高炉生产组织过程中呢？所谓“天”，应该包括宇宙万物，所以高炉自然应该属于“天”的范畴当中。“天人合一”，可以理解为不能仅把高炉当做设备和机器看，而是要把它当做“人”来对待。既然高炉具有“人”的属性，那么我们对炉况的分析判断和研究处置，也就相当于医生对病人的诊断和治疗。对于高炉的各种疾病，我们也会强调要养成防大于治的思想，与其等到炉况失常时再来打针吃药，不如日常工作中就注意加强锻炼，增强其抵抗能力，达到“治未病”的效果。

14.3.2 规章制度当为法

高炉操作的各种规章制度，都是各个企业几代人长期智慧的结晶和积累，按标准规范化操作与调剂，应该成为高炉操作者的“基本大法”，不能心存侥幸。比如操作规程规定一定要出净渣铁才能封堵铁口，但偶尔有几次渣铁未出净也不会对炉况造成实质性的影响和危害，我们不能据此就可以认为规程的要求过于严苛，在实际工作中难以做到，从而放松自己的警惕性。在遵章守纪方面，一定要不折不扣地执行，切不可自作聪明，变通执行或选择性执行。

14.3.3 中西医结合当为术

所谓中西医结合，既指国学思想与冶金原理相结合，也指炼铁学的普遍原理与某企业某座高炉的具体实践相结合。搞过高炉实际操作的人都知道，即使是同样的高炉容积、同样的装备配置、同样的原燃料条件，往往也会带来不一样冶炼结果。不同的高炉会有不一样的“脾性”，所以在具体操作调剂时既要有理论根据，也要有长期经验积累沉淀出来的火候与分寸把握。

14.3.4 擒贼先擒王

擒贼先擒王，通俗地讲就是抓主要矛盾和矛盾的主要方面，这是辩证法当中的基础知识，也是为人们所熟知的最为朴素的哲学思想。高炉说到底是一个竖炉。既然是竖炉，那就一定要把原燃料的透气性放到首位，只有炉况保持稳定顺行、下料均匀顺畅，综合入炉品位高、矿石还原性好等优势才能得到充分发挥，高炉煤气利用率才会高，才能取得高产低耗的冶炼效果。

在高炉生产组织过程中，综合入炉品位提高 1%，并不一定会收获燃料比下降 1.5%、产量提高 2%的实际效果。有些时候反而会发生综合入炉品位提高，高炉燃料比上升、产量下降的反常现象。其实说反常也不反常，那是因为在高炉特定的冶炼条件下，如果制约高炉稳定顺行的限制性环节是料柱的透气性，高炉一直处于崩滑料不止的亚健康状态，那么高炉入炉品位提高的效果确实很难被体现出来。只有在炉况稳定顺行已经不是主要矛盾的条件下，入炉品位提高、矿石还原性改善等追求低燃料消耗技术措施的效果，才能被充分释放出来。

14.3.5 从炼铁技术进步的历史中汲取营养

我们都强调要用辩证唯物主义和历史唯物主义的思想来认识世界。辩证唯物主义在高炉的应用上讲了很多，而历史唯物主义方面的内容则提及不多。其实很多秘密都隐藏在炼铁技术发展进步的历史细节当中。比如关于高炉炉缸炉底的“陶瓷杯”结构，如果你发现它背后有一个从黏土砖炉缸炉底到碳砖综合炉底，再到陶瓷杯炉缸炉底结构的演变与发展历史，那么你就会对现在的“陶瓷杯”技术更加笃定和心中有数了；假如你知道当今正在流行的“薄壁炉衬”技术，也经历了漫长的从厚到薄的技术迭代和历史演变的话，那么你对这项技术的质疑也许就会少很多；又比如原来的炼铁学书籍一般都说高炉喷煤以后会导致中心气流发展，并进行了比较充分的演算来佐证这个观点，但是宝钢喷煤水平超过200kg/t的生产实践说明大喷煤其实是发展边缘气流的，了解了这点也许你就能拨开历史的迷雾看到问题的真相了。诸如此类，林林总总，不胜枚举，多看看历史，往往对我们如何走好未来的路会很有帮助。

14.3.6 以“高炉体检”统领好高炉的操作与管理

关于如何开展“高炉体检”，前面已经有专门的章节进行阐述，在此重点是要说明“高炉体检”思想为什么在高炉的操作与管理方面能起到一个统揽全局的作用。大的背景是随着高炉的大型化和炼铁技术的发展进步，在高炉的生产组织过程中，操作的成分正在逐步下降，而管理的重要性则日益突出。管理工作中最难管、最复杂的就是对人的管理，把高炉当做人一样进行管理，其实是炼铁综合管理的一种突破。既然是像管人一样开展管理，那么定期开展“体检”也就顺理成章了。“高炉体检”要检查哪几项指标？指标出来以后要怎么评估和处置？这就从“道”的层面进入到“法”和“术”的层面了。各家高炉有各家的具体实际，体检项目和评估标准也不能一概而论，还得因地制宜、量身定制才行。这其中在操作管理的思想认识上其实有一个巨大的转变：常规的高炉操作都是在炉况出现失常征兆以后进行相应调剂，目标是消除炉况的失常状态，而“高炉体检”更多的工作则是落脚到“隐患”的排查与整治上，目标是不发生炉况失常，保持长周期稳定顺行，达到“治未病”的效果。

因为“高炉体检”暗合了“天人合一”的哲学思想，以它来统领高炉的操作与管理，不但实现了高炉工作重心从“操作”向“管理”的转变，而且也将现代化大型高炉的管理理念从“管物”的层次提升到了“管人”的高度，可谓实现了“国学为道、西学为体”“中西学结合为用”的新境界。

参考文献

[1] 安朝俊．首钢炼铁三十年［M］．北京：首都钢铁公司，1983.
[2]《图解黄帝内经》编辑部．图解黄帝内经［M］．江西：江西科学技术出版社，2020.
[3] 思履．彩图全解五经［M］．北京：中国华侨出版社，2013.
[4] 张锡纯．医学衷中参西录［M］．山西：山西科学技术出版社，2019.
[5] 经典课程编委会．北大历史课［M］．北京：北京联合出版社，2014.
[6] 经典课程编委会．北大哲学课［M］．北京：北京联合出版社，2014.
[7] 经典课程编委会．北大国学课［M］．北京：北京联合出版社，2014.
[8] 思履．彩图全解四书［M］．北京：中国华侨出版社，2013.

后 记

我于1993年从北京科技大学钢铁冶金专业毕业，在昆钢工作近30年，当过高炉炉前工、高炉工长、炼铁厂副厂长以及分管铁前系统的部门负责人。我虽然因工作需要也曾经到其他单位工作，但始终觉得自己的专业根基在炼铁，自己始终是一个炼铁工作者。为了把工作做好，我利用业余时间攻读了昆明理工大学的硕士学位和中南大学的博士学位，并到东北大学当了一年访问学者，与重庆大学也有多个项目的合作。

参加工作不久，我就碰到了昆钢从卢森堡引进技术建设2000m^3现代化大型高炉的宝贵机会，我负责编写该高炉的大部分操作规程，为昆钢2000m^3高炉创造最快达产记录做出了微薄的贡献。在参加围绕大型高炉强化冶炼所组织开展的40多项科研项目过程当中，我系统学习了烧结、球团、焦化和矿山方面的知识，希望以此打通铁前系统铁、焦、烧、矿之间的技术壁垒，逐步构建起为高炉服务的技术和管理体系。

在从“钟式中小高炉”技术体系向“无料钟大型高炉”技术体系的转型过程中，我们碰到了很多困难和挑战，有些“谜题”甚至花了20年的时间才找到答案。令人欣喜的是，20多年后回头看，我们当初的很多研究成果以及分析判断，一方面与当今以宝武为代表的炼铁技术发展方向高度契合，另一方面是经受住了时间的检验，也算是星光不负赶路人吧。

曾经有人问过我，这辈子最大的愿望是什么？我的回答是，希望我的技术在我离开这个世界之后，还可以继续为这个社会做贡献。我也由此萌生出写一本书的想法。有一位昆钢炼铁的老前辈，80多岁了，给我来电话，说要把他毕生收藏的炼铁书籍全部赠送给我。东北大学的杜鹤桂教授，快100岁了，辗转很多关系找到我，就是为了送我一本他的回忆录。我知道这是一种信任，同时也是一种嘱托。

在我的职业生涯中，《首钢炼铁三十年》和《宝钢大型高炉操作与管理》两本书对我的帮助非常大，因为它们都是高炉操作者自己写的炼铁书，贴近生产实际，读起来倍感亲切。我也想写一本这样的真正能为操作一线人员所用的实用性强的书，将自己几十年的经验毫无保留地传授于后来人。本书的重点放在昆钢从“钟式中小高炉”技术体系向“无料钟大型高炉”技术体系转型过程中的经验与教训，以及具有昆钢特色的高炉强化冶炼技术上，希望对高炉炼铁工作者有一些启发和帮助。我也有一些担心，就是所谓的特点和个性太过突出了会不会不太容易被业界的朋友们接受？但想到既然要营造“百花齐放、百家争鸣”的学术生态，那所有的花都开得像牡丹一样反而不好，偶尔有一两朵牵牛花、丁香花也未尝不可，我就勇敢地成为那朵牵牛花或丁香花吧。

特别感谢我的博士导师中南大学江涛院士、范晓慧教授，亦师亦友的东北大学储满生教授，我的领导和同事杨光景、唐启荣、李明、李森、刘宁斌、王涛、胡兴康、林安川、李信平、李轶、高芸祥、李吉能、王亚力等同志，本书的出版，同样凝聚着他们的智慧和汗水。

杨雪峰

2021 年 12 月于昆明